21世纪高等学校计算机规划教材

21st Century University Planned Textbooks of Computer Science

大学计算机基础

（第2版）

The Fundamental of College Computer (2nd Edition)

陈建孝 陆锡聪 余晓春 江玉珍 编著

人 民 邮 电 出 版 社

北 京

图书在版编目（CIP）数据

大学计算机基础 / 陈建孝等编著. -- 2版. -- 北京 : 人民邮电出版社, 2013.8（2018.7重印）
21世纪高等学校计算机规划教材
ISBN 978-7-115-31992-0

Ⅰ. ①大… Ⅱ. ①陈… Ⅲ. ①电子计算机－高等学校－教材 Ⅳ. ①TP3

中国版本图书馆CIP数据核字(2013)第180818号

内容提要

本书是根据教育部计算机基础课程教学指导委员会制定的大学计算机基础大纲，按照高等学校非计算机专业学生的培养目标，体现计算机教育的“三个层次”的基本要求，并依据当前大学新生的实际状况而编写的。

本书介绍了 Windows 7、Office 2010 和 Internet 等计算机基础知识。全书共分 7 章，主要内容有：计算机基础知识、Windows 操作系统、Word 文字处理、Excel 电子表格、PowerPoint 演示文稿、计算机网络基础和 Internet 及其应用。在内容组织上注意知识背景简介、操作步骤示例和应用技巧介绍相结合，以期达到即学即用，提高学生学习兴趣，增强上机能力的目的。

本书可作为高等学校非计算机专业计算机公共课的教材，也可作为计算机考试的培训教材，还可作为从事办公自动化工作者的学习、参考用书。

◆ 编　　著　陈建孝　陆锡聪　余晓春　江玉珍
责任编辑　刘　博
责任印制　彭志环　杨林杰
◆ 人民邮电出版社出版发行　　北京市丰台区成寿寺路 11 号
邮编　100164　　电子邮件　315@ptpress.com.cn
网址　http://www.ptpress.com.cn
北京市艺辉印刷有限公司印刷
◆ 开本：787×1092　1/16
印张：15.25　　2013 年 8 月第 2 版
字数：396 千字　　2018 年 7 月北京第 7 次印刷

定价：35.00 元

读者服务热线：(010)81055256　印装质量热线：(010)81055316
反盗版热线：(010)81055315
广告经营许可证：京东工商广登字 20170147 号

第2版前言

大学计算机基础课程是学生进入高校之后的第一门计算机课程，开设此课程的目的是培养学生良好的信息素养以及利用计算机工具进行信息处理的基本技能。本书以计算机操作应用能力的培养为主要目标，在第1版出版5年并投入教学实践的基础上，按照教育部高等院校非计算机专业计算机基础课程教学指导委员会提出的最新教学要求和最新大纲改版编写。

在本书编写过程中，我们注意到以下几个方面。

1. 在组成和结构上，能够更系统，深入地介绍计算机科学与技术的基本概念、基本原理、基本技术和方法。

2. 在内容的选择与组织上，充分考虑到大学新生的需要，既系统地介绍了基本的信息处理技术，又充分地反映了计算机技术研究与应用的新进展。

3. 在课时的安排上，能够考虑到非计算机专业大学新生本课学时较少、学习任务较紧等情况，尽可能地使教学要求所需学时数与实际教学学时数相一致。

4. 在讲授的方式上，既注重了计算机基础知识的传授，又注重了面向计算机的实际应用技能的培训。

本书包括计算机基础知识，Windows 操作系统，Word 文字处理，Excel 电子表格，PowerPoint 演示文稿，计算机网络基础和 Internet 及其应用，共 7 章，每章后面均配有习题，每章中有实例教学、操作指导等内容。

与本书配套的大学计算机基础实践教程（第2版）也已出版。本教材配备了完善的教学资源，包括教学课件、相关素材文件、网络考试软件系统及题库。教学课件和相关素材文件请登录人民邮电出版社教学服务与资源网（http://www.ptpedu.com.cn）免费下载。

本书由陈建孝拟定提纲并对全书统稿。全书共分 7 章，其中第 1 章由陈建孝编写，第 2 章、第 3 章由陆锡聪编写，第 4 章、第 5 章由江玉珍编写，第 6 章、第 7 章由余晓春编写。

本书的编写得到韩山师范学院各级领导的关心和支持；在编写过程中，林清滢、郑晓菊、林璇、王晓辉、陈维惠参与编写大纲的讨论并协助编写、审核部分章节的内容，在此一并表示感谢。

由于作者水平有限，书中难免有不妥和错误之处，恳请广大读者批评指正。

编　者

2013年6月

目 录

第 1 章 信息技术概论

学习目标：

- 了解信息技术及其发展，计算机的发展、特点和应用，新的计算机应用技术
- 掌握计算机系统的组成和工作原理
- 熟练掌握数制的概念及不同数制之间的转换
- 了解计算机中的信息表示
- 了解常见的信息编码
- 掌握微机的硬件组成和主要的性能指标
- 了解微机的配置和组装
- 了解计算机信息系统安全、计算机病毒和黑客的概念以及对其的防范措施

1.1 信息技术概述

信息是客观世界中物质及其运动的属性及特征的反映，分为自然信息和社会信息，人们每时每刻都在自觉或不自觉地接收和传播信息。信息同数据、知识、消息、信号的关系如下。

1. 数据是反映客观事物属性的原始事实，而信息是由原始数据经过处理加工，按特定的方式组织起来的，对人们有价值的数据集合。信息是通过具体的数据形式被存储和传输的，因此数据可看作信息的载体。

2. 知识是经过加工并经过实践检验的条理化信息，信息是知识的基础，但并非所有的信息都是知识。

3. 消息是信息的外表，信息是消息的内涵。

4. 信号是信息的载体，信息是信号所载荷的内容。

信息的主要特征有：普遍性、传递性、存储性、可识别性、转换性、再生性、时效性、共享性。

物质、能量和信息是人类社会赖以发展的三大重要资源。

信息资源的开发和利用已经成为独立的产业，即信息产业。

信息技术是在信息的获取、整理、加工、传递、存储、利用过程中采取的技术和方法，信息技术也可看做代替、延伸、扩展人的感官及大脑信息功能的一种技术。

信息技术按信息的载体和通信方式的发展，可以分为古代信息技术、近代信息技术和现代信息技术三个不同的发展阶段，并经历了语言的利用、文字的发明、印刷术的发明、电信革命以及计算机技术的发明和利用五大重大的变革。

古代信息技术的特征是：以文字记录为主要信息存储手段，以书信传递为主要信息传递方法。

1837年美国科学家莫尔斯成功地发明了有线电报和莫尔斯电码，拉开了以信息的电通信传输技术为主要特征的近代信息技术发展的序幕。电通信是利用电波作为信息载体，将信号传输到远方。

现代信息技术的特征是以光电信息存储技术为主要信息存储手段，以网络、光纤、卫星通信为主要信息传递方法。

信息技术发展将向高速、大容量、综合化、数字化和个人化方向发展。现代信息技术是以电子技术，尤其是微电子技术为基础，以计算机技术为核心，以通信技术为支柱，以信息应用为目标的科学技术群。各项信息技术概述如下。

1. 信息获取技术是指人们利用各种传感器和仪器直接或间接地获取信息。

2. 信息传输技术是以光缆通信、微波通信、卫星通信、无线移动通信、数字通信等高新技术作为通信技术基础的。

3. 信息处理技术是通过计算机实现的，其核心是计算机技术和计算机网络技术。

4. 信息控制技术是利用信息传递和信息反馈来实现对目标系统控制的技术。

5. 信息存储技术主要可分为：对速度和容量越来越高的直接存储；大容量、高速度和便捷性的移动存储；与网络密切相关的网络附加存储（NAS）和存储区域网络（SAN）。随着大容量信息处理要求的不断提高，存储部件的速度、容量、接口和传输速度显得越来越重要。

通信技术、计算机技术、控制技术并称为“三C”技术（Communication、Computer、Control）。

1.2 计算机概述

在人类历史上，计算工具的发明和创造走过了漫长的道路。在原始社会，人们曾使用绳结、石子等进行简单的计数。我国在唐代发明了一件了不起的，至今仍在使用的计算工具——算盘。欧洲16世纪也出现了对数计算尺和机械计算机。

在20世纪40年代之前，人工手算一直是主要的计算方法，算盘、对数计算尺、手摇或电动的机械计算机一直是人们使用的主要计算工具。此后，一方面由于近代科学技术的发展，对计算量、计算精度、计算速度的要求不断提高，原有的计算工具已经满足不了应用的需要；另一方面，计算理论、电子学以及自动控制技术的发展，也为现代电子计算机的出现提供了可能。于是，在20世纪40年代中期，第一代电子计算机诞生了。

电子计算机（Electronic Computer）俗称“电脑”，是20世纪科学技术发展的重大成就之一。自1946年世界上的第一台计算机诞生至今，在短短的60多年的时间里，计算机技术高速的发展，在世界范围内掀起了一场信息革命，而且已成为现代人类社会生活中不可缺少的基本工具。在21世纪，掌握以计算机为核心的信息技术的基础知识和应用能力，是现代大学生必备的基本素质。

1.2.1 电子计算机的诞生

1. 第一台计算机的诞生

电子计算机是一种能够按照事先存储的程序，自动，高速地对数据进行输入、处理、输出和存储的系统。

目前，大家公认的世界上第一台计算机是在1943年开始研制，于1946年2月在美国宾夕法尼亚大学诞生，取名为电子数值积分计算机（Electronic Numerical Integrator and Calculator，ENIAC）

的计算机（如图 1-1 所示）。ENIAC 的研制成功，是计算机发展史上的一座里程碑，使人类在计算技术的发展历程中，到达了一个新的高度。

ENIAC 共使用了 18 000 个电子管，另加 1500 个继电器以及其他器件，重达 30 t，占地 170 m^2，这台每小时耗电量为 150 kw 的计算机，运算速度为每秒 5000 次加法 / 减法运算，可以在 0.003s 时间内完成两个 10 位数乘法，能够在一天内完成几千万次乘法，大约相当于一个人用台式计算机操作 40 年的工作量。其价值为 40 万美元。ENIAC 的问世，标志着人类社会从此迈进电子计算机时代。

图 1-1 第一台计算机 ENIAC

2. 计算机的发展

自从第一台电子计算机诞生至今，在短短的 60 多年的时间里，计算机技术发展之迅速，普及之广泛，对整个社会和科学技术影响之深远，是其他任何学科所不能比拟的。

电子器件的发展推动了电子电路的发展，为研制计算机奠定了物质技术基础。根据计算机所使用的电子器件，所配置的软件和使用的方式，一般将其发展划分为以下几个阶段，如表 1-1 所示。

表 1-1 计算机的发展的几个阶段

阶段	时 间	电子器件	主要特点
第一代	1946～1957 年	电子管	运算速度 5 千～4 万次每秒；体积庞大；机器语言；数值计算
第二代	1958～1964 年	晶体管	运算速度 10 万次～300 万次每秒；体积缩小，功耗降低，寿命延长；机器语言、汇编语言；数值计算、管理
第三代	1965～1970 年	小、中规模集成电路	运算速度达到 1000 万次每秒；体积更小，功耗及价格下降，寿命更长；机器语言、汇编语言、高级语言；数值计算、管理、实时处理
第四代	1971 年至今	大、超大规模集成电路	运算速度达到 100 亿每秒；耗电少、体积小、可靠性高、适应性强；机器语言、汇编语言、高级语言；数值计算、实时处理、社会管理、多媒体及网络通信等

（1）第一代计算机（1946～1957 年）

第一代计算机的逻辑元件是电子管，主存储器采用水银延迟线、磁鼓磁芯等，外存储器使用磁带，并用机器语言和汇编语言编写程序。这一阶段计算机的主要特点是体积大、运算速度低、成本高、可靠性差、内存容量小，主要用于科学计算，从事军事和科学研究方面的工作。代表机型为 1952 年由冯·诺依曼设计的 EDVAC 计算机。

（2）第二代计算机（1958～1964 年）

第二代计算机是晶体管计算机，这一阶段计算机使用的主要逻辑元件是晶体管。晶体管较之电子管有体积小、耗电低、可靠性高、功能强、价格低等优点。主存储器采用磁芯，外存储器使用磁带和磁盘。软件也有很大发展，使用了操作系统，以及 FORTRAN、COBOL 等高级程序设计语言。

这个时期计算机的应用扩展到数据处理、自动控制等方面，运行速度已提高到每秒几十万次，体积大大减小，可靠性和内存容量也有较大的提高。代表机型为 IBM-7904 计算机。

（3）第三代计算机（1965～1970年）

第三代计算机的逻辑元件采用了小规模或中小规模集成电路来代替晶体管，使计算机的体积和耗电大大减小，运算速度却大大提高，每秒可以执行几十万次到几百万次的加法运算，性能和稳定性进一步提高。半导体存储器逐步取代了磁芯存储器的主存储器地位，磁盘成了不可缺少的辅助存储器。

在这个时期，系统软件也有了很大发展，出现了分时操作系统，结构化程序设计语言。在程序设计方法上采用结构化程序设计，为研制更加复杂的软件提供了技术上的保证。在应用方面，第三代计算机已被广泛地应用到科学计算、数据处理、事务管理和工业控制等领域。代表机型为IBM-360系列计算机。

（4）第四代计算机（1971年至今）

第四代计算机采用大规模和超大规模集成电路。20世纪70年代以后，计算机使用的集成电路迅速从中小规模发展到大规模、超大规模的水平，大规模、超大规模集成电路应用的一个直接结果是微处理器和微型计算机的诞生。此外，使用了大容量的半导体存储器作为内存储器；在体系结构方面进一步发展了并行处理、多机系统、分布式计算机系统和计算机网络系统；在软件方面推出了数据库系统、分布式操作系统及软件工程标准等。这一时代的计算机的运行速度可达到每秒上千万次到万亿次，存储容量和可靠性有了很大提高，功能更加完备，价格越来越低。这个时期计算机的类型除小型机、中型机、大型机外，开始向巨型机和微型计算机两个方向发展，微型计算机的普及使得计算机逐渐进入了办公室、学校和普通家庭。计算机与通信技术的结合使计算机应用从单机走向网络，由独立网络走向互联网络。各国都在计划建设自己的“信息高速公路”，通过各种通信渠道，包括有线网和无线网，把各种计算机互联起来，实现了信息在全球范围内的传递。集处理文字、图形、图像、声音为一体的多媒体计算机的发展也方兴未艾。用计算机来模仿人的智能，包括听觉、视觉和触觉以及自学习和推理能力是当前计算机科学研究的一个重要方向。

3. 计算机发展的趋势与展望

（1）今后计算机的发展趋势

① 巨型化。巨型化是指发展高速、大存储容量和超强功能的超大型计算机。这既是诸如天文、气象、宇航、核反应等尖端科学以及进一步探索新兴科学，诸如基因工程、生物工程的需要，也是为了能让计算机具有人脑学习、推理的复杂功能的需要。

② 微型化。因大规模、超大规模集成电路的出现，计算机的微型化迅速发展，而且性能指标也在持续提高，价格即将持续下降。

③ 网络化。网络化就是把各自独立的计算机用通信线路连结起来，形成各计算机用户之间可以相互通信并能使用公共资源的网络系统。网络化能够充分利用计算机的宝贵资源并扩大计算机的使用范围，为用户提供方便、及时、可靠、广泛、灵活的信息服务。

④ 智能化。智能化是指让计算机具有模拟人的感觉和思维过程的能力。智能计算机具有解决问题和逻辑推理的功能、知识处理和知识库管理的功能等。人可以通过计算机的智能接口，用文字、声音、图像等与计算机进行自然对话。

硅芯片技术高速发展的同时也意味着硅技术越来越逼近其物理极限，为此，世界各国的研究人员正在加紧研究开发新型计算机，计算机从体系结构的变革到器件与技术的革命都要产生一次量的乃至质的飞跃。

（2）未来的新型计算机展望

① 超导计算机。超导是指导体在接近绝对零度（−273.15℃）时，电流在某些介质中传输时

所受的阻力为零的现象。1962 年，英国物理学家约瑟夫逊提出了“超导隧道效应”，由超导体-绝缘体-超导体组成的器件称为“约瑟夫逊元件”，利用约瑟夫逊元件制造的计算机称为超导计算机，这种计算机的耗电仅为半导体器件耗电量的几千分之一，它执行一条指令只需十亿分之一秒，比半导体元件快 10 倍。

② 光子计算机。光子计算机是利用光作为信息的传输介质的计算机。光子计算机的主要优点是光子不需要导线，即使在光线相交的情况下，它们之间也丝毫不会相互影响。光子计算机只需要一小部分能量就能驱动，从而大大减少了芯片产生的热量；具有超强的并行处理能力和超高的运行速度；信息存储量大，抗干扰能力强。

目前光子计算机的许多关键技术如光存储技术、光电子集成电路已取得重大突破。

③ 量子计算机。量子计算机是利用处于多现实态下的原子进行运算的计算机。在量子计算机中，数据采用量子位存储。由于量子的叠加效应，一个量子位可以是 0 或 1，也可以既存储 0 又存储 1，所以量子计算机的存储量比现有计算机大。量子计算机的优点，一是能够实行并行计算，加快了速度；二是大大提高了存储能力；三是可以对任意物理系统进行高效率的模拟；四是发热量极小。

④ 生物计算机。生物计算机（分子计算机）使用由生物工程技术产生的蛋白质分子构成的生物芯片。在这种芯片中，信息以波的形式传播，运算速度比当今最新一代计算机快 10 万倍，而能量消耗仅相当于现在普通计算机的十分之一，并且拥有巨大的存储能力。

⑤ 神经网络计算机。神经网络计算机是模仿人的大脑神经系统，具有判断能力和适应能力，并具有并行处理多种数据功能的计算机。神经网络计算机可以并行处理实时变化的大量数据，并得出结论。神经网络计算机的信息不是存在存储器中，而是存储在神经元之间的联络网中。若有节点断裂，计算机仍有重建资料的能力，它还具有联想记忆以及视觉和声音识别能力。

综上所述，未来的计算机技术将向超高速、超小型、并行处理、智能化方向发展。

1.2.2 计算机的特点

计算机主要有以下 5 个方面的特点。

1. 运算速度快

计算机的运算速度（也称处理速度）用 MIPS（Millim Instructions Per Second，每秒百万指令数）来衡量。现代的计算机运算速度在几十 MIPS 以上，巨型计算机的速度可达到千万个 MIPS。

2. 计算精度高

一般来说，现在的计算机有几十位、几百位有效数字，而且理论上还可更高。

3. 具有存储的能力

计算机的存储器可以 “记忆（存储）” 大量的数据和计算机程序。

4. 逻辑判断的能力

计算机在程序的执行过程中，会根据上一步的执行结果，运用逻辑判断方法自动确定下一步的执行命令。正是因为计算机具有这种逻辑判断能力，使得计算机不仅能解决数值计算问题，而且能解决非数值计算问题。

5. 能进行自动控制

计算机能在程序控制下，按事先的规定步骤执行任务而不需要人工干预，实现运算的连续性和自动性。

正因为计算机具有上述特点，所以人们在进行一些复杂的脑力劳动时，可以分解成计算机可以执行的基本操作，并以计算机可以识别的形式表示出来，存放到计算机中，这样计算机就可以模仿人的一部分思维活动，代替人的部分脑力劳动，按照人们的意愿自动这样连续工作，因此有人也把计算机称为“电脑”。

1.2.3 计算机的分类

随着计算机技术的迅速发展和应用的广泛深入，尤其是微处理器的发展，计算机的类型越来越多样化。根据用途及使用的范围的不同，计算机可分为通用机和专用机。通用机的特点是通用性强，具有很强的综合处理能力，能够解决各种类型的问题。专用机则功能单一，配有解决特定问题的软、硬件，能够高速、可靠地解决特定的问题。根据计算机的运算速度和性能等指标来分类，主要有高性能计算机、微型计算机、工作站、服务器、嵌入式计算机等。注意这种分类标准不是固定不变的，只能针对某一个时期。

1. 高性能计算机

高性能计算机在过去被称为巨型机或大型机，是指目前速度最快、处理能力最强的计算机。近年来，我国高性能计算机的研发也取得了很大的成绩，推出了“曙光”、“深腾”、“银河”、“天河”等代表国内最高水平的高性能计算机，并在国民经济的关键领域得到了应用。根据 2013 年 6 月 17 日最新出炉的全球超级计算机 500 强榜单（Top500），排名第一的是中国“天河二号”（如图 1-2（a）所示），这是国家 863 计划“十二五”高效能计算机重大项目的阶段性成果。“天河二号”双精度浮点运算峰值速度达到每秒 5.49 亿亿次，Linpack（国际上流行的用于测试高性能计算机浮点计算性能的软件）测试性能已达到每秒 3.39 亿亿次。“天河二号”由国防科技大学等单位研制，在体系结构、微异构计算阵列、高速互连网络、加速存储架构、并行编程模型与框架、系统容错设计与故障管理、综合化能耗控制技术以及高密度高精度结构工艺等方面突破了一系列核心关键技术。

“天河二号”超级计算机系统由 170 个机柜组成，占地面积 720 m^2，内存总容量 1400 万亿字节，存储总容量 12 400 万亿字节，最大运行功耗 17.8 MW。相比此前排名世界第一的美国“泰坦”超级计算机，“天河二号”计算速度是其 2 倍。与 2010 年 11 月获得 TOP500 第一的“天河一号”相比，“天河二号”峰值计算速度和持续计算速度均提升了 10 倍以上，计算密度（单位面积上的计算能力）提升了 10 倍以上，系统能效比(单位能耗的计算速度)是天河一号的 3 倍。

“天河一号 A”（如图 1-2（b）所示）坐落在位于天津的国家超级计算中心，建成后已经立即全面运转，主要用来执行大规模科学计算，而且还是一套开放式访问系统。“天河二号”也已应用于生物医药、新材料、工程设计与仿真分析、天气预报、气候模拟与海洋环境研究、数字媒体和动漫设计等多个领域，开始为多家用户单位提供超级计算服务。“天河二号”将于 2013 年底安装并应用于广州超级计算机中心。

图 1-2（a）天河二号

图 1-2（b）天河一号 A

2. 微型计算机（个人计算机）

微型计算机又称个人计算机（Personal Computer，PC）。自IBM公司于1981年采用Intel的微处理器推出IBM PC以来，微型计算机因其小、巧、轻、使用方便、价格便宜等优点在过去20多年中得到迅速的发展，成为计算机的主流。今天，微型计算机的应用已经遍及社会的各个领域，几乎无所不在。

微型计算机的种类很多，主要分成4类：台式计算机（Desktop Computer）、笔记本计算机（Notebook Computer）、平板计算机（Tablet PC）、超便携个人计算机（Ultra Mobile PC）。

3. 工作站

工作站是一种高档的微机系统。自1980年美国Appolo公司推出世界上第一个工作站DN-100以来，工作站迅速发展，成为专门处理某类特殊事务的一种独立的计算机类型。

工作站通常配有高分辨率的大屏幕显示器和大容量的内存与外存储器，具有较强的数据处理能力与高性能的图形功能。著名的Sun、HP、SGI等公司是目前最大的工作站生产厂家。注意，在网络环境下，任何一台微机或终端都可称为一个工作站（与以上含义不同），它是网络中的一个用户节点。

4. 服务器

服务器是一种在网络环境中对外提供服务的计算机系统。从广义上讲，一台微型计算机也可以充当服务器，关键是它要安装网络操作系统、网络协议和各种服务软件；从狭义上讲，服务器是专指通过网络对外提供服务的高性能计算机。与微型计算机相比，服务器在稳定性、安全性、性能等方面要求更高，因此对其硬件系统的要求也更高。

根据提供的服务的不同，服务器可以分为Web服务器、FTP服务器、文件服务器、数据库服务器等。

5. 嵌入式计算机

嵌入式计算机是指作为一个信息处理部件，嵌入到应用系统之中的计算机。嵌入式计算机与通用计算机相比，在基础原理方面没有原则性的区别，主要区别在于系统和功能软件集成于计算机硬件系统之中，也就是说，系统的应用软件与硬件一体化，采用类似于BIOS的工作方式。

嵌入式系统应具有的特点是：要求高可靠性，在恶劣的环境或突然断电的情况下，系统仍然能够正常工作；许多应用要求实时处理能力，这就要求嵌入式操作系统具有实时处理能力；嵌入式系统中的软件代码要求高质量、高可靠性，一般都固化在只读存储器或闪存中，也就是说软件要求固态化存储，而不是存储在磁盘等载体中。

嵌入式系统主要由嵌入式处理器、外围硬件设备、嵌入式操作系统以及特定的应用程序4部分组成，是集软硬件于一体的可独立工作的“器件”，用于实现对其他设备的控制、监视或管理等功能。

在各种类型的计算机中，嵌入式计算机应用最广泛，数量甚至超过了PC。目前广泛用于各种家用电器之中，如电冰箱、自动洗衣机、数字电视机、数码照相机等。

1.2.4 计算机的应用

计算机已几乎应用于一切领域。归结起来计算机的应用主要有以下几个方面。

1. 科学计算

科学计算也就是数值计算，指用于完成科学研究和工程技术中提出的数学问题的计算，它是电子计算机应用最为基础的领域。

2. 数据处理

所谓数据及事务处理，泛指非科技方面的数据管理和计算处理。其主要特点是，要处理的原始数据量大，而算术运算较简单，并有大量的逻辑运算和判断，结果常要求以表格或图形等形式存储或输出，如银行日常账务管理、股票交易管理、图书资料的检索等。

3. 计算机辅助工程、辅助教育

包括：计算机辅助设计与制造，简称CAD／CAM；计算机集成制造系统，简称CIMS，它是集设计、制造、管理三大功能于一体的现代化工厂生产系统；计算机辅助教育，简称CBE，它包括计算机辅助教学（CAI）和计算机管理教学（CMI）。

4. 过程控制

过程控制又称实时控制。其工作过程是选用传感器及时检测受控对象的数据，求出它们与设定数据的偏差，接着由计算机按控制模型进行计算，然后产生相应的控制信号，驱动伺服装置对受控对象进行控制或调节。

5. 电子商务

所谓电子商务（Electronic Commerce）是利用计算机技术、网络技术和远程通信技术，实现整个商务（买卖）过程中的电子化、数字化和网络化。

6. 多媒体技术

多媒体技术是以计算机技术为核心，将现代声像技术和通信技术融为一体，以追求更自然、更丰富的界面，其应用领域十分广泛。多媒体系统的应用正逐渐改变人类的生活方式和工作方式，一个绚丽多彩的多媒体世界正向人们走来。

7. 数据通信

前面提到的“信息高速公路”主要是利用通信卫星群和光导纤维构成的计算机网络，实现信息双向交流，同时利用多媒体技术扩大计算机的应用范围。利用计算机把整个地球网络起来，使“地球村”成为现实。总之，以计算机为核心的信息高速公路的实现，将进一步改变人们的生活方式。

1.3 新的计算机应用技术

1. 普适计算

所谓普适计算（Pervasive Computing／Ubiquitous Computing）又叫普及计算，指的是无所不在的、随时随地可以进行计算的一种方式——无论何时何地，只要需要，就可以通过某种设备访问到所需的信息。简单地说，是一种无处不在的计算模式。

例 1.1 在一个智能教室环境下，如果投影设备的显示效果不是很理想，教师可以通过自己的掌上电脑向学生的掌上电脑发送电子课件。当教师走近学生讨论组时，其掌上电脑会动态加入该组，下载该组正在讨论的材料。

这就是一个普适环境，它由投影机、教师掌上电脑、学生掌上电脑组成，该系统通过可重新配置的上、下文敏感中间件，突出对环境的感知和对动态自组网络通信的支持。

例 1.2 一个普适医疗服务系统，可以提供任何时间、任何地点的医疗服务访问。在一辆急救车上配备无线定位系统，就可以准确地定位突发事故现场，同时利用无线网络获取实时的交通信息。另外，在事故现场，通过便携式或移动式设备监测患者的脉搏、血压、呼吸等数据，通过无线网络访问分布式的医疗服务系统，下载有关病历数据等必要信息。

除了基于定位系统的应急响应机制，普适医疗服务系统的功能还包括基于移动设备和无线网络的远程医疗诊断、远程患者监护及远程访问具有患者病历信息的医疗数据库等。

普适计算的概念早在1999年就由IBM公司提出，它有两个特征，即间断连接、轻量计算（即计算资源相对有限），同时具有如下特性：①无所不在特性（pewasive）：用户可以随地以各种接入手段进入同一信息世界；②嵌入特性（embedded）：计算和通信能力存在于我们生活的世界中，用户能够感觉到它和作用于它；③游牧特性（nomadic）：用户和计算均可按需自由移动；④自适应特性（adaptable）：计算和通信服务可按用户需要和运行条件提供充分的灵活性和自主性；⑤永恒特性（eternal）：系统在开启以后再也不会死机或需要重启。

普适计算所涉及的技术是：移动通信技术、小型计算设备制造技术、小型计算设备上的操作系统技术及软件技术等。普适计算技术的主要应用方向是：嵌入式技术（除笔记本电脑和台式计算机外的具有CPU且能进行一定的数据计算的电器，如手机、MP3等都是嵌入式技术研究的方向）、网络连接技术（包括3G、ADSL等网络连接技术）、基于Web的软件服务构架（即通过传统的B/S构架，提供各种服务）。

普适计算把计算和信息融入人们的生活空间，使人们生活的物理世界与在信息空间中的虚拟世界融合成为一个整体。人们生活在其中，可随时随地得到信息访问和计算服务，从根本上改变了人们对信息技术的思考，也改变了人们整个生活和工作的方式。

普适计算是对计算模式的革新，对它的研究虽然才刚刚开始，但它已显示了巨大的生命力，并带来了深远的影响。普适计算的新思维极大地活跃了学术思想，推动了对新型计算模式的研究。在此方向上已出现了许多诸如平静计算（Calm Computing）、日常计算（Everyday Computing）、主动计算（Proactive Computing）等的新研究方向。

2. 网格计算

随着计算机的普及，个人计算机开始进入千家万户，随之产生的问题是计算机的利用率问题。越来越多的计算机处于闲置状态，即使在开机状态下，CPU的潜力也远不能被完全利用。可以想象，一台家用计算机将大多数时间花费在“等待”上，即使是实际运行时，CPU依然存在不计其数的等待（如等待输入）。互联网的出现使得连接调用所有这些拥有限制计算资源的计算机系统成为现实。

对于一个非常复杂的大型计算任务，通常需要用大型或巨型计算机来完成，所花费的时间视任务的复杂程度而定。对于一般用户来讲，可能难以拥有这样的大型计算设备。那么，如果能将这个大型计算任务分解为多个小的计算任务片段，然后将它们分发到网络中不同物理位置的、处于闲置状态的个人计算机中进行处理，处理完后只需要将计算结果汇总，就可以方便地完成一个大型计算任务。对于用户来讲，关心的是任务的完成结果，并不需要知道任务是如何切分及哪台计算机执行了哪个小任务。这样，从用户的角度看，就好像拥有了一台功能强大的虚拟计算机，这就是网格技术。

网格计算（Grid Computing）是利用互联网上计算机CPU的闲置处理能力来解决大型计算问题的一种计算科学，它研究如何将一个需要巨大计算能力才能解决的问题分成许多小任务，然后根据网络中计算资源当前的实际利用情况，将这些小任务分配给相应的计算设备进行处理，最后把这些计算结果综合起来得到最终结果。

网格计算的目的是将整个网络中的计算机、各种存储设备、数据库等资源整合成为一体，形成一台巨大的超级计算机，而不用考虑提供资源的计算机的具体信息，为用户提供“即插即用”

的“即连即用”式服务，实现包括计算、存储、数据、信息等各类资源的全面共享。到目前为止，网格技术已经被应用于不同的领域来解决存储、计算能力等方面的诸多问题。

例如：IBM、United Devices 和多个生命科学合作者完成了一个设计用来研究治疗天花的药品的网格项目。这个网格包括大约 200 万台个人计算机。使用常见的方法，这个项目很可能需要几年的时间才能完成——但是在网格上它只需要 6 个月。设想一下如果网格上有 2000 万台 PC 的话会是什么情况。极端地说，天大的项目也可以在分钟级内完成。

网格计算包括任务管理、任务调度和资源管理，它们是网格计算的三要素。用户通过任务管理向网格提交任务，为任务指定所需的资源，删除任务并检测任务的运行；用户提交的任务由任务调度按照任务的类型、所需的资源、可用资源等情况安排运行日程和策略；资源管理则负责检测网格中资源的状况。

3. 云计算

云计算的概念是由 Google 提出的，是分布式计算、并行计算和网格计算的发展，或者说是这些科学概念的商业实现，指通过网络以按需、易扩展的方式获得所需的服务。

云计算的核心思想是，将大量用网络连接的计算资源统一管理和调度，构成一个计算资源池，向用户提供按需服务。提供资源的网络被称为“云（Cloud）”。“云”中的资源在使用者看来是可以无限扩展的，并且可以随时获取，按需使用，随时扩展，按使用付费。云计算的产业按三级分层：云软件、云平台、云设备。

网络电影是随着网络技术流媒体的应用走入我们生活的一个实例。实际上，在线影视系统不是完整的云计算，因为它还有相当一部分的计算工作要在用户本地的客户端上完成，但是，这类系统的点播等方面的工作是在服务器上完成的，而且这类系统的数据中心及存储量是巨大的。

QQ、MSN 这类互联网即时通信系统的主要计算功能，也是在这类服务提供商的数据中心完成的。不过，这类系统不能算是完整的云计算，因为它们通常会有客户端，而且用户的身份认证等计算功能是在用户的客户端本地完成的。但是，这类系统对于后台数据中心的要求不逊于一些普通的云计算系统，而且在使用这类服务时，不会关注这类服务的计算平台在何处。

SaaS 是 Software-as-a-Service（软件即服务）的简称，它是一种通过 Internet 提供软件的模式。在此模式下，用户不用再购买软件，而改用向提供商租用基于 Web 的软件来管理企业的经营活动，且无须对软件进行维护，服务提供商会全权管理和维护软件。SaaS 软件被认为是云计算的典型应用之一，搜索引擎其实就是基于云计算的一种应用方式。在我们使用搜索引擎时，并不考虑搜索引擎的数据中心在哪里，是什么样的。事实上，搜索引擎的数据中心规模是相当庞大的，而对于用户来说，搜索引擎的数据中心是无从感知的。所以，搜索引擎就是公共云的一种应用方式。

云计算所涉及的关键技术如下。

（1）数据存储技术

为保证高可用、高可靠和经济性，云计算采用分布式存储的方式来存储数据，采用冗余存储的方式来保证存储数据的可靠性，即为同一份数据存储多个副本。另外，云计算系统需要同时满足大量用户的需求，并行地为大量用户提供服务。因此，云计算的数据存储技术必须具有高吞吐率和高传输率的特点。

（2）数据管理技术

云计算系统对大数据集进行处理、分析，向用户提供高效的服务。因此，首先，数据管理技术必须能够高效地管理大数据集；其次，如何在规模巨大的数据中找到特定的数据，也是云计算数据管理技术所必须要解决的问题。云计算的特点是对海量的数据存储、读取后进行大量的分析，数据的读操作频率远大于数据的更新频率，云中的数据管理是一种读优化的数据管理。因此，云系统的数据管理往往采用数据库领域中列存储的数据管理模式，将表按列划分后存储。例如，谷歌采用的 BigTable 数据管理技术。

（3）编程模式

为了使用户能更轻松地享受云计算带来的服务，让用户能利用该编程模型编写简单的程序来实现特定目的。云计算上的编程模型必须十分简单，必须保证后台复杂的并行执行和任务调度向用户和编程人员透明。云计算采用类似 MAP-Reduce 的编程模式。现在所有 IT 厂商提出的"云"计划中采用的编程模型，都是基于 MAP-Reduce 的思想开发的编程工具。

Google 和 Yahoo 等公司是云计算的先行者。Google 当数最大的云计算使用者。Google 搜索引擎就建立在分布于 200 多个地点、数量超过 100 万台的服务器的支撑之上，而且这些设施的数量正在迅猛增长。Google 地球、地图等也同样使用了这些基础设施。

用户通过计算机、笔记本电脑、手机等方式接入云计算的数据中心，可体验每秒 10 万亿次的运算能力，而且云计算提供了可靠的数据存储中心，而对用户端的设备要求则最低，使用起来很方便。云计算可以轻松实现不同设备间的数据与应用共享，为我们使用网络提供了几乎无限多的可能。

按照部署方式和服务对象可以将云计算划分为公共云、私有云和混合云三大主要类型。

① 当云计算按其服务方式提供给公众用户时，称其为公共云。公共云是由第三方（供应商）提供的云计算服务。公共云尝试为用户提供无后顾之忧的各种各样的 IT 资源，无论是软件、应用程序基础结构，还是物理基础结构，云提供商都负责安装、管理、部署和维护。最终用户只要为其使用的资源付费即可，根本不存在利用率低这一问题，但是这要付出一些代价，这些服务通常根据"配置惯例"提供，即根据适应最常见使用的情形这一思想提供，如果资源由用户直接控制，则配置选项一般是这些资源的一个较小子集。

② 私有云或称专属云，是指为企业内提供云服务（IT 资源）的数据中心，这些云在商业企业和其他团体组织防火墙之内，由本企业管理，不对外开放。私有云可提供公共云所具有的许多功能。与传统的数据中心相比，主要不同点是：云数据中心可以支持动态灵活的基础设施，降低 IT 架构的复杂度，使各种 IT 资源得以整合、标准化，并且可以通过自动化部署提供策略驱动的服务水平管理，使 IT 资源更加容易地满足业务需求变化。相对公共云而言，私有云的用户完全拥有云中心的整个设施，如中间件、服务器、网络和磁盘阵列等，可以控制哪些应用程序在哪里运行，并且可以决定允许哪些用户使用云计算服务。由于私有云的服务对象是企业内部员工，可以减少公共云中必须考虑的诸多限制，如带宽、安全和法律法规的遵从性等问题。重要的是，通过用户范围控制和网络限制等手段，私有云可以提供更多的安全和私密等专属性的保证。

③ 混合云是公共云和私有云的混合，这类云一般由企业创建，而管理职责由企业和公共云提供商共同负责。混合云利用既在公共空间又在私有空间中的服务，用户可以通过一种可控的方式部分拥有或部分与他人共享。当公司既需要公共云又要私有云服务时，选择混合云比较合适。从这个意义上说，企业、机构可以列出服务目标和需要，然后相应地从公共或私有云中获取。结构完好的混合云可以为安全、至关重要的流程（如接收客户资金支付）及辅助业务流程（如员工工资单流程）等提供服务。

在未来 5 年内，云计算服务平均年增幅达 26%，是传统 IT 行业增长速度的 6 倍。IDC（Internet Data Center）预测，中国云计算 4 年内将产生 1.1 万亿元的市场。数量巨大的网络用户，尤其是中小企业用户，为云计算在国内的发展提供了很好的用户基础。同时，云计算将大幅度提升中小企业信息化水平和市场竞争力。

（1）对企业的影响

① 商业模式的转变，IT 公司的商业模式将从软 / 硬件产品销售变为软 / 硬件服务的提供。

② 大大降低信息化基础设施建设投入和信息管理系统运行维护费用。

③ 将扩大软 / 硬件应用的外延，改变软 / 硬件产品的应用模式。

④ 产业链影响，传统的软 / 硬件开发及销售将被软 / 硬件服务所替代。

（2）对个人的影响

① 不再依赖某一台特定的计算机来访问及处理自己的数据。

② 不用维护自己的应用程序，不需要购买大量的本地存储空间，用户端负载降低、硬件设备简单。

③ 现代化生活影响，云计算服务将实现从计算机到手机、汽车、家电的迁移，把所有的家用电器中的计算机芯片连网，那时人们在任何地方就能轻松控制家里的电器设备。

网格计算和云计算有相似之处，特别是计算的并行与合作的特点，但它们的区别也是明显的，具体如下。

① 网格计算的思路是聚合分布资源，支持虚拟组织，提供高层次的服务，例如分布协同科学研究等。而云计算的资源相对集中，主要以数据中心的形式提供底层资源的使用，并不强调虚拟组织（VO）的概念。

② 网格计算用聚合资源来支持挑战性的应用，这是初衷，因为高性能计算的资源不够用，要把分散的资源聚合起来。到了 2004 年以后，逐渐强调适应普遍的信息化应用，特别是在中国，做的网格跟国外不太一样，即强调支持信息化的应用。但云计算从一开始就支持广泛企业计算、Web 应用，普适性更强。

③ 在对待异构性方面，二者理念上有所不同。网格计算用中间件屏蔽异构系统，力图使用户面向同样的环境，把困难留给中间件，让中间件完成任务。而云计算实际上承认异构，用镜像执行，或者提供服务的机制来解决异构性的问题。当然，不同的云计算系统还不太一样，像 Google 一般使用比较专用的自己的内部平台来支持。

④ 网格计算以作业形式使用，在一个阶段内完成作业产生数据。而云计算支持持久服务，用户可以利用云计算作为其部分 IT 基础设施，实现业务的托管和外包。

⑤ 网格计算更多地面向科研应用，商业模型不清晰。而云计算从诞生开始就是针对企业商业应用，商业模型比较清晰。

⑥ 云计算是以相对集中的资源，运行分散的应用（大量分散的应用在若干较大的中心执行）。而网格计算则是聚合分散的资源，支持大型集中式应用（一个大的应用分到多处执行）。但从根本上说，从应对 Internet 应用的特征而言，它们是一致的，即 Internet 情况下支持应用，解决异构性、资源共享等问题。

4. 人工智能

人工智能（Artificial Intelligence，AI）是研究，开发用于模拟，延伸和扩展人的智能的理论、方法、技术及应用系统的一门新的技术科学。是计算机科学的一个分支，它企图了解智能的实质，并生产出一种新的能以人类智能相似的方式做出反应的智能机器。

人工智能的基本研究内容主要包括如下几项。

① 机器感知，主要包括计算机视觉和计算机听觉，研究用计算机来模拟人和生物的感官系统功能，使计算机具有“感知”周围世界的能力。具体来说，就是让计算机具有对周围世界的空间

物体进行传感、抽象、判断的能力，从而达到识别、理解的目的。根据其处理过程的先后及复杂程度，计算机视觉的任务可以分成下列几个方面：图像的获取、特征抽取、识别与分类、三维信息理解、景物描述和图像解释。计算机听觉建立在机器识别语言、声响和自然语言理解的基础上。语言理解包括语音分析、词法分析、句法分析和语义分析。机器感知是计算机获取外部信息的基本途径，是使机器具有智能不可缺少的组成部分，对此人工智能中已经形成两个专门的研究领域：模式识别和自然语言理解。

② 机器思维，指计算机对通过感知得来的外部信息及其内部的各种工作信息进行有目的的处理。正像人的智能来源于大脑的思维活动一样，机器智能也是通过机器思维实现的，因此，机器思维是人工智能研究中最重要、最关键的部分。为了使计算机能模拟人类的思维活动，需要开展以下几个方面的研究：

- 知识的表示，特别是各种不精确、不完全、非规范知识的表示。
- 知识的组织、累积和管理技术。
- 知识的推理，特别是各种不精确推理、归纳推理、非单调推理、定性推理。
- 各种启发式搜索及控制策略。
- 神经网络、人脑的结构及其工作原理。

③ 机器学习。学习是人类具有的一种重要智能行为，人类能够获取新的知识、学习新技巧，并在实践中不断完善、改进。机器学习就是要使计算机具备这种学习能力，在不断重复的工作中使本身能力增强或得到改进，使得在下一次执行同样任务或类似任务时，会比现在做得更好或效率更高，并且能克服人类在学习中的局限性，如遗忘、效率低、注意力分散等。

④ 机器行为。与人的行为能力相对应，机器行为主要是指计算机的表达能力，如“说”、“写”、“画”等。对于智能机器人，还应具有人的四肢功能，能走路、能操作。

⑤ 智能系统及智能计算机构造技术。人工智能的最终目标就是要构造智能系统及智能机器，因此需要开展对系统分析与建模、构造技术、建造工具及语言的研究。

1950 年，计算机理论的奠基人艾伦·图灵在哲学性杂志《精神》上发表了一篇题为《计算机和智能》（Computingmachiery and intelligence）的著名文章，文章提出了一个检验计算机是否具备人类“思维”的方法，后来被称为“图灵测试”或“图灵检验”。

被测试者中有一个是人，另一个是声称有人类智力的机器。测试时，测试人与被测试者分开，测试人通过一些装置（如键盘）向被测试者提出问题，这些问题可以是任何问题。提问后，如果测试人能够正确地分出谁是人谁是机器，那么机器就没有通过图灵测试，如果测试人没有分出，则这个机器就是有人类智能的。

当然，目前还没有一台机器能够通过图灵测试，也就是说，计算机的智力与人类还相差很远。但图灵指出：“如果机器在某些现实的条件下，能够非常好地模仿人回答问题，以至提问者在相当长时间里误认它不是机器，那么机器就可以被认为是能够思维的。”

虽然成功通过图灵测试的计算机还没有，但已有计算机在测试中“骗”过了测试者。著名的“深蓝（DeepBlue）”机器人就是一个很好的例证。1997 年 5 月 11 日，由 IBM 公司研制的名为“深蓝（DeepBlue）”的超级计算机 AS/6000 SP，与“人类最伟大的棋手”——前苏联国际象棋世界冠军卡斯帕洛夫进行的人机象棋大赛，最终计算机以微弱优势取胜。这个案例及众多的影视作品都不禁会让人设想：未来会出现能够“骗”过大多数人的计算机吗？

5. 物联网

目前，物联网是全球研究的热点问题，国内外都把它的发展提到了国家级的战略高度，被称为继计算机、互联网之后，世界信息产业的第三次浪潮。在不同的阶段，从不同的角度出发，对物联网有不同的理解、解释。目前，有关物联网定义的争议还在进行之中，尚不存在一个世界范围内认可的权威定义。

物联网是通过各种信息传感设备及系统（传感网、射频识别、红外感应器、激光扫描器等）、条码与二维码、全球定位系统，按约定的通信协议，将物与物、人与物、人与人连接起来，通过各种接入网、互联网进行信息交换，以实现智能化识别、定位、跟踪、监控和管理的一种信息网络。这个定义的核心是：物联网的主要特征是每一个物件都可以寻址，每一个物件都可以控制，每一个物件都可以通信。此外，物联网的概念还应当分为广义和狭义两方面。广义来讲，物联网是一个未来发展的愿景，等同于“未来的互联网”，或者是“泛在网络”，能够实现人在任何时间、地点，使用任何网络与任何人或物进行信息交换。从狭义来讲，物联网隶属于泛在网，但不等同于泛在网，只是泛在网的一部分；物联网涵盖了物品之间通过感知设施连接起来的传感网，不论它是否接入互联网，都属于物联网的范畴；传感网可以不接入互联网，但当需要时，随时可利用各种接入网接入互联网。从不同的角度看，物联网会有多种类型，不同类型的物联网其软／硬件平台的组成也会有所不同，但在任何一个网络系统中，软／硬件平台却是相互依赖、共生共存的。

物联网作为新兴的信息网络技术，将会对IT产业发展起到巨大推动作用。然而，由于物联网尚处在起步阶段，还没有一个广泛认同的体系结构。在公开发表物联网应用系统的同时，很多研究人员也提出了若干物联网体系结构，如物品万维网（Web of Things，WoT）的体系结构，它定义了一种面向应用的物联网，把万维网服务嵌入系统中，可以采用简单的万维网服务形式使用物联网。这是一个以用户为中心的物联网体系结构，试图把互联网中成功的、面向信息获取的万维网结构移植到物联网上，用于物联网的信息发布、检索和获取。当前，较具代表性的物联网架构有欧美支持的EPC Global物联网体系架构和日本的Ubiquitous ID（UID）物联网系统等。我国也积极参与了物联网体系结构的研究，正在积极制定符合社会发展实际情况的物联网标准和架构。

Guy Pujolle博士提出了一种采用自主通信技术的物联网自主体系结构。所谓自主通信，是指以自主件（Self Ware）为核心的通信，自主件在端到端层次及中间节点，执行网络控制面已知的或者新出现的任务，自主件可以确保通信系统的可进化特性。

物联网的这种自主体系结构由数据面、控制面、知识面和管理面4个面组成。数据面主要用于数据分组的传送。控制面通过向数据面发送配置信息，优化数据面的吞吐量，提高可靠性。知识面是最重要的一个面，它提供整个网络信息的完整视图，并且提炼成为网络系统的知识，用于指导控制面的适应性控制。管理面用于协调数据面、控制面和知识面的交互，提供物联网的自主能力。

美国在统一代码协会（UCC）的支持下，提出要在计算机互联网的基础上，利用RFID、无线通信技术，构造一个覆盖世界万物的系统，同时还提出了电子产品代码（Electronic Product Code，EPC）的概念，即每一个对象都将被赋予一个唯一的EPC，并由采用射频识别技术的信息系统管理彼此联系。数据传输和数据存储由EPC网络来处理。

EPC Global对于物联网的描述是：一个物联网主要由EPC编码体系、射频识别系统及信息网络系统三部分组成。

（1）EPC编码体系

物联网实现的是全球物品的信息实时共享。显然，首先要做的是实现全球物品的统一编码，即对在地球上任何地方生产出来的任何一件物品，都要给它打上电子标签。在这种电子标签携带有一个电子产品编码，并且全球唯一。电子标签代表了该物品的基本识别信息，例如，表示“A

公司于 B 时间在 C 地点生产的 D 类产品的第 E 件物品”。目前，欧美支持的 EPC 编码和日本支持的 UID 编码是两种常见的电子产品编码体系。

（2）射频识别系统

射频识别系统包括 EPC 标签和读写器。EPC 标签是编号（每一个商品有唯一的编号，即“牌照”）的载体，当 EPC 标签贴在物品上或内嵌在物品中时，该物品与 EPC 标签中的产品电子代码就建立起了一对一的映射关系。EPC 标签从本质上说是一个电子标签，通过 RFID 读写器可以对 EPC 标签内存信息进行读取。这个内存信息通常就是产品电子代码。产品电子代码经读写器报送给物联网中间件，经处理后存储在分布式数据库中。用户查询物品信息时只要在网络浏览器的地址栏中，输入物品名称、生产商、供货商等数据，就可以实时获悉物品在供应链中的状况。目前，与此相关的标准已制定，包括电子标签的封装标准、电子标签和读写器间的数据交互标准等。

（3）信息网络系统

一个 EPC 物联网体系架构主要由 EPC 编码、EPC 标签及 RFID 读写器、中间件系统、ONS 服务器和 EPC IS 服务器等部分构成。

EPC 中间件通常指一个通用平台和接口，是连接 RFID 读写器和信息系统的纽带。它主要用于实现 RFID 读写器和后端应用系统之间的信息交互，捕获实时信息和事件，或向上传送给后端应用数据库软件系统及 ERP 系统等，或向下传送给 RFID 读写器。

EPC 信息发现服务包括对象名称解析服务（Object Naming Service，ONS）及配套服务，基于电子产品代码，获取 EPC 数据访问通道信息。目前，根据 ONS 系统和配套的发现服务系统由 EPC Global 委托 Verisign 公司进行运维，其接口标准正在形成之中。

EPC 信息服务（EPC Information Service，EPC IS）即 EPC 系统的软件支持系统，用以实现最终用户在物联网环境下交互 EPC 信息。关于 EPC IS 的接口和标准也正在制定中。

物联网概念的问世打破了传统的思维模式，在提出物联网概念之前，一直是将物理基础设施和 IT 基础设施分开，一方面是机场、公路、建筑物，而另一方面是数据中心、个人计算机、宽带等。在物联网时代，钢筋混凝土、电缆，芯片、宽带将被整合为统一的基础设施。在这种意义上的基础设施就像是一块新的地球工地，世界在它上面运转，包括经济管理、生产运行、社会管理及个人生活等。研究物联网的体系结构，首先需要明确架构物联网体系结构的基本原则，以便在已有物联网体系结构的基础之上，形成参考标准。

一种实用的层次性物联网体系结构将物联网分为感知层、网络层、应用层。

感知层的主要功能是信息感知与采集，主要包括二维码标签和识读器、RFID 标签和读写器、摄像头、各种传感器、视频摄像头等，如温度感应器、声音感应器、振动感应器、压力感应器等，完成物联网应用的数据感知和设施控制。

网络层是核心承载网络，负责传递和处理感知层获取的信息。它主要包括现行的通信网络，如 2G、3G/B3G、4G 移动通信网，或互联网、WiFi、WiMAX、无线城域网（Wireless Metropolitan Area Network，WMAN）、企业专用网等。

应用层由各种应用服务器组成（包括数据库服务器），主要功能包括对采集数据的汇聚、转换、分析，以及用户层呈现的适配和事件触发等。应用层要为用户提供物联网应用接口，包括用户设备（如 PC、手机）、客户端浏览器等。

除此之外，应用层还包括物联网管理中心、信息中心等利用下一代互联网的能力对海量数据进行智能处理的云计算功能。

物联网技术涵盖了从信息获取、传输、存储、处理直至应用的全过程，在材料、器件、软件、网络、系统各个方面都要有所创新才能促进其发展。

物联网是面向应用的、贴近客观物理世界的网络系统，它的产生、发展与应用密切相关联。就传感网而言，经过不同领域研究人员多年来的努力，已经在军事领域、精细农业、安全监控、环保监测、建筑领域、医疗监护、工业监控、智能交通、物流管理、自由空间探索、智能家居等领域得到了充分的肯定和初步应用。传感网、RFID 技术是物联网目前应用研究的热点，两者相结合组成物联网可以把较低的成本应用于物流和供应链管理、生产制造与装配以及安防等领域。

1.4 计算机系统的组成

1.4.1 计算机系统概述

一个完整的计算机系统包括硬件系统和软件系统组成，如图 1-3 所示。

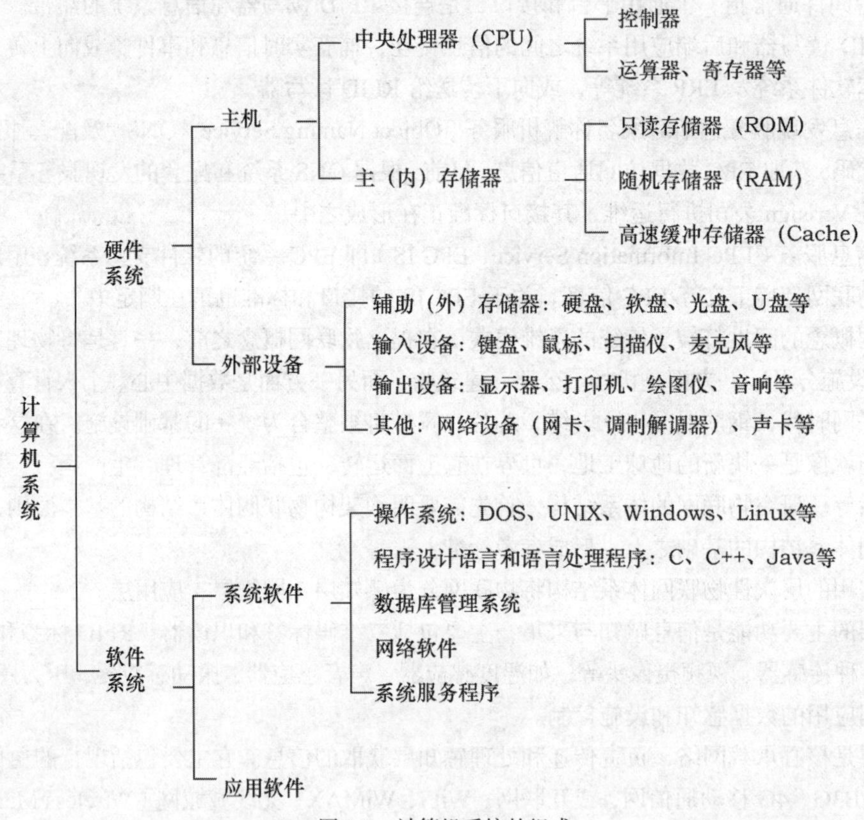

图 1-3　计算机系统的组成

硬件是指计算机装置，即物理设备。硬件系统是组成计算机的电子的、机械的、电磁的、光学的各种元部件和设备的总称，是计算机的物理基础。软件是指实现算法的程序及其文档。软件系统是为运行、管理和维护计算机而编制的各种程序、数据和文档的总称。硬件是基础，软件是灵魂。只有硬件，没有软件的计算机称为“裸机”，裸机只认识“0”和“1”组成的机器代码，这种没有软件系统的计算机几乎是没有用的，只有将硬件系统和软件系统有机结合，才能使计算机的软、硬件系统协同工作，才能充分发挥计算机的作用。一个性能优良的计算机硬件系统能否发挥其应有的功能，很大程度上取决于所配置的软件是否完善和丰富。软件不仅提高了机器的效率、扩展了硬件功能，也方便了用户使用。

在计算机系统中，软件和硬件的功能没有明确的分界线。软件实现的功能可以用硬件来实现，即所谓的软件硬化；同样，硬件实现的功能可以用软件来实现，即所谓的硬件软化。也就是说，软件和硬件在逻辑上是等效的。

1.4.2　计算机的工作原理

1. 存储程序和程序控制原理

美籍匈牙利数学家冯·诺依曼（Von Neumann，图 1-4）于 1946 年提出了计算机设计的 3 个基本思想。

① 计算机由运算器、控制器、存储器、输入设备和输出设备 5 个基本部分组成。

② 采用二进制形式表示计算机的指令和数据。

③ 将程序（由一系列指令组成）和数据存放在存储器中，计算机依次自动地执行程序。

图 1-4　冯·诺依曼

冯·诺依曼设计的计算机工作原理是将需要执行的任务用程序设计语言写成程序，与需要处理的原始数据一起通过输入设备输入并存储在计算机的存储器中，即“程序存储”；在需要执行时，由控制器取出程序并按照程序规定的步骤或用户提出的要求，向计算机的有关部件发布命令并控制它们执行相应的操作，执行的过程不需要人工干预而自动连续进行，即“程序控制”。冯·诺依曼计算机工作原理的核心就是“程序存储”和“程序控制”，按照这一原理设计的计算机称为冯·诺依曼计算机，其体系结构称为冯·诺依曼结构。目前，计算机基本上仍然遵循冯·诺依曼原理和结构，绝大部分的计算机都是冯·诺依曼计算机。但是，为了提高计算机的运行程度，实现高度并行化，当今的计算机系统已对冯·诺依曼结构进行了许多变革，如指令流水线技术等。

2. 指令和程序

计算机之所以能自动、正确地按人们的意图工作，是由于人们事先已把计算机如何工作的程序和原始数据通过输入设备送到计算机的存储器中。当计算机执行时，控制器就把程序中的“命令”一条接一条地从存储器中取出来，加以翻译，并按“命令”的要求进行相应的操作。

当人们需要计算机完成某项任务的时候，首先要将任务分解为若干个基本操作的集合，计算机所要执行的基本操作命令就是指令，指令是对计算机进行程序控制的最小单位，是一种采用二进制表示的命令语言。一个 CPU 能够执行的全部指令的集合就称为该 CPU 的指令系统，不同 CPU 的指令系统是不同的。指令系统的功能是否强大、指令类型是否丰富，决定了计算机的能力，也影响着计算机的硬件结构。

每条指令都要求计算机完成一定的操作，它告诉计算机进行什么操作、从什么地址取数、结果送到什么地方去等信息。计算机的指令系统一般包括数据传送指令、算术运算指令、逻辑运算指令、转移指令、输入输出指令和处理机控制指令等。一条指令通常由两个部分组成，即操作码和操作数（如图 1-5 所示）。操作码用来规定指令应进行什么操作，而操作数用来指明该操作处理的数据或操作数所在存储单元的地址或跟操作数地址有关的信息。

操作码	操作数

图1-5　指令格式

人们为解决某项任务而编写的指令的有序集合称为程序。指令的不同组合方式，可以构成用于完成不同任务的程序。

3. 计算机的工作过程

计算机的工作过程就是执行程序的过程。在运行程序之前，首先通过输入设备将编好的程序和原始数据输入到计算机内存储器中，然后按照指令的顺序，依次执行指令。执行一条指令的过程如下。

① 取指令：从内存储器中取出要执行的指令送到 CPU 内部的指令寄存器暂存。

② 分析指令：把保存在指令寄存器中的指令送到指令译码器，译出该指令对应的操作。

③ 执行指令：CPU 向各个部件发出相应控制信号，完成指令规定的操作。

重复上述步骤，直到遇到结束程序的指令为止。

为了提高计算机的运行速度，在现代计算机系统中，引入了流水线控制技术，使负责取指令、分析指令和执行指令的部件并行工作。

4. 兼容性

某一类计算机的程序能否在其他计算机上运行，这就是计算机“兼容性”问题。例如，Intel 公司和 AMD 公司生产的 CPU，指令系统几乎一致，因此它们相互兼容。而苹果公司生产的 Macintosh 计算机，其 CPU 采用 Motorola 公司的 PowerPC 微处理器，指令系统大相径庭，因此无法与使用 Intel 公司和 AMD 公司 CPU 的 PC 兼容。

即便是同一公司的产品，由于技术的发展，指令系统也是不同的。如 Intel 公司的产品经历 Pentium（8088→80286→80386→80486→Pentium→Pentium Ⅱ→Pentium Ⅲ→Pentium Ⅳ）、赛扬（Celeron）和酷睿（Core）。新处理器包含的指令数目和种类越来越多，通常采用“向下兼容”的原则，即新类型的处理器包含旧类型处理器的全部指令，从而保证在旧类型处理器上开发的系统能够在新的处理器中被正确执行。

1.4.3 计算机的硬件系统

计算机硬件系统（如图 1-6 所示）主要由运算器、存储器、控制器、输入设备、输出设备五大部分组成。

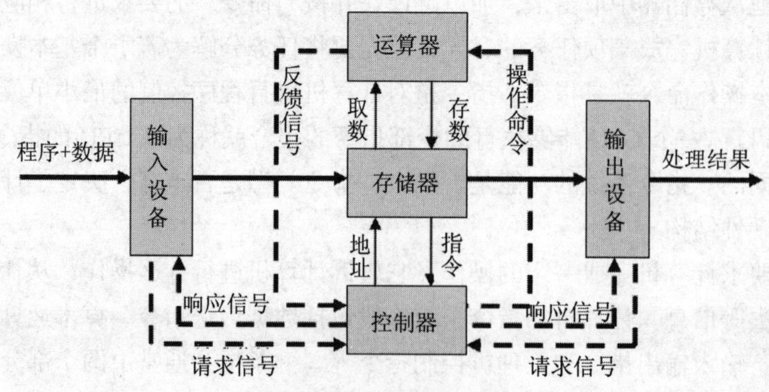

图1-6　计算机硬件系统

1. 运算器（Arithmetic Unit）

运算器是计算机进行算术运算与逻辑运算的主要部件。它受控制器的控制，对存储器送来的数据进行指定的运算。

2. 控制器（Control Unit）

控制器由程序计数器（PC）、指令寄存器（IR）、指令译码器（ID）、时序控制电路以及微操作控制电路组成。

控制器是计算机的指挥中心，它逐条取出存储器中的指令并进行译码，根据程序所确定的算法和操作步骤，发出命令指挥与控制计算机各部件工作。控制器与运算器一起组成了中央处理器（Central Processing Unit，CPU）。CPU 是整个计算机的核心，计算机的运算处理功能主要由它来完成。同时它还控制计算机的其他零部件，从而使计算机的各部件协调工作。

3. 存储器（Memory）

存储器是计算机用来存放程序和数据的记忆装置，是计算机存储信息的仓库。执行程序时，由控制器将程序从存储器中逐条取出，执行指令。计算机存储器通常有内部存储器及外部存储器两种。

CPU 可以直接对内存数据进行存、取操作。外部存储器简称外存，CPU 存/取外部存储器的数据时，都必须将数据先调入内部存储器。内部存储器是计算机数据交换的中心。外部存储器主要有软盘、硬盘、光盘和磁带等。

4. 输入设备（Input Device）

输入设备是计算机接收外来信息的设备，人们用它来输入程序、数据和命令，并将它们转化为计算机所能识别的形式（二进制数）存入计算机的主存中。计算机的输入设备种类很多，常用的有键盘、鼠标器、扫描仪、麦克风、触摸屏、光笔等。

5. 输出设备（Output Device）

输出设备通过接口电路将计算机处理过的信息从机器内部表示形式转换成人们熟悉的形式输出，或转换成其他设备能够识别的信息输出。例如，将处理过的信息以十进制数、字符、图形、表格等形式显示或打印出来。输出设备的种类也很多，常用的有打印机、显示器、绘图仪、喇叭或音箱等。

输入设备和输出设备统一简称为 I/O（Input/Output）设备。

1.4.4 计算机的软件系统

所谓软件，是指能指挥计算机工作的程序与程序运行时所需要的数据，以及与这些程序和数据有关的文字说明和图表资料，其中文字说明和图表资料又称为文档。

一般可以将软件系统分为系统软件和应用软件两大类。

1. 系统软件

系统软件指控制计算机运行、管理的各种资源，并为应用软件提供支持和服务的一类软件。系统软件是计算机系统的必备软件。

（1）操作系统

操作系统是最底层的系统软件，它是对硬件系统功能的首次扩充，也是其他系统软件和应用软件能够在计算机上运行的基础。

操作系统实际上是一组程序，它们用于统一管理计算机中的各种软硬件资源，合理地组织计算机的工作流程，协调计算机系统各部分之间、系统与用户之间、用户与用户之间的关系。由此可见，操作系统在计算机系统中占有特殊的地位。通常，操作系统具有 5 个方面的功能：内存储器管理、处理机管理、设备管理、文件管理和作业管理。这也就是通常所说的操作系统的五大任务。

目前典型的操作系统有 DOS、UNIX、Windows、Linux，Android 等。

（2）程序设计语言与语言处理程序

人们要利用计算机解决实际问题，一般首先要编制程序。程序设计语言就是用户用来编写程序的语言，它是人与计算机之间交换信息的工具。程序设计语言是软件系统的重要组成部分，而相应的各种语言处理程序属于系统软件。

程序设计语言一般分为机器语言、汇编语言和高级语言三类。

① 机器语言。机器语言是最底层的计算机语言。用机器语言编写的程序，计算机硬件可以直接识别。在用机器语言编写的程序中，每一条机器指令都是二进制形式的指令代码。

例：计算 A = 3 + 4 的机器语言（8086）程序如下：

```
10110000 00000011  ；把 3 送给寄存器 AL
10110011 00000100  ；把 4 送给寄存器 BL
00000000 11011000  ；AL 和 BL 内容相加后存放在 AL
11110100           ；停机
```

在指令代码中一般包括操作码和操作数，其中操作码告诉计算机要执行的操作，操作数则指出被操作的对象。对于不同类型的 CPU，所提供的指令系统不同，因此机器语言也是不同的，机器语言是面向机器的语言，是所谓的低级语言。由于机器语言程序是直接针对计算机硬件的，因此它的执行效率比较高，能充分发挥计算机的时空性能。但是，用机器语言编写程序的难度比较大，容易出错，而且程序的直观性比较差，通用性差，也不容易移植。

② 汇编语言。为了克服机器语言的缺点，人们采用助记符表示机器指令的操作码，用变量代替操作数的存放地址等，这样就形成了汇编语言。所以汇编语言是一种用符号书写的、基本操作与机器指令相对应的、并遵循一定语法规则的计算机语言。

例：计算 A = 3 + 4 的汇编语言（8086）程序如下：

```
MOV AL,03h     ；把 3 送给寄存器 AL
MOV BL,04h     ；把 4 送给寄存器 BL
ADD AL,BL      ；AL 和 BL 内容相加后存放在 AL
HLT            ；停机
```

由于汇编语言采用了助记符，因此，它比机器语言直观，容易理解和记忆，用汇编语言编写的程序也比机器语言程序易读、易检查、易修改。但是，计算机不能直接识别用汇编语言编写的程序，必须由一种专门的翻译程序将汇编语言源程序翻译成机器语言程序后，计算机才能识别并执行。这种翻译的过程称为“汇编”，负责翻译的程序称为汇编程序。

③ 高级语言。机器语言和汇编语言都是面向机器的语言，一般称为低级语言。低级语言对机器的依赖性太大，用它们开发的程序通用性很差，普通的计算机用户也很难胜任这一工作。随着计算机技术的发展以及计算机应用领域的不断扩大，计算机用户的队伍也在不断壮大。为了使广大的计算机用户也能胜任程序的开发工作，从 20 世纪 50 年代中期开始出现了面向问题的程序设计语言，称为高级语言。高级语言与具体的计算机硬件无关，其表达方式接近于被描述的问题，易为人们接受和掌握。用高级语言编写程序要比低级语言容易得多，并大大简化了程序的编制和调试，使编程效率得到大幅度提高。高级语言的显著特点是独立于具体的计算机硬件，通用

性和可移植性好。

例：计算 A = 3 + 4 的 C 语言程序如下：

```
#include<stdio.h>
int main()
{
  int a=3,b=4,c;
  c=a+b;
  printf("%d",c);
  return 0;
}
```

必须指出的是，用任何一种高级语言编写的程序（称为源程序）都要通过编译程序翻译成机器语言程序（称为目标程序）后计算机才能执行，或者通过解释程序边解释边执行。

（3）系统服务软件

系统服务软件有时又称工具软件，它是开发和研制各种软件的工具。常见的工具软件有诊断程序、调试程序、编辑程序等。这些工具软件为用户编制计算机程序及使用计算机提供了方便。

① 诊断程序。诊断程序有时也称为查错程序，它的功能是诊断计算机各部件能否正常工作，因此，它是面向计算机维护的一种软件。例如，对微型计算机加电后，一般都首先运行 ROM 中的一段自检程序，以检查计算机系统是否能正常工作。这段自检程序就是一种最简单的诊断程序。

② 调试程序。调试程序用于对程序进行调试。它是程序开发者的重要工具，特别是对于调试大型程序显得更为重要。例如，DEBUG 就是一般 PC 系统中常用的调试程序。

③ 编辑程序。编辑程序是计算机系统中不可缺少的一种工具软件。它主要用于输入、修改、编辑程序或数据。

2. 应用软件

应用软件主要为用户提供在各个具体领域中的辅助功能，它也是绝大多数用户学习、使用计算机时最感兴趣的内容。

应用软件具有很强的实用性，专门用于解决某个应用领域中的具体问题，因此，它又具有很强的专用性。由于计算机应用的日益普及，各行各业、各个领域的应用软件越来越多。也正是这些应用软件的不断开发和推广，更显示出计算机无比强大的威力和无限广阔的前景。应用软件的内容很广泛，涉及社会的许多领域，很难概括齐全，也很难确切地进行分类。

常见的应用软件有以下几种。

① 各种信息管理软件；

② 办公自动化系统；

③ 各种文字处理软件；

④ 各种辅助设计软件以及辅助教学软件；

⑤ 各种软件包，如数值计算程序库、图形软件包等。

1.5　计算机中的信息表示

计算机在目前的信息社会中发挥的作用越来越重要，计算机的功能也得到了很大的改进，从最初的科学计算、数值处理，发展到现在的过程检测与控制、信息管理、计算机辅助系统等方面。

计算机不仅仅是对数值进行处理，还要对语言、文字、图形、图像和各种符号进行处理，但因为计算机内部只能识别二进制数，所以这些信息都必须经过数字化处理后，才能进行存储、传送等处理。

1.5.1 计算机中的数制

1. 数制的概念

数制是用一组固定的数字和一套统一的规则来表示数的方法。

按照进位方式计数的数制叫进位计数制。如十进制即逢十进一，生活中也常常遇到其他进制，如二进制、八进制、十六进制等。

2. 基数

基数是指该进制中允许选用的基本数码的个数。每一种进制都有固定数目的计数符号。

十进制（Decimal）的基数为10，即有10个记数符号：0、1、2、……9。每一个数码符号根据它在这个数中所在的位置（数位），按“逢十进一”来决定其实际数值。

二进制（Binary）的基数为2，有2个记数符号：0和1。每个数码符号根据它在这个数中的数位，按“逢二进一”来决定其实际数值。

八进制（Octal）的基数为8，有8个记数符号：0、1、2、……7。每个数码符号根据它在这个数中的数位，按“逢八进一”来决定其实际的数值。

十六进制（Hexadecimal）的基数为16，有16个记数符号：0～9，A，B，C，D，E，F。其中A～F对应十进制的10～15。每个数码符号根据它在这个数中的数位，按“逢十六进一”决定其实际的数值。

3. 位权

一个数码处在不同位置上所代表的值不同，如数字8在十位数位置上表示80，在百位数上表示800，而在小数点后1位表示0.8，可见每个数码所表示的数值等于该数码乘以一个与数码所在位置相关的常数，这个常数叫做位权。位权的大小是以基数为底、数码所在位置的序号为指数的整数次幂。

1.5.2 常用数制的表示方法

数制的表示方法有下列两种方法。

1. 在数字后面加写相应的英文字母作为标识

十进制数用后缀D表示或无后缀，如123和123D。

二进制数用后缀B表示，如1101B、11.01B。

八进制数用后缀O表示，如123.67O。

十六进制数用后缀H表示，如10A2H、3B1.1H。

2. 在括号外面加数字下标

十进制数，如$(123.123)_{10}$。

二进制数，如$(10010.01)_{2}$。

八进制数，如$(123.67)_{8}$。

十六进制数，如$(10A21.AB)_{16}$。

1.5.3　不同进位计数制间的转换

1. *R* 进制数转换为十进制数

对于任意的 *R* 进制数

$a_{n-1}a_{n-2}\cdots a_1a_0.a_{-1}\cdots a_{-m}$（其中 n 为整数位数，m 为小数位数）

表示为按权展开求和即可。即

$a_{n-1}\times R^{n-1}+a_{n-2}\times R^{n-2}+\cdots+a_1\times R^1+a_0\times R^0+a_{-1}\times R^{-1}+\cdots+a_{-m}\times R^{-m}$　（其中 R 为基数）

例 1.3　$(101101.11)_2=1\times2^5+0\times2^4+1\times2^3+1\times2^2+0\times2^1+1\times2^0+1\times2^{-1}+1\times2^{-2}$

$=32+0+8+4+0+1+0.5+0.25=(45.75)_{10}$

例 1.4　$(642)_8=6\times8^2+4\times8^1+2\times8^0=(418)_{10}$

2. 十进制数转换为 *R* 进制数

将十进制数转换为 *R* 进制数时，整数部分和小数部分须分别遵守不同的转换规则。

对整数部分：除以 *R* 取余法，即整数部分不断除以 *R* 取余数，直到商为 0 为止，最先得到的余数为最低位，最后得到的余数为最高位。

对小数部分：乘 *R* 取整法，即小数部分不断乘以 *R* 取整数，直到小数为 0 或达到有效精度为止，最先得到的整数为最高位（最靠近小数点），最后得到的整数为最低位。

例 1.5　将（35.625）$_{10}$转换成二进制数。

一个十进制小数不一定能完全准确地转换成二进制小数，这时可以根据精度要求只转换到小数点后某一位为止即可。

将其整数部分和小数部分分别转换，然后组合起来得$(35.625)_{10}=(100011.101)_2$

整数部分：

除数	被除数/商	取余数	
2	35		低
2	17	1	
2	8	1	
2	4	0	
2	2	0	
2	1	0	
	0	1	高

小数部分：

	取整数	
0.625		高
× 2		
1.250	1	
× 2		
0.500	0	
× 2		
1.000	1	低

例 1.6　将（135）$_{10}$转换成八进制数

```
8 | 135        取余数   低
   8 | 16        7     ↑
      8 | 2      0     |
          0      2     高
```

得：$(135)_{10}=(207)_8$

3. 二进制数转换为八、十六进制数

8 和 16 都是 2 的整数次幂，即 $8=2^3$，$16=2^4$，因此 3 位二进制数相当于 1 位八进制数，4 位二进制数相当于 1 位十六进制数（见表 1-2），它们之间的转换关系也相当简单。由于二进制数表示数值的位数较长，因此常需用八、十六进制数来表示二进制数。

将二进制数以小数点为中心分别向两边分组，转换成八（或十六）进制数每 3（或 4）位为一组，整数部分向左分组，不足位数左补 0；小数部分向右分组，不足部分右补 0，然后将每组二进制数转化成八（或十六）进制数即可。

表 1-2　二进制、八进制、十六进制数的对应关系表

二进制	八进制	二进制	十六进制	二进制	十六进制
000	0	0000	0	1000	8
001	1	0001	1	1001	9
010	2	0010	2	1010	A
011	3	0011	3	1011	B
100	4	0100	4	1100	C
101	5	0101	5	1101	D
110	6	0110	6	1110	E
111	7	0111	7	1111	F

例 1.7　将二进制数 $(11100110.10101011)_2$ 转换成八、十六进制数。

$(\underline{011}\ \ \underline{100}\ \ \underline{110}.\underline{101}\ \ \underline{010}\ \ \underline{110})_2=(346.526)_8$

　3　4　6 . 5　2　6

$(\underline{1110}\ \ \underline{0110}.\underline{1010}\ \ \underline{1011})_2=(E6.AB)_{16}$

　E　6 . A　B

1.5.4 计算机中的数据单位

计算机中数据的常用单位有位、字节和字。

1. 位（bit）

计算机采用二进制，在计算机内部的信息流就是由 0 和 1 组成的数据流。

计算机中最小的数据单位是二进制的一个数位，简称为位（英文名称为 bit，读音为“比特”）。

2. 字节（Byte）

1 个字节由 8 个二进制数位组成（1Byte = 8bit）。

字节是计算机中用来表示存储空间大小的基本容量单位。例如，计算机的存储器（包括内存和外存）都是以字节为基本存储容量单位。除用字节为单位表示存储容量外，还可以用千字节

（kB）、兆字节（MB）以及十亿字节（GB）等表示存储容量。它们之间存在下列换算关系。

1Byte=8bit

$1kB=1024Byte=2^{10}Byte$　　“k”的意思是“千”。

$1MB=1024kB=2^{10}kB=2^{20}Byte=1024\times1024Byte$　　“M”读“兆”。

$1GB=1024MB=2^{10}MB=2^{30}Byte=1024\times1024kB$　　“G”读“吉”。

$1TB=1024GB=2^{10}GB=2^{40}Byte=1024\times1024MB$　　“T”读“太”。

3. 字（word）

在计算机中作为一个整体被存取、传送、处理的二进制数字串叫做一个字或单元，每个字中二进制位数的长度，称为字长。一个字由若干个字节组成，不同的计算机系统的字长是不同的，常见的有 8 位、16 位、32 位、64 位等，字长越长，计算机一次处理的信息位就越多，精度就越高，字长是计算机性能的一个重要指标。目前主流微机都是 64 位机。

1.5.5　计算机的编码

任何形式的信息（数字、字符、汉字、图像、声音、视频）进入计算机都必须转换为由 0 和 1 组成的二进制数，即进行二进制数形式的信息编码。主要的数据编码有 BCD 码和 ASCII 码。

1. BCD 码

计算机中使用的是二进制，而人们习惯使用的是十进制，因此，十进制数输入到计算机后，需要转换成二进制数，处理结果输出时，又需将二进制数转换为十进制数。这种转换工作是通过标准子程序自动实现的。

BCD（Binary Coded Decimal，二—十进制编码）码是用若干个二进制数码来表示十进制数的编码。BCD 码的编码方法很多，最常用的是 8421 码。

8421 码将十进制数码中的每个数码分别用四位二进制编码表示，这四位二进利数的位权从左到右分别为 8、4、2、1，8421 码就是因此而得名的。这种编码方法比较简单、直观。表 1-3 所示为十进制数 0～9 的 8421 编码表，按表中给出的规则，很容易实现十进制数与二进制编码间的转换。

表 1-3　十进制数与 8421BCD 码的对照表

十 进 制	二 进 制	十 进 制	二 进 制
0	0000	5	0101
1	0001	6	0110
2	0010	7	0111
3	0011	8	1000
4	0100	9	1001

例 1.8　$(11.25)_{10}=(00010001.00100101)_{8421}=(1011.01)_2$

BCD 码是一种数据的过渡形式，其主要用途就是帮助计算机自动实现十进制数与二进制数相互转换。当用户通过键盘输入十进制数 11.25 时，计算机直接接收到的是它的 BCD 码 00010001.00100101，接着由计算机自动进行 BCD 码到真正的二进制数的转换，将输入数转换为等值的二进制数 1011.01，存入计算机等待处理。输出的过程恰好相反。

2. ASCII 码

计算机除了处理数值信息外，还要处理大量的字符信息（如英文字母、标点符号、控制字符等）。字符编码就是规定用怎样的二进制码来表示字符信息，以便计算机能够识别、存储、加工、处理。目前，最广泛使用的是 ASCII 码（American Standard Code for Information Interchange，美国标准信息交换码），它已被国际标准化组织（ISO）认定为国际标准。

从表 1-4 所示的 ASCII 码表中可以看出，标准的 ASCII 码是 7 位码，用一个字节表示，最高位总是 0，可以表示 128 个字符。前 32 个码和最后一个码通常是计算机系统专用的，代表一个不可见的控制字符。数字 0～9、字母 A～Z、a～z 都是顺序排列的，且小写字母比大写字母 ASCII 值大 32，这有利于大、小写字母之间的编码转换，数字字符 0 到 9 的 ASCII 码从 30H 到 39H（H 表示是十六进制数）；大写字母 A 到 Z 和小写英文字母 a 到 z 的 ASCII 码分别从 41H 到 54H 和从 61H 到 74H。因此在知道一个字母或数字的编码后，很容易推算出其他字母和数字的编码。

表 1-4　　7 位 ASCII 码表

$b_7b_6b_5$ / $b_4b_3b_2b_1$	000	001	010	011	100	101	110	111
0000	NUL	DLE	空格	0	@	P	、	p
0001	SOH	DC1	!	1	A	Q	a	q
0010	STX	DC2	“	2	B	R	b	r
0011	ETX	DC3	#	3	C	S	c	s
0100	EOT	DC4	$	4	D	T	d	t
0101	ENQ	NAK	%	5	E	U	e	u
0110	ACK	SYN	&	6	F	V	f	v
0111	BEL	ETB	‘	7	G	W	g	w
1000	BS	CAN	(	8	H	X	h	x
1001	HT	EM	)	9	I	Y	i	y
1010	LF	SUB	*	:	J	Z	j	z
1011	VT	ESC	+	;	K	[	k	{
1100	FF	FS	,	<	L	\	l	|
1101	CR	GS	-	=	M	]	m	}
1110	SO	RS	.	>	N	^	n	～
1111	SI	US	/	?	O	_	o	DEL

例 1.9　大写字母 A，其 ASCII 码为 1000001，即 ASC（A）=65；小写字母 a，其 ASCII 码为 1100001，即 ASC（a）=97；数字“0”的编码为 0110000，对应的十进制数为 48，则字符“1”的编码值为 49；控制符 CR（回车）的编码为 0001101，对应的十进制数为 13。

扩展的 ASCII 码是 8 位码，也是用一个字节表示，其前 128 个码与标准的 ASCII 码是一样的，后 128 个码（最高位为 1）则有不同的标准，并且与汉字的编码有冲突。

3. 汉字编码

用计算机处理汉字时，必须先将汉字代码化，即对汉字进行编码。从汉字的输入、处理到输出，不同的阶段采用不同的汉字编码，归纳起来可分为汉字输入码、汉字交换码、汉字机内码和汉字输出码 4 种。计算机处理汉字的过程是：通过汉字输入码将汉字信息输入到计算机内部，再用汉字交换码和汉字机内码对汉字信息进行加工、转换、处理，最后使用汉字输出码将汉字从显示器上显示出来或从打印机打印出来。

（1）汉字输入码

汉字输入码是为了从键盘输入汉字而编制的汉字编码，也称汉字外部码，简称外码。汉字输入码的编码方法分为 4 种：数码、音码、形码、音形码，不管使用哪种输入法，都是由操作者向计算机输入汉字，在计算机内部都是以汉字机内码表示。汉字的机内码是唯一的，而外码不是唯一的。

衡量输入码的好坏应有以下要求：编码短，可以减少击键的次数；重码少，可以实现盲打；易学易记。目前常用的输入码大致分为以下两类。

① 音码类：主要是以汉语拼音为基础的编码方案，如智能 ABC、Sogou 拼音等。优点是不需要专门学习，与人们习惯一致，但由于汉字同音字太多，重码率很高，影响了输入速度。

② 形码类：根据汉字的字形或字义进行编码，如五笔字型输入法等。五笔字型输入法使用广泛，适合专业录入员，基本可实现盲打，但必须记住字根，学会拆字和形成编码。

为了提高输入速度，输入方法走向智能化是目前研究的内容。未来的智能化方向是基于模式识别的语音识别输入、手写输入或扫描输入，体现了计算机人性化发展的趋势。

这里建议读者学会二种输入法，一种音码，一种形码，这样才能在输入汉字时游刃有余。

（2）汉字国标码

汉字交换码是一种用于计算机汉字信息处理系统之间或者通信系统之间进行信息交换的汉字编码。汉字国标码是指我国于 1980 年发布的《信息交换用汉字编码字符集——基本集》，简称 GB 2312—1980 编码或国标码，是汉字交换码的国家标准。该标准包括 6763 个汉字（其中：一级汉字 3755 个，按汉语拼音顺序排列；二级汉字 3008 个，按偏旁部首顺序排列）和 682 个英、俄、日文字母以及其他字符。

所有的国标汉字和符号组成一个 94 × 94 的矩阵，矩阵中的每一行称为一个“区”（区号为 01～94），每一列称为一个“位”（位号为 01～94）。将一个汉字所在区号与位号简单地组合就构成该汉字的“区位码”。这张表格称为“区位码表”，区位码表中的每个字符都有一个四位数字（十进制）的代码，前 2 位为区号，后 2 位为位号。因此，用这种代码作为一种编码方法使用时就称为区位码。

例：“中”位于第 54 区第 48 位，即区位码为 5448，十六进制为 3630H。

汉字国标码与区位码的关系是：汉字的区号和位号各加 32（20H）就构成了国标码，这是为了与 ASCII 码兼容，每个字节值大于 32（0～32 为非图形字符码值）。所以，“中”的国标码为 8680（5650H）。

（3）汉字机内码

汉字机内码（亦称汉字内码）是计算机系统内部对汉字进行存储、处理、传输时统一使用的代码。一个国标码由两个七位二进制编码表示，占两个字节，每个字节最高位补 0。在 ANSI（美国国家标准委员会）标准中，西文字符的机内码一般采用前面介绍的 ASCII 码，一个 ASCII 码占一个字节的低 7 位，最高位也为 0。为了在计算机内部能够区分是汉字编码还是 ASCII 码，将国标码的每个字节的最高位由 0 变为 1，变换后的国标码称为汉字机内码。也就是说，字节最高位为 1 时，该字节一定是用来存储汉字的，而字节最高位为 0 时，该字节就一定是用来存储西文字符的。由此可知，汉字机内码每个字节的值都大于 128，而每个西文字符的 ASCII 码值均小于 128。因此，它们之间的关系如下。

汉字国标码 = 区位码 + 2020H

汉字机内码 = 汉字国标码 + 8080H = 区位码 + A0A0H

（4）汉字输出码

汉字输出码又称汉字字形码，是在显示器或打印机等设备上输出汉字时有关汉字字形的编码。

每一个汉字的字形都必须预先存放在计算机内，GB 2312—1980 国际汉字字符集的所有字符的形状描述信息集合在一起，称为字形信息库，简称字库。字库中存储了每个汉字的字形点阵代码。

不同的字体（如宋体、楷体、黑体、新魏等）对应着不同的字库。在输出汉字时，计算机要先到字库中去找到它的字形描述信息，然后再把字形输出。

汉字输出码通常有点阵码和矢量轮廓码两种。

点阵码的产生方式大多是以点阵的方式形成汉字，即用一组排成方阵的二进制数字来表示一个汉字，有笔画覆盖的位置用 1 表示，否则用 0 表示。汉字字形点阵一般有 16 × 16 点阵、24 × 24 点阵、32 × 32 点阵和 48 × 48 点阵等。对于 16 × 16 点阵的汉字，共有 256 个点，即要用 64 个字节来表示一个汉字的点阵信息。点阵越大，占用的磁盘空间就越大，输出的字形越清晰美观。点阵方式的特点是编码和存储方式简单，无须转换直接输出，但当输出字体放大时，会生锯齿现象，不太美观。

矢量轮廓码的产生方式是，存储描述汉字字形的轮廓特征，当需要输出汉字时，再通过计算机的计算，由汉字字形描述生成所需大小和形状的汉字点阵。矢量方式的特点是字形美观，放大放小都不会变形和畸变，可以产生高质量的汉字输出。打印输出时经常使用矢量方式。

在 Windows 中通过打开“控制面板”的“字体”对话框就可以看到大量使用 TrueType 技术的矢量字库和部分点阵字体。

1.6 微型计算机及其配置

1.6.1 微型计算机概述

微型计算机简称微机（micro computer），诞生于 20 世纪 70 年代。人们通常把微型计算机叫做个人电脑（Personal Computer，PC）。微机的体积小，重量轻，安装和使用十分方便。微机在计算机领域中已占有了重要的地位，在各行各业和家庭中得到了迅速的普及。目前微机可分为台式计算机（如图 1-7 所示）和便携式计算机（如图 1-8 所示）两种。

图 1-7 台式计算机

图 1-8 便携式计算机

1.6.2 微型计算机的基本硬件配置

微机是一个由很多计算机配件厂家生产的配件的组合体。一般来说，微机的品牌是最后组装企业的品牌，如戴尔、联想、方正、神舟等。微机一般由主机和外部设备组成。以台式机为例，其基本硬件配置包括机箱、主板、CPU、内存条、硬盘、光驱、显卡、声卡、电源、显示器、键盘、鼠标、音箱等。

1. 主机

主机由 CPU 和主板内存储器组成，用来执行程序、处理数据，主机芯片都安装在一块电路板上，这块电路板称为主机板（主板），如图 1-9 所示。

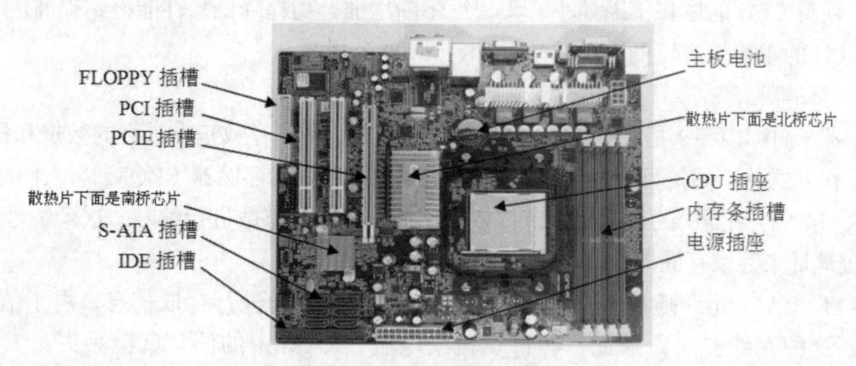

图 1-9　微型计算机主板

（1）中央处理器 CPU

典型的 CPU 如图 1-10 所示，微型计算机的 CPU 又称为微处理器，是计算机的核心部件，安插在主板的 CPU 插座上。计算机发生的所有动作都是受 CPU 控制的。其中运算器主要完成各种算术运算和逻辑运算；控制器读取各种指令，并对指令进行分析，作出相应的控制。通常，在 CPU 中还有若干个寄存器，它们可直接参与运算并存放运算的中间结果。

图 1-10　AMD CPU

CPU 的主要性能指标包括以下几项。

① 主频。如 2.0G、1.67G 等。主频 = 外频 × 倍频。其中各术语含义如下。

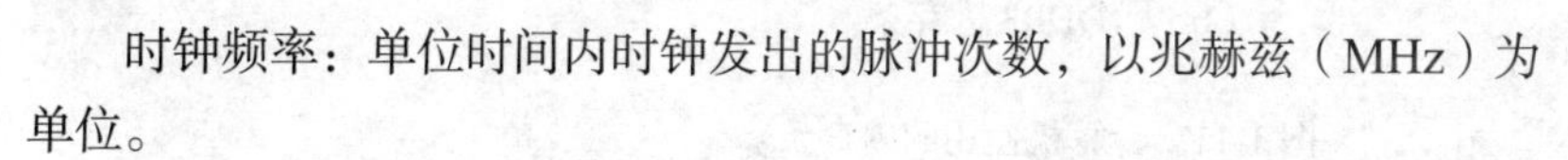

时钟频率：单位时间内时钟发出的脉冲次数，以兆赫兹（MHz）为单位。

内部时钟频率（简称主频）：表示 CPU 内部的数据传输速度，通常指 CPU 内部时钟运行的频率。

外部时钟频率（简称外频）：表示 CPU 与外部的数据传输速度，通常又指主板为 CPU 提供的时钟频率。

倍频：指 CPU 内部时钟频率和外部时钟频率之间的倍数。

② 字和字长。在计算机中，作为一个整体参与运算、处理和传送的一串二进制数称为一个"字"，组成一个字的二进制数的位数称为"字长"。目前微机的字长已经发展到 64 位机。

③ 高速缓冲存储器（Cache）。Cache 是一种速度比主存更快的存储器，其功能是减少 CPU 因等待低速主存所导致的延迟，以改进系统的性能。

Cache 均由静态 RAM 组成，结构较复杂，一般分为 L1 Cache（一级缓存），L2 Cache（二级缓存）。L1 Cache 建立在 CPU 内部，与 CPU 同步工作，CPU 工作时首先调用其中的数据，对性能影响较大。高速缓存则尤其指的是 CPU 的二级缓存，容量为 256kB、512kB、1M、2M 等。

④ 核心数量。CPU 一直是通过不断提高主频这一途径来提高性能的。然而，如今主频之路

已走到了拐点，因为 CPU 的频率越高，功耗就越高，所产生的热量就越多，从而导致各种问题。因此，Intel 开发了多核芯片，即在单一芯片上集成多个功能相同的处理器核心，从而提高性能。例如，Core 2 Duo 是双核 CPU，Core 2 Quad 是四核 CPU。因此，核心数量也是 CPU 的一个重要的性能指标。

⑤ 制造工艺。制造工艺是指 CPU 内电路与电路之间的距离，如 45nm、32nm。工艺技术的不断改进，使得 CPU 的体积不断缩小，集成度不断增加，功耗降低，性能得到提高。

目前 CPU 的主要生产厂商有美国的 Intel、AMD 公司等。

（2）内存储器

内存储器（简称内存）是 CPU 能直接访问的存储器，用于存放正在进行的数据和程序。内存储器按其工作方式的不同，可分为随机存储器（RAM）和只读存储器（ROM）。人们通常所说的内存是指 RAM。存储器中的每一个字节都依次用从 0 开始的整数进行编号，这个编号称为地址。CPU 就是按地址来存取存储器中的数据的。

① RAM。RAM 允许随机地按任意指定地址的存储单元进行存取信息。由于信息是通过电信号写入这种存储器的，因此，在计算机断电后，RAM 中的信息就会丢失。

RAM 主要以内存条的形式插在主板上的内存插槽中，现在的内存条插槽规格为 DIMM（Dual Inline Memory Module，双列直插内存模式），电路板双面有引脚，有 3 种规格：168 线、184 线、240 线。目前大多数计算机使用内存条是 DDR2、DDR3（如图 1-11 所示）。

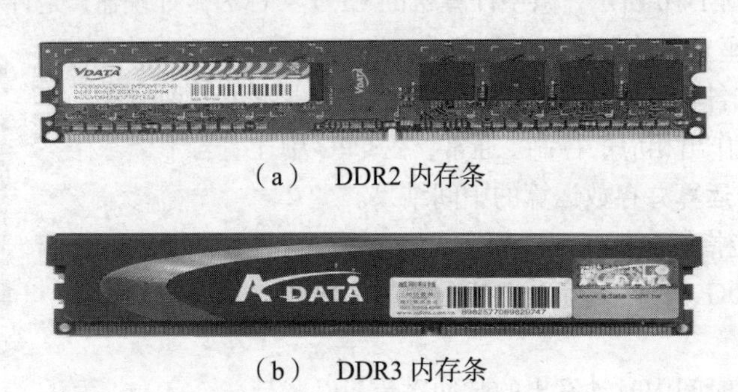

（a） DDR2 内存条

（b） DDR3 内存条

图 1-11 计算机使用的内存条

RAM 的主要性能指标有：存储容量、存取速度和错误校验。目前内存条的存储容量可达 4GB；存取速度（或存取时间）是指从请求写入（或读出）到完成写入（或读出）所需的时间，其单位为 ns（10^{-9}s），主要由内存工作频率决定，目前可达 2000MHz；错误校验内存的常用方式有 Parity（奇偶校验）、ECC（Error Checking and Correcting，错误检查与纠正）和 SPD（Serial Presence Detect，串行存在探测）。

② ROM。ROM 中的信息只能读出而不能随意写入。ROM 中的信息是厂家在制造时用特殊方法写入的，断电后其中的信息也不会丢失。ROM 中一般存放一些重要的且经常要使用的程序或其他信息，以避免其受到破坏。

2. 外存储器

外存储器又称辅助存储器（辅存、外存）。外存储器的容量一般都比较大，而且可以移动，便于不同计算机之间进行信息交流。

在微型计算机中，常用的外存有磁盘、光盘、U 盘等。目前最常用的是磁盘。磁盘又分为硬盘和软盘。

（1）硬盘

硬盘（如图 1-12 所示）是由若干片硬盘片组成的盘片组、读/写磁头、定位机构和传动系统，密封在一个容器内而构成的。硬盘是计算机主要的存储设备，容量大，存取速度快，可靠性强。在使用硬盘时，应保持良好的工作环境，如适宜的温度和湿度、防尘、防震等。

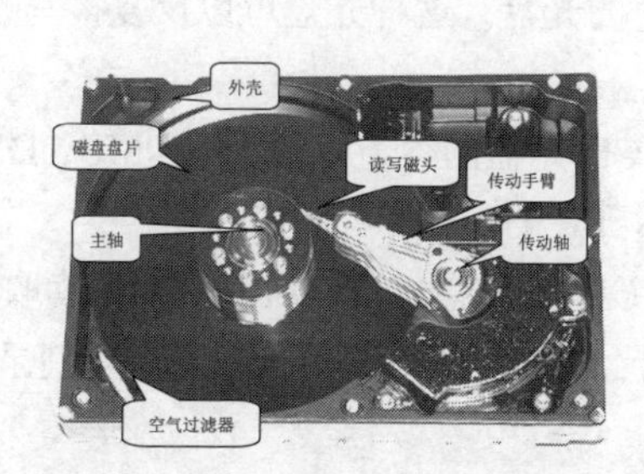

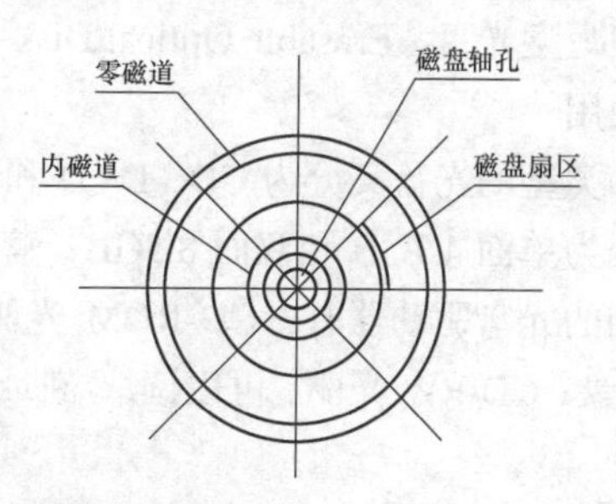

图 1.12　硬盘及磁盘格式化示意图

硬盘的性能指标如下。

① 磁盘容量：目前一般配置为几百 GB。

② 转速：5400rpm、7200rpm、10 000rpm。

③ 接口类型：IDE 接口（并行接口）、SATA 接口（串行接口）。

例：某硬盘有磁头 15 个，磁道（柱面数）8894 个，每道 63 扇区，每扇区 512B，则其存储容量为：15×8894×512×63=4.3GB。目前常见的硬盘容量已达 1TB。硬盘厂商在标称硬盘容量时通常取 1G=1000MB，1TB=1000GB，因此用户在 BIOS 中或在格式化硬盘时看到的容量会比厂家的标称值要小。

（2）固态硬盘

固态硬盘（Solid State Disk，如图 1-13、图-14 所示）是摒弃传统磁介质，采用电子存储介质进行数据存储和读取的一种硬盘，即用固态电子存储芯片阵列制成的硬盘。固态硬盘由控制单元和存储单元（DRAM 或 FLASH 芯片）两部分组成，存储单元负责存储数据，控制单元负责读取、写入数据。固态硬盘具有速度快，耐用防震，无噪音，重量轻等优点，它突破了传统机械硬盘的性能瓶颈，拥有极高的存储性能，被认为是存储技术发展的未来新星。

图 1-13　SATA3 接口固态硬盘

图 1-14　PCIE x1 接口板卡式固态硬盘

（3）光盘存储器

光盘存储器是利用光学原理进行信息读写的存储器。光盘存储器主要由光盘驱动器和光盘组成。光盘驱动器是读取光盘的设备，通常固定在主机箱内。常用的光盘驱动器有 CD-ROM 和 DVD-ROM，如图 1-15 所示。

图 1-15　光盘驱动器

光盘指的是利用光学方式进行信息存储的

圆盘。用于计算机的光盘有以下 3 种类型。

只读光盘：这种光盘的特点是只能写一次，即在制造时由厂家把信息写入，写好后信息永久保存在光盘上。

一次性写入光盘：也称为一次写多次读的光盘，但写操作必须在专用的光盘刻录机中进行。

可擦写型光盘（Erasable Optical Disk）：是能够重写的光盘，这种光盘可以反复擦写，一般可以重复使用。

每种类型的光盘又分为 CD、DVD 和蓝光等格式，CD 光盘的容量一般为 650MB，DVD 光盘的容量分为单面 4.7GB 和双面 8.5GB，蓝光光盘可以达到 25GB。

常用的光盘驱动器有：CD-ROM 光驱，只能读取 CD 类光盘；DVD-ROM，可读取 DVD、CD 类光盘；CD-RW 光驱，可以读取/刻录 CD-R 类光盘； DVD-RW 光驱，可以读取/刻录 DVD-R 类光盘。

（4）USB 外存设备

这种存储设备以 USB （Universal Serial BUS，通用串行总线）作为与主机通信的接口，可采用多种材料作为存储介质，分为 USB Flash Disk、USB 移动硬盘和 USB 移动光盘驱动器。它是近年迅速发展起来的性能很好又具有可移动性的存储产品。

最为典型的 USB 外存设置是 USB Flash Disk（U 盘），它采用非易失性半导体材料 Flash ROM 作为存储介质，虽然体积非常小，容量却很大，可达到 GB 级别，目前常见的有 8GB、16GB 和 32GB 等。U 盘不需要驱动器，无外接电源，使用简便、可带电插拔，存取速度快、可靠性高、可擦写，只要介质不损坏，里面的数据可以长期保存。

3. 输入设备

输入设备用于将信息输入到计算机，并将原始信息转化为计算机能接受的二进制数，使计算机能够处理。常用的输入设备有键盘、鼠标、数字化仪、麦克风、光笔、扫描仪、触摸屏、手写板、话筒、摄像机、数码照像机、磁卡读入机、条形码阅读器等。

（1）键盘

键盘（如图 1-16 所示）是微型计算机的主要输入设备，是计算机常用的人工输入数字、字符的输入设备。通过它可以输入程序、数据、操作命令，也可以对计算机进行控制。

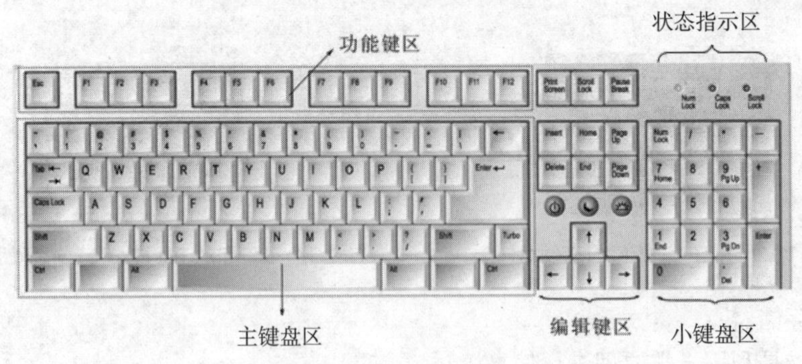

图 1-16　标准键盘

键盘中配有一个微处理器，用来对键盘进行扫描，生成键盘扫描码和数据转换。键盘通过键盘电缆线与主机相连。键盘可分为打字键区、功能键区、编辑键区和小键盘区 4 个区，各区的作用有所不同。

① 打字键区（主键盘区）。打字键区是键盘操作的主要区域，也是主要操作对象。各种字符、

数字和符号等都可以通过操作该区的按键输入到计算机中。

② 功能键区。功能键区位于键盘最上面的一排，包括 F1～F12，以及 Esc 键，共 13 个键。Esc 键的作用是放弃或改变当前操作，Fl～F12 键在不同的系统环境下有不同的功能。

③ 编辑键区。编辑键区的键是为了方便使用者在全屏幕范围内进行编辑。编辑键区的键表示一种操作，如光标的上下移动，插入和删除操作等。

④ 数字小键盘区。数字小键盘区中几乎所有键都是其他区的重复键，如打字键区中的数字、运算符，编辑键区的光标移动操作键等。如果要用数字小键盘区中各键输入数字，必须先选中“NumLock（数字锁定）”键。

数字小键盘区不但兼有编辑键区的所有操作功能，还包括数字键 0～9，加（+）、减（-）、乘（+）、除（ / ）4 个运算符，以及小数点（.）等。

表 1-5 列出了键盘一些常用键的基本功能。

表 1-5　常用键的基本功能

键　名	含　义	功　能
Shift	上档键	按下 Shift 键的同时再按某键，可得到上档字符
Enter	回车（换行）键	对命令的响应；光标移到下一行；在编辑中起分行作用
Space	空格键	按一下该键，输入一个空格字符
BackSpace	退格键	按下此键可使光标回退一格，删除一个字符
Del	删除键	删除光标右侧的字符
Tab	制表定位键	按一下该键，光标右移 8 个字符位置
CapsLock	大小写字母转换键	CapsLock 灯亮表示处于大写状态，否则为小写状态
Ctrl	控制键	必须与其他键组合在一起使用
Alt	组合键	此键通常与其他键组成特殊功能键
NumLuck	数字锁定键	Numluck 指示灯亮，小键盘上档数字有效，否则下档效
Ins	插入/改写状态转换键	如果处于插入状态，可以在光标左侧插入字符；如果处于改写状态，则输入的内容会自动替换原来光标右侧的字符
PrintScreen	屏幕打印控制键	按一下此键，可以将当前整个屏幕的内容复制到剪贴板上
↑↓←→	光标键	将光标上下左右移动
PgUp	翻页键	向上翻页
PgDn	翻页键	向下翻页
Home	光标键	将光标移至光标所在行的行首
End	光标键	将光标移至光标所在行的行尾

（2）鼠标

鼠标（如图 1-17 所示）是用于图形界面操作系统和应用系统的快速输入设备，其主要功能用于移动显示器上的光标并通过菜单或按钮向主机发出各种操作命令。鼠标的类型、型号很多，按结构可分为机电式和光电式两类。机电式鼠标内有一滚动球，在普通桌面上移动即可使用。光电式鼠标内有一个光电探测器，需要在专门的反光板上移动使用。鼠标一般有 2～3 个按钮。

图 1-17　鼠标

安装鼠标时一定要注意其接口类型。目前的鼠标大多为 PS/2 接口和 USB 接口，另外还有无线鼠标。

鼠标的基本操作包括以下几种。

① 单击：包括单击左键和单击右键。一般所说的单击是指单击左键，就是用食指按一下鼠标左键马上松开，可用于选择某个对象。单击右键就是用中指按一下鼠标右键马上松开，用于弹出快捷菜单。

② 双击：就是连续快速地单击鼠标左键两下，用于执行某个对象。

③ 拖曳：是指按住鼠标左键不放，移动鼠标到所需的位置，用于将选中的对象移动到所需的位置。

除了常用的键盘和鼠标以外，还有扫描仪、摄像头、游戏手柄和手写板等输入设备，如图 1-18 所示。

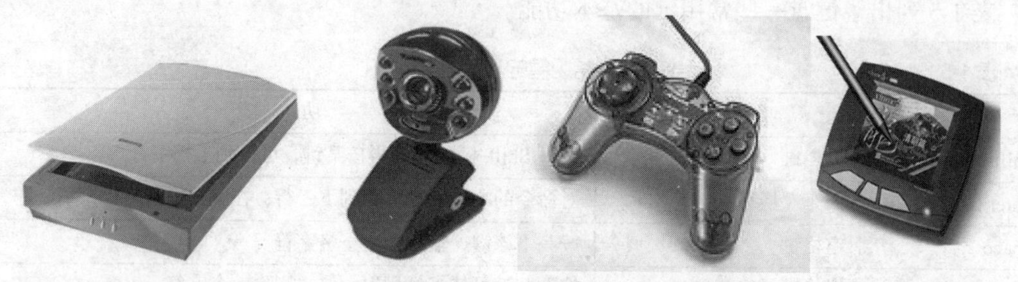

图 1-18　扫描仪、摄像头、游戏手柄、手写板

4. 输出设备

输出设备用于将计算机处理的结果转换为人们所能接受的形式并输出。常用的输出设备有显示器、打印机、绘图仪、音箱等。

（1）显示器

显示器（如图 1-19（a）、（b）所示）是计算机的主要输出设备，用来将系统信息、计算机处理结果、用户程序及文档等信息显示在屏幕上，是人机对话的一个重要工具。

显示器按结构分有 CRT 显示器、LCD（液晶显示器）等。

通常 CRT 显示器价格底，技术成熟，更适合美工，以及图形、3D 动画、游戏的制作等，适于娱乐；而 LCD 则具有重量轻，体积小且节能，完全平面，无闪烁，健康环保，价格高等特点，更适合于上网，观看影像、文本等，适于办公室使用。

显示控制适配器（又称显卡，如图 1-19（c）所示）用于主板和显示器之间的通信，通常插在主板的扩展槽上。在使用时，CPU 首先要将显示的数据传送到显卡的显示缓冲区，然后显卡再将数据传送到显示器上。

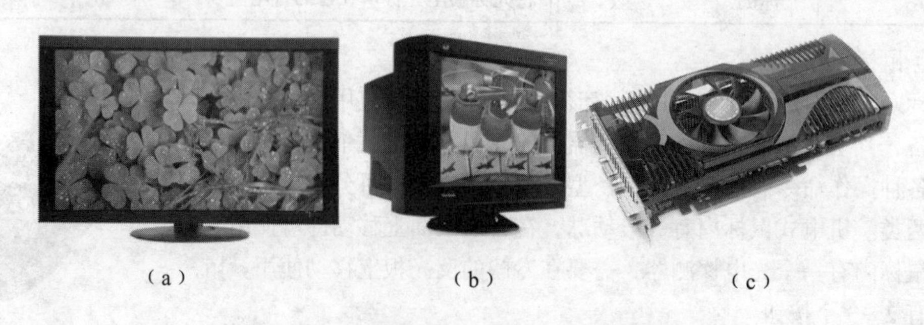

（a）　（b）　（c）

图 1-19　液晶显示器、CRT 显示器及显卡

显示器的主要性能指标有：显示器的尺寸、点距、分辨率、刷新频率。

显示器的分辨率是显示器的一个重要指标。显示器的一整屏为一帧，每帧有若干条线，每线又分为若干个点，这些点称为像素。每帧的线数和每线的点数的乘积就是显示器的分辨率。分辨率越高所显示字符和图像就越清晰。常用的分辨率有 1024 像素 × 768 像素、1280 像素 × 1024 像素、1920 像素 × 1200 像素等。

（2）打印机

打印机（如图 1-20 所示）也是计算机的基本输出设备之一，它与显示器最大的区别是将信息输出在纸上。打印机虽然是仅次于显示器的输出设备，但并非计算机中不可缺少的一部分，用户可以按自己的需要用打印机将在计算机中创建的文稿、数据信息打印出来。

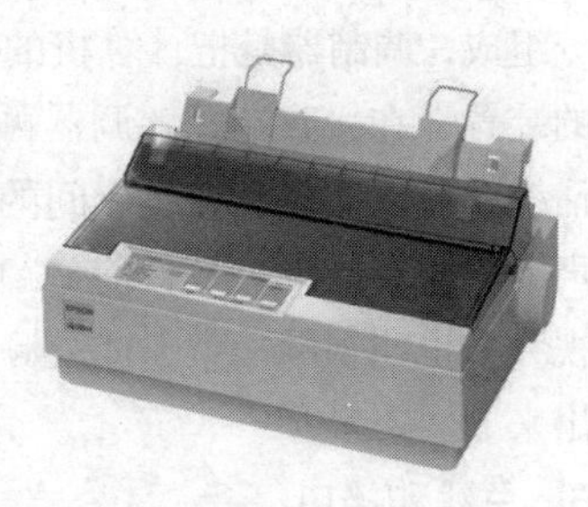

图 1-20　激光打印机、喷墨打印机、针式打印机

打印机按打印色彩可分为单色打印机和彩色打印机；按照打印机工作原理可分为击打式（针式）和非击打式两类，常见的非击打式打印机有激光打印机、喷墨打印机等。

打印机与计算机的连接以并口、串口或 USB 接口为标准接口，过去通常采用并行接口。目前的打印机以 USB 接口居多。将打印机与计算机连接后，必须安装相应的打印机驱动程序才可以使用打印机。

3D 打印机（如图 1-21 所示）是可以打印成型真实 3D 物体的设备，功能上与激光成型技术去除多余材料的加工技术恰好相反，采用分层加工、迭加成型，即通过逐层增加材料来生成三维实体。3D 打印机的技术原理中分层加工的过程与喷墨打印十分相似，而迭加成型则是计算机断层扫描的逆过程。断层扫描是把某个物体切成无数连续叠加的片，而 3D 打印则是一片一片地打印，叠加到一起成为一个立体物体。使用 3D 辅助设计软件设计出一个模型或原型后，用有机或无机的材料作为打印的原料，可以通过 3D 打印机打印出复杂的三维构造的橡胶、塑料或金属制品、建筑构件，甚至人体器官。

图 1-21　3D 打印机及打印成型的真实 3D 物体

5. 其他外部设备

其他常用的外部设备有网络设备（网卡、调制解调器）、声卡、视频卡等，如图 1-22 所示。

网卡，又叫网络适配器。在局域网中，网卡起着重要的作用，用于电脑之间信号的输入与输出。

图 1-22　网卡、调制解调器、声卡、视频卡

调制解调器（即 Modem），是计算机与电话线之间进行信号转换的装置，由调制器和解调器两部分组成，调制器是把计算机的数字信号（如文件等）调制成可在电话线上传输的声音（模拟）信号的装置，在接收端，解调器再把声音信号转换成计算机能接收的数字信号。通过调制解调器和电话线就可以实现计算机之间的数据通信。

声卡也叫音频卡，是目前 PC 的必要部件，它是计算机进行声音处理的适配器。

视频卡也叫视频采集卡或视频捕捉卡，用它可以将视频信息数字化并将数字化的信息储存或播放出来。

6. 总线和接口

（1）总线

在计算机系统中，总线（Bus）是各部件（或设备）之间传输数据的公用通道。从主机各个部件之间的连接，到主机与外部设备之间的连接几乎都采用了总线结构，所以计算机系统是多总线结构的计算机。系统总线是微机系统中最重要的总线，人们平常所说的微机总线就是指系统总线。任何一条系统总线都可以分为 5 个主要的功能组：数据总线、地址总线、控制总线、电源线和地线。常见的系统总线有 ISA 总线、PCI 总线、AGP 总线等。

AGP 总线插槽只能用于安装 AGP 显示卡。PCI 总线插槽一般有 3～5 个，主要用于安装一些功能扩展卡，如声卡、网卡、电视卡、视频卡等。

总线的主要技术指标有 3 个：总线带宽、总线位宽和总线工作频率。

① 总线带宽。总线带宽是指单位时间内总线上传送的数据量，反映了总线数据传输速率。总线带宽与位宽和工作频率之间的关系是

总线带宽 = 总线工作频率 × 总线位宽 × 传输次数 / 8

其中，传输次数是指每个时钟周期内的数据传输次数，一般为 1。

② 总线位宽。总线位宽是指总线能够同时传送的二进制数据的位数，如 32 位总线、64 位总线等。由①中的等式可知，总线位宽越宽，总线带宽越宽。

③ 总线工作频率。总线的工作频率以 MHz 为单位，工作频率越高，总线工作速度越快，总线带宽越宽。

（2）接口

各种外部设备通过接口（如图 1-23 所示）与计算机主机相连。通过接口，可以把打印机、外置 Modem、扫描仪、U 盘、MP3 播放机、数码相机（DC）、数码摄像机（DV）、移动硬盘、手机、写字板等外部设备连接到计算机上。

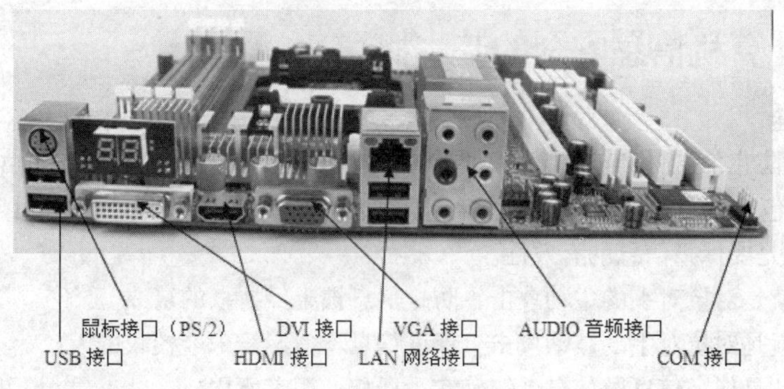

图 1-23 微机接口

主板上常见的接口有 PS/2 接口、串行接口、并行接口、USB 接口、HDMI 接口、IEEE 1394 接口（火线接口）、音频接口和显示接口等。

① USB 接口。USB 接口由于有支持热插拔、传输速率较高等优点，已成为目前外部设备的主流接口方式。目前广泛使用的是 USB 2.0（USB 1.1 已经很少使用），传输速率可达 480 Mbit/s，足以满足大多数外设的要求。

② IEEE 1394 接口（火线接口）。IEEE 1394 接口是为了连接多媒体设备而设计的一种高速串行接口标准。IEEE 1394 接口也支持热插拔，可为外部设备提供电源，能连接多个不同设备。

IEEE 1394 目前有两种类型：6 针的大口和 4 针的小口，区别是 6 针的接口中有 2 针用于提供电源，而 4 针的则不提供。

现在支持 IEEE 1394 的设备不多，主要是数码摄像机、移动硬盘、音响设备等。

③ PS/2 接口。PS/2 接口是用于连接鼠标和键盘的专用接口。一般情况下，绿色的连接鼠标，紫色的连接键盘。PS/2 接口设备不支持热插拔，强行带电插拔有可能烧毁主板。PS/2 接口可以与 USB 接口互转，即 PS/2 接口的鼠标和键盘可以转成 USB 接口，USB 接口的鼠标和键盘也可以转成 PS/2 接口。

④ 串行接口。串行接口是采用二进制位串行方式（一次只能传输一位数据）来传送信号的接口。计算机上的串行接口插座分为 9 针和 25 针两种，过去常用来连接鼠标、Modem 等设备。串行接口被赋予专门的设备名：COM1、COM2。

⑤ 并行接口。并行接口是采用二进制位并行方式（一次只能传输八位数据）来传送信号的接口。计算机的并行接口插座上有 25 个小孔，过去常用于连接打印机。并行接口同样被赋予专门的设备名：LPTl、LPT2。

1.7 计算机信息系统安全

1.7.1 计算机信息系统

计算机信息系统是指由计算机及其相关的和配套的设备、设施（含网络）构成的，按照一定的应用目标和规则，对信息进行采集、加工、存储、传输、检索等处理的人机系统。

计算机信息系统是一个人机系统。简单地说，它是人利用计算机硬件处理信息的系统。因此，它的基本组成是计算机实体、信息和人 3 个部分。

1.7.2 计算机信息安全的基本概念

1. 信息安全

信息安全即防止信息财产被故意的或偶然的非授权泄露、更改、破坏或使信息被非法的系统辨识，控制。它包括五个基本要素，即确保信息的完整性、保密性、可用性、可控性和可审查性。综合起来说，就是要保障信息的有效性。

① 完整性就是对抗对手的主动攻击，防止信息被未经授权的篡改。

② 保密性就是对抗对手的被动攻击，保证信息不泄漏给未经授权的人。

③ 可用性就是保证信息及信息系统确实为授权使用者所用。

④ 可控性就是对信息及信息系统实施安全监控。

⑤ 可审查性即对出现的信息安全问题提供调查的依据和手段。

信息安全主要涉及信息传输的安全、信息存储的安全以及对网络传输信息内容的审计三方面。

2. 信息安全分类

信息安全包括操作系统安全、数据库安全、网络安全、病毒防护、访问控制、加密与鉴别七个方面。

3. 信息安全技术

信息安全是一个系统工程，不是单一的产品或技术可以完全解决的。目前一般多是指计算机网络信息系统的安全。这是因为网络安全包含多个层面，既有层次上的划分、结构上的划分，也有防范目标上的差别。在层次上涉及网络层的安全、传输层的安全、应用层的安全等；在结构上，不同节点考虑的安全是不同的；在目标上，有些系统专注于防范破坏性的攻击，有些系统是用来检查系统的安全漏洞，有些系统用来增强基本的安全环节（如审计），有些系统解决信息的加密、认证问题，有些系统考虑的是防病毒的问题。任何一个产品不可能解决全部层面的问题，这与系统的复杂程度、运行的位置和层次都有很大关系，因而一个完整的安全体系应该是一个由具有分布性的多种安全技术或产品构成的复杂系统，既有技术的因素，又包含人的因素。用户需要根据自己的实际情况选择适合自己需求的技术和产品。

信息安全技术主要有以下几类：防火墙技术、加密技术、鉴别技术、数字签名技术、审计监控技术、病毒防治技术。

（1）防火墙技术

防火墙技术是一种用来加强网络之间访问控制，防止外部网络用户以非法手段通过外部网络进入内部网络，访问内部网络资源，保护内部网络操作环境的技术。

（2）加密技术

加密技术的核心就是既然网络本身并不安全可靠，那么所有重要信息就全部通过加密处理。加密的技术主要分两种：①单匙技术。此技术无论加密还是解密都是用同一把钥匙，这是比较传统的一种加密方法。②双匙技术。此技术使用两个相关互补的钥匙：一个称为公钥，另一个称为私钥，公钥是大家被告知的，而私钥则只有每个人自己知道。

（3）鉴别技术

鉴别技术是指对网络中的主体进行验证的技术。一是只有该主体了解的秘密，如口令、密钥；二是主体携带的物品，如智能卡和令牌卡；三是只有该主体具有的独一无二的特征或能力，如指纹、声音、视网膜或签字等。

（4）数字签名技术

对文件进行加密只解决了传送信息的保密问题，而防止他人对传输的文件进行破坏，以及如何确定发信人的身份还需要采取其它的手段，这一手段就是数字签名。

（5）审计监控技术

审计监控技术即建设审计监控体系，即要建设完整的责任认定体系和健全授权管理体系。它是指在网络环境下，借助大容量的信息数据库，并运用专业的审计软件对共享资源和授权资源进行实时、在线的审计服务，从技术上加强了安全管理，从而保证了信息的安全性。

（6）病毒防治技术

病毒防治技术分成四个方面，即检测、清除、免疫和防御。除了免疫技术因目前找不到通用的免疫方法而进展不大之外，其他三项技术都有相当的进展。

① 病毒预防技术。是指通过一定的技术手段防止计算机病毒对系统进行传染和破坏，实际上它是一种特征判定技术，也可能是一种行为规则的判定技术。

② 病毒检测技术。是指通过一定的技术手段判定出计算机病毒的一种技术。

③ 病毒消除技术。是计算机病毒检测技术发展的必然结果，是病毒传染程序的一种逆过程。

1.7.3　计算机信息系统安全受到的威胁

由于计算机信息系统是以计算机和数据通信网络为基础的应用管理系统，因而它是一个开放式的互联网系统，如果不采取安全保密措施，与网络系统连接的任何终端用户都可以进入和访问网络中的资源。目前，计算机信息系统在各行业得到广泛应用，在给人们带来极大方便的同时，各种前所未有的，影响计算机信息系统安全的问题也随之而来。面对着这些已经存在或将要发生的问题，人们应该有足够的了解和防范。

归纳起来，计算机信息系统面临的威胁主要分为以下几类。

1. 自然灾害

主要是指火灾、水灾、风暴、地震等破坏，以及环境（温度、湿度、振动、冲击、污染）的影响。目前工作中因断电而出现设备损坏、数据丢失的现象时有发生。

2. 人为或偶然事故

这可能是由于工作人员的操作失误使得系统出错，使得信息遭到严重破坏或被别人偷窥到机密信息，或者环境因素的忽然变化造成信息出错、丢失或破坏。

3. 计算机犯罪

《中华人民共和国刑法》对计算机犯罪作了明确定义，即利用计算机技术知识进行犯罪活动并将计算机信息系统作为犯罪对象。

计算机犯罪是高技术性的犯罪行为，所使用的手法较为隐密且不易察觉，常见的计算机犯罪的类型和手段如下。

（1）计算机犯罪的类型

①非法入侵计算机信息系统；②利用计算机实施贪污、盗窃、诈骗和金融犯罪等活动；③利用计算机传播反动和色情等有害信息；④知识产权的侵犯；⑤网上经济诈骗；⑥网上诽谤，个人隐私和权益遭受侵犯；⑦利用网络进行暴力犯罪；⑧破坏计算机系统（如病毒危害等）。

（2）计算机犯罪的手段

①数据欺骗；②特洛伊木马；③香肠术；④逻辑炸弹；⑤陷阱术；⑥寄生术；⑦超级冲杀；⑧废品利用；⑨伪造证书；⑩PING 炸弹等。

4. 计算机病毒

计算机病毒在《中华人民共和国计算机信息系统安全保护条例》中被明确定义为“编制或者在计算机程序中插入的破坏计算机功能或者毁坏数据，影响计算机使用，并能自我复制的一组计算机指令或者程序代码”。之所以称为计算机病毒，是因为它具有生物病毒的某些特征，即破坏性、传染性、寄生性和潜伏性。

（1）破坏性

计算机病毒的主要目的是破坏计算机系统，使系统的资源和数据文件遭到干扰甚至被摧毁。根据其破坏系统程度的不同，可以分为良性病毒和恶性病毒。前者侵占计算机系统资源，使机器运行速度减慢，带来不必要的消耗；后者毁坏系统文件，导致系统崩溃。

（2）传染性

和生物病毒一样，感染性是计算机病毒的重要特征。计算机病毒传播的速度很快，范围也极广，病毒一旦侵入主机，就立刻从一个程序感染另一个程序，从一台机器感染另外一台机器，从一个网络感染另外一个网络；同时，其分布是以几何级数增长的。

（3）寄生性

病毒程序一般不独立存在，而是寄生在磁盘系统区或文件中。侵入磁盘系统区的病毒称为系统型病毒，其中较常见的是引导区病毒，如大麻病毒、2078病毒等。寄生于文件中的病毒作为文件型病毒，如以色列病毒（黑色星期五）等。还有一类既寄生于文件中又侵占系统区的病毒，如“幽灵”病毒等，属于混合型病毒。

（4）潜伏性

计算机病毒可以长时间地潜伏在文件中，并不立即发作。在潜伏期中，它并不影响系统的正常运行，只是悄悄地进行传播、繁殖，使更多的正常程序成为病毒的“携带者”。一旦满足触发条件，病毒发作，才显示出其巨大的破坏威力。

（5）激活性

计算机病毒的发作要有一定的条件（特定的日期、特定的标识符、使用特定的文件等），只要满足了这些特定的条件，病毒就会立即被激活，开始破坏性活动。

5. 信息战的严重威胁

计算机信息战，就是为了国家的军事战略而采取行动，取得信息优势，干扰敌方的信息和信息系统，同时保卫自己的信息和信息系统。这种对抗的目标，不是打击敌方人员或战斗技术装备，而是集中打击敌方的计算机信息系统，使其指挥系统瘫痪。

在海湾战争中，信息武器首次进入实战。伊拉克的指挥系统吃尽了美国信息武器的大亏，仅仅是在购买的智能打印机中，被塞进一片带有病毒的集成电路芯片，加上其他的因素，就最终导致了系统崩溃，指挥失灵，几十万伊军被几万联合国维和部队俘虏。

所以，未来国与国之间的对抗首先是信息技术的较量。网络信息安全，应该成为国家的安全前提。

1.7.4 计算机病毒的类型

1. 计算机病毒的分类

根据多年来计算机病毒专家对于计算机病毒的研究，按照科学的，系统的，严密的方法，按计算机病毒属性，主要分类如下。

（1）病毒存在的媒体

根据病毒存在的媒体，病毒可以划分为网络病毒，文件病毒，引导型病毒。网络病毒通过计算机网络传播，感染网络中的可执行文件；文件病毒感染计算机中的文件（如 COM，EXE，DOC 等）；引导型病毒感染启动扇区（Boot）和硬盘的系统引导扇区（MBR）。还有这三种情况的混合型，例如：多型病毒（文件和引导型）感染文件和引导扇区两种目标，这样的病毒通常都具有复杂的算法，它们使用非常规的办法侵入系统，同时使用了加密和变形算法。

（2）病毒破坏的能力

根据病毒破坏的能力可划分为以下几种。

① 无害型：除了传染时减少磁盘的可用空间外，对系统没有其他影响。

② 无危险型：这类病毒仅仅是减少内存、显示图像、发出声音及同类音响。

③ 危险型：这类病毒在计算机系统操作中造成严重的错误。

④ 非常危险型：这类病毒删除程序、破坏数据、清除系统内存区和操作系统中重要的信息。这类病毒对系统造成的危害，并不是本身的算法中存在危险的调用，而是当它们传染时会引起无法预料的和灾难性的破坏。

（3）病毒特有的算法

根据病毒特有的算法，病毒可以划分为如下几类。

① 伴随型病毒：这一类病毒并不改变文件本身，它们根据算法产生 EXE 文件的伴随体，具有同样的名字和不同的扩展名（COM）。例如，XCOPY.EXE 的伴随体是 XCOPY.COM。病毒把自身写入 COM 文件而并不改变 EXE 文件，当 DOS 加载文件时，伴随体优先被执行到，再由伴随体加载执行原来的 EXE 文件。

② “蠕虫”型病毒：通过计算机网络传播，不改变文件和资料信息，利用网络从一台机器的内存传播到其他机器的内存，并计算网络地址，将自身通过网络发送。

③ 寄生型病毒：除了伴随型和“蠕虫”型，其他病毒均可称为寄生型病毒，它们依附在系统的引导扇区或文件中，通过系统的功能进行传播，按算法可分为以下几种。练习型病毒：病毒自身包含错误，不能进行很好的传播，例如一些病毒在调试阶段。诡秘型病毒：它们一般不直接修改 DOS 中断和扇区数据，而是通过设备技术和文件缓冲区等 DOS 内部修改，不易看到资源，使用比较高级的技术。利用 DOS 空闲的数据区进行工作。变型病毒（又称幽灵病毒）：这一类病毒使用一个复杂的算法，使自己每传播一份都具有不同的内容和长度。它们一般是由一段混有无关指令的解码算法和被变化过的病毒体组成。

2. 恶意病毒“四大家族”

（1）宏病毒

由于微软的 Office 系列办公软件和 Windows 系统占据了绝大多数的 PC 软件市场，加上 Windows 和 Office 提供了宏病毒编制和运行所必需的库（以 VB 库为主）支持和传播机会，所以宏病毒是最容易编制和流传的病毒之一，很有代表性。

宏病毒发作方式：在使用 Word 打开病毒文档时，宏会接管计算机，然后将自己感染到其他文档，或直接删除文件等。Word 将宏和其他样式储存在模板中，因此病毒总是把文档转换成模板再储存它们的宏。这样的结果是某些 Word 版本会强迫你将感染的文档储存在模板中。

判断是否被感染：宏病毒一般在发作的时候没有特别的迹象，通常是会伪装成其他的对话框让你确认。在感染了宏病毒的机器上，会出现不能打印文件、Office 文档无法保存或另存为等情况。

宏病毒带来的破坏：删除硬盘上的文件；将私人文件复制到公开场合；从硬盘上发送文件到指定的 E-mail、FTP 地址。

防范措施：平时最好不要几个人共用一个 Office 程序，要加载实时的病毒防护功能。病毒的变种可以附带在邮件的附件里，在用户打开邮件或预览邮件的时候执行，应该留意。一般的杀毒软件都可以清除宏病毒。

（2）CIH 病毒

CIH 是 21 世纪最著名和最有破坏力的病毒之一，它是第一个能破坏硬件的病毒。

发作破坏方式：CIH 主要是通过篡改主板 BIOS 里的数据，造成电脑开机就黑屏，从而让用户无法进行任何数据抢救和杀毒的操作。CIH 的变种能在网络上通过捆绑其他程序或是通过邮件附件传播，并且常常删除硬盘上的文件及破坏硬盘的分区表。所以 CIH 发作以后，即使换了主板或其他电脑引导系统，如果没有正确的分区表备份，染毒的硬盘，特别是其 C 分区的数据挽回的机会很小。

防范措施：目前已经有很多 CIH 免疫程序诞生了，包括病毒制作者本人写的免疫程序。一般运行了免疫程序就可以不怕 CIH 了。如果已经中毒，但尚未发作，记得先备份硬盘分区表和引导区数据再进行查杀，以免杀毒失败造成硬盘无法自举。

（3）蠕虫病毒

蠕虫病毒以尽量多复制自身（像虫子一样大量繁殖）而得名，以感染 PC，占用系统、网络资源，造成 PC 和服务器负荷过重而死机，并以使系统内数据混乱为主要的破坏方式。它不一定马上删除你的数据让你发现，如著名的爱虫病毒和尼姆达病毒就是如此。

（4）木马病毒

木马病毒源自古希腊特洛伊战争中著名的“木马计”而得名，顾名思义就是一种伪装潜伏的网络病毒，等待时机成熟就出来害人。

传染方式：通过电子邮件附件发出，或捆绑在其他的程序中。

病毒特性：会修改注册表、驻留内存、在系统中安装后门程序、开机加载附带的木马。

木马病毒的破坏性：木马病毒的发作要在用户的机器里运行客户端程序，一旦发作，就可设置后门，定时地发送该用户的隐私到木马程序指定的地址，一般同时内置可进入该用户电脑的端口，并可任意控制此计算机，进行文件删除、拷贝、改密码等非法操作。

1.7.5 网络黑客

黑客（hack），原指那些掌握高级硬件和软件知识，能剖析系统的人，但现在“黑客”已变成了网络犯罪的代名词。黑客就是利用计算机技术、网络技术，非法侵入、干扰、破坏他人计算机系统，或擅自操作、使用、窃取他人的计算机信息资源，对电子信息交流和网络实体安全具有威胁性和危害性的人。

黑客攻击网络的方法是不停寻找 Internet 上的安全缺陷，以便乘虚而入，通过其掌握的技术进行犯罪等活动，如窥视政府、军队的机密信息，企业内部的商业秘密，个人的隐私资料等；截取银行账号，信用卡密码，以盗取巨额资金；攻击网上服务器，使其瘫痪，或取得其控制权，修改、删除重要文件，发布不法言论等。

1.7.6 计算机病毒和黑客的防范

计算机病毒和黑客的出现给计算机安全提出了严峻的挑战，解决该问题最重要的一点就是树立“以防为主，防治结合”的思想，树立计算机安全意识，从思想方面、管理方面、使用方面做好防范，做到防患于未然，积极地预防黑客的攻击。

1. 计算机病毒发作的一般症状

计算机病毒发作时，通过以下的一些症状是可以观察到的。

① 机器不能正常启动。

② 计算机运行得比平常迟钝，程序载入时间比平常久。

③ 不寻常的，或与系统正在运行的软件无关的错误信息出现。

④ 硬盘的指示灯无缘无故地亮，或程序同时存取于多部磁盘机。

⑤ 系统记忆体容量忽然大量减少，磁盘可利用的空间突然减少。

⑥ 可执行文档的大小改变了。

⑦ 存储器内增加了来路不明的常驻程序。

⑧ 档案奇怪地消失或档案的内容被附加了一些奇怪的资料。

⑨ 档案名称、文档名、日期和属性被更改过。

⑩ 硬件损坏，如 BIOS 芯片被改写。

2. 清除计算机病毒

一旦怀疑计算机感染了病毒，就应该利用一些反病毒公司提供的“在线查毒”功能或杀毒软件尽快确认计算机系统是否感染了病毒，如有病毒应将其彻底清除，一般有以下几种清除病毒的方法。

（1）使用杀毒软件

使用杀毒软件来检测和清除病毒，用户只需按照提示来操作即可完成，简单方便。常用的杀毒软件有以下几种。

① 360 杀毒软件。360 杀毒采用国际排名第一的 BitDefender 引擎及云安全技术，拥有完善的病毒防护体系，不但能查杀数百万种已知病毒，还能有效防御最新病毒的入侵。360 杀毒病毒库每小时升级，让用户可以及时拥有最新的病毒清除能力，而且永久免费，是一款性能很强的杀毒软件。另外 360 杀毒和 360 安全卫士配合使用，效果更好。

② 金山毒霸 2012。金山毒霸 2012 是金山公司推出的一款杀毒产品，采用革命性的杀毒体系，可应对全新的病毒，查毒杀毒快速，是一款高智能反病毒软件。

③ 瑞星杀毒软件。瑞星杀毒软件 2011 永久免费版基于“智能云安全”系统设计，保证较高病毒查杀率（“中关村在线”提供瑞星杀毒软件免费下载）。对于普通用户来说，瑞星杀毒软件 2011 永久免费版可以给用户带来更好的安全体验。

④ 江民杀毒软件 2011。江民科技开发的 KV 系列杀毒软件产品是中国杀毒软件中的著名品牌，多年来保持市场占有率领先的地位。江民杀毒软件 KV2011 精简版的大小仅有 18.47MB，可为用户的计算机节约更多空间，系统运行更通畅。江民杀毒软件 KV2011 精简版具有病毒扫描和文件监控等基本功能，若有需要可随时升级到全功能版（标准版）。标准版全面融合杀毒软件、防火墙、安全检测、漏洞修复等核心安全功能为有机整体，打破杀毒软件、防火墙等专业软件各司其职的界限，可为个人计算机用户提供全面的安全防护。

⑤ 卡巴斯基反病毒软件。卡巴斯基 2012（Kaspersky Anti-Virus）在计算机启动过程中能提供强有力的保护，Rootkit 等隐藏程序不能再肆意对系统造成破坏，恶意软件阻止反病毒引擎启动的现象也得到了遏制。卡巴斯基反病毒软件系列旨在为计算机提供稳固的核心安全保护，实时保护用户免遭各种 IT 威胁的侵害，满足计算机安全的基本需求。

⑥ avast!杀毒软件。来自捷克的avast!已有数十年的历史，它在国外市场一直处于领先地位。avast!分为家庭版、专业版、家庭网络特别版和服务器版以及专为 Linux 和 Mac 设计的版本等众多版本。avast!的实时监控功能十分强大，免费版的 avast! antivirus home edITion 拥有七大防护模块：网络防护、标准防护、网页防护、即时消息防护、互联网邮件防护、P2P 防护、网络防护。

⑦ 微软 MSE 杀毒软件。微软 MSE 杀毒软件（for win7 32bit）是由微软推出的一款安装了通过正版验证的 Windows 计算机可以免费使用的安全防护软件，帮助用户远离病毒和恶意软件的威胁（“zol”特供 mse 官网下载）。微软 MSE 杀毒软件可直接从微软 MSE 官网下载，安装简便，没有复杂的注册过程和个人信息填写。静默运行于后台，在不打扰电脑正常使用的情况下提供实时保护。而自动更新则让电脑一直处于最新安全技术的保护之下。

⑧ 诺顿网络安全特警 2012。诺顿是 Symantec 公司个人信息安全产品之一，也是一个广泛被应用的反病毒程序。该项产品发展至今，除了原有的防毒外，还有防间谍等网络安全风险的功能。

由于病毒的防治技术总是滞后于病毒的制作，所以并不是所有病毒都能得以马上清除，如果杀毒软件暂时还不能清除该病毒，一般会将该病毒文件隔离起来，以后升级病毒库时将提醒用户是否继续该病毒的清除。

（2）使用专杀工具

现在一些反病毒公司的网站上提供了许多病毒专杀工具，用户可以免费下载这些专杀工具对某个特定病毒进行清除。

（3）手动清除病毒

这种清除病毒的方法要求操作者对计算机的操作相当熟练，并具有一定的计算机专业知识，需要利用一些工具软件找到感染病毒的文件，手动清除病毒代码。一般用户不适合采用此方法。

（4）求助如果多个杀毒软件、多种手段或自己能力所限均不能杀除病毒，可将此病毒发作情况发布到网上求援或请杀毒软件公司帮助解决。

3. 好习惯远离计算机病毒

为减少病毒和黑客造成的损失，在平时应注意养成良好的操作计算机的习惯。

① 预备一张可以正常开机的干净启动盘，供启动系统使用。

② 对于重要资料，必须经常备份。

③ 不要在系统盘上存放用户的数据和程序。

④ 对外来的计算机、存储介质（光盘、闪存盘、移动硬盘等）或使用新软件时，要进行病毒检测，确认无毒后才能使用。

⑤ 在别人的计算机使用自己的闪存盘或移动设备的时候，最好要处于写保护状态。

⑥ 避免在无防毒软件的机器上使用可移动存储盘。

⑦ 不要轻易下载和使用网上的软件；不要轻易打开来历不明的邮件中的附件；不要浏览一些不太了解的网站；不要执行从 Internet 下载后未经杀毒处理的软件；调整浏测览器的安全设置，并且禁止一些脚本和 ActiveX 控件的运行，防止恶性代码的破坏。对于通过网络传输的文件，应在传输前和接收后使用反病毒软件进行检测和清除病毒，以确保文件不携带病毒。

⑧ 安装（正版）具有实时监控功能的杀毒卡或具有查毒、防毒、解毒功能的反病毒软件，时刻监视系统的各种异常并及时报警，以防止病毒的侵入，并要经常更新反病毒软件的版本，以及升级操作系统常安装修复漏洞的补丁。

⑨ 迅速隔离被感染的计算机。当计算机发现病毒或异常时应立刻断网，以防止计算机受到更多的感染，或者成为传播源，再次感染其他计算机。

⑩ 利用加密技术，对数据与信息在传输过程中进行加密。

⑪ 利用访问控制权限技术规定用户对文件、数据库、设备等的访问权限。

⑫ 不定时更换系统的密码，且提高密码的复杂度，以增强入侵者破译的难度。

⑬ 关闭或删除系统中不需要的服务。默认情况下，许多操作系统会安装一些辅助服务，如 FTP 客户端、Telnet 等。这些服务为攻击者提供了方便，如果用户不需要使用这些功能，则可删除它们，这样可以大大减少被攻击的可能性。

⑭ 对于网络环境，应设置“病毒防火墙”。

⑮ 对于执行重要任务的计算机系统，要实行专网、专机、专盘、专用。

小　结

电子计算机（Electronic Computer）俗称“电脑”，是 20 世纪科学技术发展的重大成就之一。计算机科学及其应用技术的高速发展，在世界范围内掀起了一场信息革命，成为现代人类社会生活中不可缺少的基本工具。在 21 世纪，掌握以计算机为核心的信息技术的基础知识和应用能力，是现代大学生必备的基本素质。

本章介绍了信息技术及其发展，计算机的产生、发展、特点及应用，新的计算机应用技术；计算机系统的软硬件组成；微型计算机的各配置部件；信息在计算机内的存储形式；计算机信息系统安全等内容。重点是微机软硬件组成，常用数制的表示方法及相互转换，常见的信息编码，计算机病毒和黑客的概念以及对其防范措施。

本章一方面使读者对计算机知识有一个初步的认识和了解，另一方面也为读者使用计算机提供必备的基础知识。

习　题

一、选择题

1. 信息可以通过声、图、文在空间传播的特性称为信息的（　　）。

　A. 可传递性　　B. 时效性

　C. 可存储性　　D. 可识别性

2. 从第一代计算机到第四代计算机的体系结构都是相同的，都是由运算器、控制器、存储器以及输入输出设备组成的。这种体系结构称为（　　）体系结构。

　A. 艾伦 · 图灵　　B. 罗伯特 · 诺依斯

　C. 比尔 · 盖茨　　D. 冯 · 诺依曼

3. 计算机系统的组成包括（　　）。

　A. 硬件系统和应用软件　　B. 外部设备和软件系统

　C. 硬件系统和软件系统　　D. 主机和外部设备

4. 世界上第一台电子计算机的名字是（　　）。

A. ENIAC　B. EDSAC　C. EDVAC　D. UNIVAC

5. 下列关于计算机病毒叙述中，错误的一条是（　）。

A. 计算机病毒具有潜伏性

B. 计算机病毒具有传染性

C. 感染过计算机病毒的计算机具有对该病毒的免疫性

D. 计算机病毒是一个特殊的寄生程序

6. 在微机的硬件系统中，（　）简称为I/O设备。

A. 运算器与控制器　B. 输入设备与运算器

C. 存储器与输入设备　D. 输入与输出设备

7. 能够处理各种文字、声音、图像和视频等多媒体信息的设备是（　）。

A. 数码照相机　B. 扫描仪　C. 多媒体计算机　D. 光笔

8. 下列叙述中，正确的是（　）。

A. 汉字机内码就是国标码

B. 存储器具有记忆能力，其中的信息任何时候都不会丢失

C. 所有十进制小数都能准确地转换为有限位二进制小数

D. 所有二进制小数都能准确地转换为十进制小数

9. 计算机的工作过程本质上就是（　）的过程。

A. 读指令、解释、执行指令　B. 进行科学计算

C. 进行信息交换　D. 主机控制外设

10. 微型计算机的字长取决于（　）的宽度。

A. 控制总线　B. 地址总线　C. 数据总线　D. 通信总线

11. 第一代计算机主要使用（　）。

A. 机器语言　B. 高级语言

C. 数据库管理系统　D. BASIC和FORTRAN

12. 二进制数1111.1对应的八进制数是（　）。

A. 17.5　B. 15.4　C. 17.4　D. 17.1

13. 对待计算机软件正确的态度是（　）。

A. 计算机软件不需要维护

B. 计算机软件只要能复制得到就不必购买

C. 受法律保护的计算机软件不能随便复制

D. 计算机软件不必有备份

14. 冯·诺依曼计算机的工作原理是（　）。

A. 程序设计　B. 存储程序和程序控制

C. 算法设计　D. 程序调试

15. 根据汉字结构输入汉字的方法是（　）。

A. 区位码　B. 电报码　C. 拼音码　D. 五笔字型

16. 工厂利用计算机系统实现温度调节、阀门开关，该应用属于（　）。

A. 过程控制　B. 数据处理　C. 科学计算　D. CAD

17. 与十进制数291等值的十六进制数为（　）。

A. 123　B. 213　C. 321　D. 132

18. 二进制数1111. 1对应的十六进制数是（　）。

A. F.1　B. F.8　C. 16.1　D. 16.8

19. 在计算机中采用二进制，是因为（　　）。
A. 可降低硬件成本
B. 两个状态的系统具有稳定性
C. 二进制的运算法则简单
D. 上述 3 个原因

20. ASCII 码是（　　）的简称。
A. 国家标准编码　　B. 英文字母编码
C. 美国标准信息交换码　　D. 汉字编码

21. 财政、金融、会计等事务处理软件属于（　　）。
A. 系统软件　　B. 操作系统
C. 应用软件　　D. 高级语言

22. 以下汉字输入法中，（　　）为形码。
A. 电脑码输入法　　B. 全拼输入法
C. 双拼输入法　　D. 五笔字型输入法

23. 计算机能直接识别和执行的语言是（（1）），这种语言程序在机器内部是以（（2））编码形式表示的。
（1）A. 汇编语言　　B. 自然语言　　C. 机器语言　　D. 高级语言
（2）A. ASCII　　B. 二进制数　　C. 汉字内码　　D. 十进制数

24. 用七位二进制数码共可表示（　　）个字符。
A. 127　　B. 128　　C. 255　　D. 256

25. 在 GB 2312—80 中，汉字的编码原则是：一个汉字用（　　）个字节表示。
A. 1　　B. 2　　C. 3　　D. 4

26. 人们应该遵守的道德观念或行为是（　　）。
A. 人们可以破译他人密码或进行黑客活动
B. 可以擅自篡改他人计算机中的信息
C. 不去制造计算机病毒，因为制造计算机病毒是一种极不道德的行为
D. 不经主人允许，也可从其计算机中复制信息资料

27. 用高级语言编写的程序称为（　　）。
A. 执行程序　　B. 目标程序　　C. 源程序　　D. 解释程序

28. 下列设备不是输入设备的是（　　）。
A. 键盘　　B. 鼠标　　C. 光电笔　　D. 显示器

29. 下列关于计算机病毒的说法错误的是（　　）。
A. 计算机病毒能自我复制
B. 计算机病毒具有隐藏性
C. 计算机病毒是一段程序
D. 计算机病毒是一种危害计算机的生物病毒

30. “裸机”是（　　）。
A. 没有包装的计算机　　B. 没有商标的计算机
C. 没装任何软件的计算机　　D. 没装应用软件的计算机

31. 操作系统的功能是（　　）。
A. 为用户提供操作命令　　B. 启动微机系统
C. 解释用户命令　　D. 管理计算机的软、硬件资源

32. 十六进制的基码共（　　）个。

A. 16　　B. 10　　C. 2　　D. 8

33. 在微机的硬件设备中，既可以做输出设备，又可以做输入设备的是（　　）。

A. 绘图仪　　B. 扫描仪　　C. 手写笔　　D. 磁盘驱动器

34. RAM具有的特点是（　　）。

A. 海量存储

B. 存储在其中的信息可以永久保存

C. 一旦断电，存储在其上的信息将全部消失且无法恢复

D. 存储在其中的数据不能改写

35. 把内存中的数据传送到计算机的硬盘，称为（　　）。

A. 显示　　B. 读盘　　C. 输入　　D. 写盘

36. 在微机中，（　　）通常用来存放BIOS程序，因此也叫BIOS芯片。

A. 硬盘　　B. 软盘　　C. ROM　　D. RAM

37. 下面关于机器指令的说法中，错误的是（　　）。

A. 指令是指示计算机进行某种操作的命令

B. 指令是一组二进制代码

C. 一条指令一般包括操作码和操作数两部分

D. 一条指令可对应多项基本操作

38. 计算机内使用的数制是（　　）。

A. 十进制　　B. 八进制　　C. 十六进制　　D. 二进制

39. 一个ASCII字符用（　　）个字节表示。

A. 1　　B. 2　　C. 3　　D. 4

40. （　　）都是专用于查、杀计算机病毒的软件。

A. KV2011和金山毒霸　　B. KILL和WPS Office

C. WINDOWS和KV2011　　D. CAD和KV2011

41. 在微机的配置中常看到"处理器PentiumⅢ/667"字样，其中数字667表示（　　）。

A. 处理器的时钟主频是667MHz

B. 处理器的运算速度是667MIPS

C. 处理器的产品设计系列号是第667号

D. 处理器与内存间的数据交换速率是667kB/s

42. 下列关于计算机病毒的叙述中，正确的选项是（　　）。

A. 计算机病毒只感染.EXE和.COM文件

B. 计算机病毒可以通过读写软盘、光盘或Internet进行传播

C. 计算机病毒是通过电力网进行传播的

D. 计算机病毒是由于软盘片表面不清洁而造成的

43. 计算机辅助设计的英文简称（　　）。

A. CAI　　B. CAM　　C. CBD　　D. CAD

44. 在微机中，1MB准确等于（　　）。

A. 1024 × 1024个字　　B. 1024 × 1024个字节

C. 1000 × 1000个字节　　D. 1000 × 1000个字

45. 运算器的组成部分不包括（　　）。

A. 控制线路　　B. 译码器　　C. 加法器　　D. 寄存器

46. 用 MIPS 来衡量的计算机性能指标是（　　）。
   A. 处理能力　　B. 存储容量　　C. 可靠性　　D. 运算速度
47. 计算机的发展阶段通常是按计算机所采用（　　）来划分的。
   A. 内存容量　　B. 电子器件
   C. 程序设计语言　　D. 操作系统

二、简答题

1. 计算机的发展经历了哪些时代？各个时代有何特点？
2. 计算机的主要特点有哪些？
3. 计算机主要应用在哪些领域？
4. 浅谈对计算机病毒和黑客的防范措施？
5. 简述云计算的核心思想。
6. 简述云计算的应用场合，试举例说明。

第 2 章 Windows 操作系统

学习目标：

- 理解操作系统的概念和作用
- 掌握 Windows 7 的基本操作
- 掌握文件和文件夹的管理
- 熟悉控制面板和实用程序的使用

2.1 操作系统概述

2.1.1 操作系统的基本概念

现代通用的计算机系统是由硬件和软件组成的。没有安装软件的计算机称为“裸机”，是无法进行任何工作的。

操作系统是一组控制和管理计算机软硬件资源，为用户提供便捷使用计算机的程序的集合。它是配置在计算机硬件上的第一层软件，是对硬件功能的扩充。

2.1.2 操作系统的功能

操作系统的作用是调度、分配和管理所有的硬件设备和软件系统，使二者统一协调地运行，以满足用户实际操作的需要。

操作系统具有 5 大功能：处理机管理、存储器管理、设备管理、文件管理和接口管理。

2.1.3 常用操作系统简介

1. MS DOS

MS DOS（Microsoft Disk Operation System）是 Microsoft 公司为 16 位字长计算机开发的操作系统。MS DOS 操作系统是单用户、单任务的文本命令型的操作系统，其特点是：单机封闭式管理（单用户）；在某一时刻只能运行一个应用程序（单任务）；只能接收和处理文本命令。

2. Windows

Windows 系列操作系统是 Microsoft 公司继成功开发了 MS DOS 后，为 32 位和 64 位字长计算机开发的又一个成功的操作系统。Windows 是多用户、多任务、图形命令型的操作系统。特点是开放管理；允许同时运行若干个程序；用图形界面代替文本命令。正是由于其具有图形化的特点，使 Windows 系统能为更多的用户接受，获得了用户的广泛认同。

随着计算机软件、硬件和网络技术的发展，Windows 经历了 Windows 2.0、3.0、95、98、2000、XP、2003、Vista、2008、7 和 8 等版本的变化。如今，Windows 系列操作系统已经占据了当今世界个人电脑操作系统份额的 90%以上。

3. UNIX

UNIX 是通用、交互式、多任务、多处理、多用户应用领域的主流操作系统之一，是业界公认的工业化标准的操作系统。UNIX 具有较好的可移植性，也是目前唯一能在各种类型计算机（从微机、工作站到巨型机）或各种硬件平台上稳定运行的操作系统。但由于应用程序较少、不易学习，UNIX 未能普及应用。

4. Linux

Linux 是 20 世纪 90 年代推出的新兴操作系统，与 UNIX 完全兼容，具有 UNIX 全部最新功能和特性。它的优点在于其程序代码完全公开，而且是完全免费使用。目前，虽然 Linux 还处在成长期，相对 Windows 来说，应用程序较少，但以稳定可靠、功能完善、性能卓越著称，是许多著名 Internet 服务商推崇的操作系统。

2.2　Windows 7 基本操作

2.2.1　Windows 7 的安装、启动和退出

1. Windows 7 的安装

目前，Windows 7 的安装盘有很多版本，不同安装盘的安装方法也不一样。一般是用光盘启动计算机，然后根据屏幕的提示即可进行安装。

中文版 Windows 7 的安装过程是非常简单的，它使用高度自动化的安装程序向导，用户只需要选择和输入相应的信息即可完成安装。

安装过程主要包括以下几点。

① 选择安装信息，包括选择安装的语言类型、时间和货币方式、默认的键盘输入方式等，如图 2-1 所示。

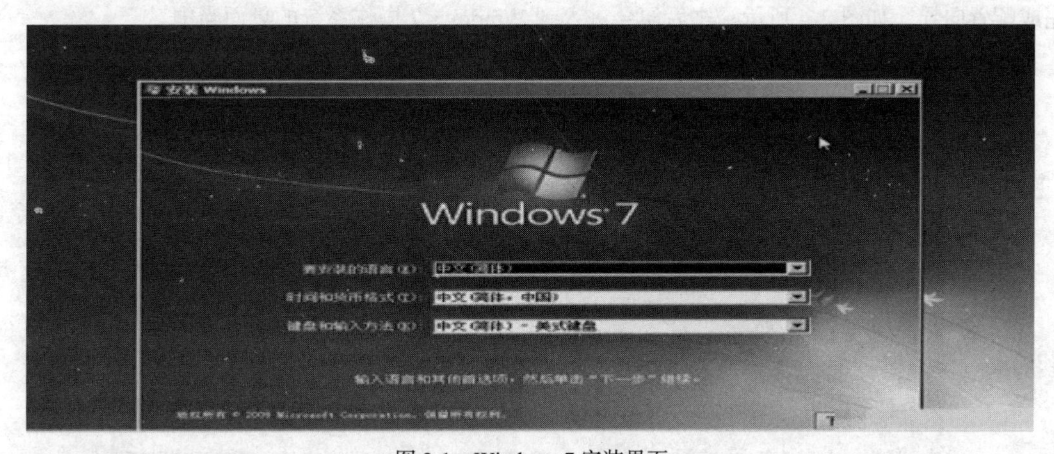

图 2-1　Windows 7 安装界面

② 选择安装类型，包括“升级安装”和“全新安装”，如图 2-2 所示。

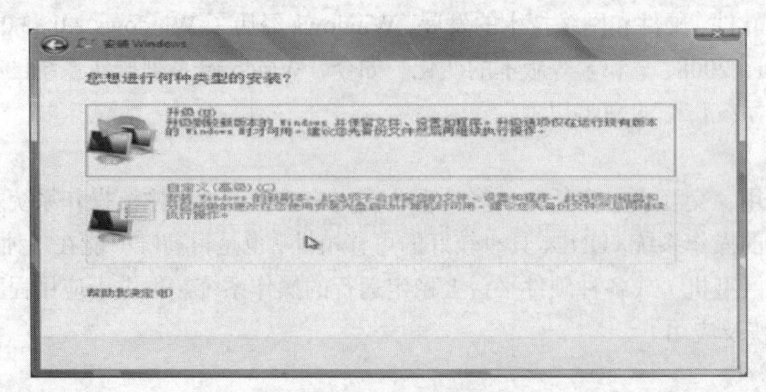

图 2-2　选择安装类型

③ 选择安装路径，执行格式化操作并继续系统安装；

④ 完成以上配置后，安装程序开始执行复制、展开文件等安装工作。文件复制完成后，将出现 Windows7 操作系统的初次启动界面，如图 2-3 所示。

图 2-3　Windows 7 初次启动界面

⑤ 启动后，会弹出包括账户、密码、区域和语言选项等设置内容，此时根据提示，即可轻松完成配置向导，如图 2-4 所示。之后便会进入到 Windows 7 操作系统的桌面当中。

图 2-4　Windows7 初次登录配置界面

2. Windows 7 的启动

计算机接通电源后，Windows 7 会自动启动。系统会要求使用者以某个用户名和相应的密码进行登录。图 2-5 所示为登录后进入 Windows 7 系统的桌面。

图 2-5　Windows 7 的桌面

3. Windows 7 的退出

当用户不再使用计算机时，可单击【开始】→【关机】按钮，即可关闭计算机；也可单击【关机】右侧的 按钮，可以对计算机进行其他操作，如【注销】、【重新启动】等，如图 2-6 所示。

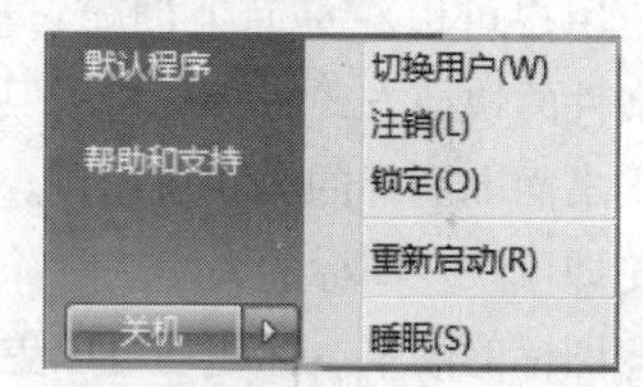

图 2-6　展开【关机】按钮操作菜单

在关机过程中，若系统中有需要用户进行保存的程序，Windows 会询问用户是否强制关机或者取消关机。

2.2.2　Windows 7 的基本概念

1. 桌面

"桌面"就是在安装好 Windows 7 后，用户启动计算机登录到系统后看到的整个屏幕界面，桌面由桌面背景、图标、任务栏、【开始】菜单、语言栏和通知区域组成，是用户和计算机进行交流的窗口，如图 2-7 所示。

图 2-7　Windows 7 桌面

桌面上可以存放用户经常用到的应用程序和文件夹图标，用户可以根据自己的需要在桌面上添加各种快捷图标，在使用时双击图标就能够快速启动相应的程序或文件。

2. 图标

摆放在桌面上的小图像称为“图标”。每个图标由两部分组成，一是图标的图案，二是图标的标题。图案部分是图标的图形标识，为了便于区别，不同的图标一般使用不同的图案。标题是说明图标的文字信息。

如果用户把鼠标放在图标上停留片刻，桌面上会出现对图标所表示内容的说明或者是文件存放的路径，双击图标就可以打开相应的内容。如图 2-8 所示。

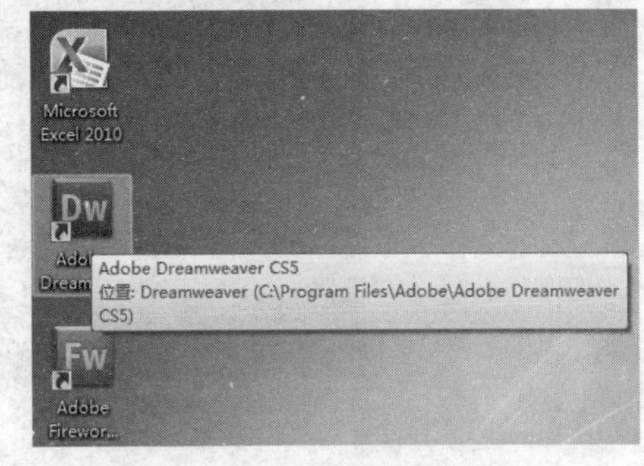

图 2-8　桌面图标

桌面上的图标有一部分是快捷方式图标，其特征是在图案的左下方有一个向右上方的箭头。快捷方式图标用来方便启动与其相对应的应用程序。注意，快捷方式图标只是相应应用程序的一个映像，它的删除并不影响应用程序的存在。

用户可以在桌面上创建自己经常使用的程序或文件的快捷方式图标。为了保持桌面的整洁和美观，也可以对桌面上的图标进行排列。

桌面上图标的大小可以调整，最简单的方法是：按住【Ctrl】键的同时，向上或向下滚动鼠标轮即可改变图标的大小。

图标的图案、标题均可以更改或者删除。

3. 任务栏

任务栏是位于桌面最下方的一个小长条，它显示了系统正在运行的程序、打开的窗口和当前时间等内容。如图 2-9 所示。

图 2-9　任务栏

“任务栏”的左端是“开始”按钮，右边是窗口区域、语言栏、工具栏、通知区域、时钟区等，最右端为显示桌面按钮，中间是应用程序按钮分布区。工具栏默认不显示，它的显示与否可以通过“任务栏和【开始】菜单属性”里的“工具栏”进行设置。

（1）“开始”按钮。“开始”按钮是 Windows 7 进行工作的起点，不仅可以使用 Windows 7 提供的附件和各种应用程序，而且还可以安装各种应用程序以及对计算机进行各项设置等。

在 Windows 7 中，用户可以直接把程序附加在任务栏上快速启动。

（2）时钟。显示当前计算机的时间和日期。若要了解当前的日期，只需要将光标移动到时钟上，信息就会自动显示。单击该图标，可以显示当前的日期、时间及设置信息。

（3）空白区。每当用户启动一个应用程序时，应用程序就会作为一个按钮出现在任务栏上。当该程序处于活动状态时，任务栏上的相应按钮是处于被按下的状态，否则，处于弹起状态。可利用此区域在多个应用程序之间进行切换（只需要单击相应的应用程序按钮即可）。

任务栏在默认情况下，总是出现在屏幕的底部，而且不被其他窗口所覆盖。其高度只能够容纳一行按钮。在任务栏为非锁定状态时，将鼠标移到任务栏的边缘附近，当鼠标指针变成上下箭头形状时按住鼠标左键上下拖动，就可改变任务栏的高度（最高到屏幕高度的一半）。若用鼠标拖动任务栏，可以将任务栏拖到屏幕的上、下、左、右 4 个边缘位置。

在 Windows 7 中也可根据用户的个人喜好定制任务栏。右键单击任务栏的空白处，在弹出的快捷菜单中选择【属性】命令，出现“任务栏和「开始」菜单属性”对话框，选择【任务栏】选项卡，出现如图 2-10 所示的对话框。

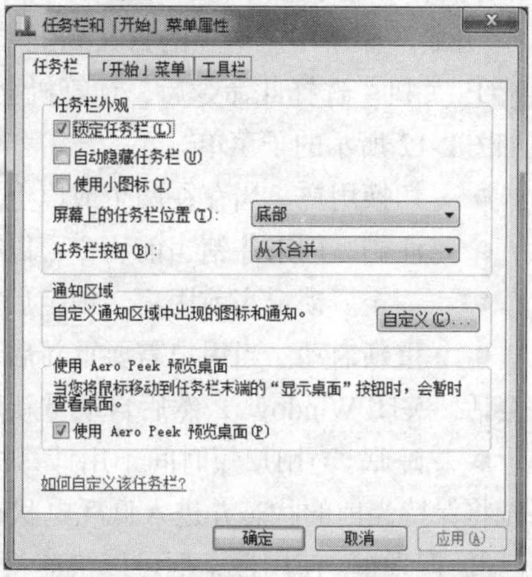

图 2-10　“任务栏和「开始」菜单属性”对话框

在“任务栏外观”选项组中包括以下几种设置任务栏外观效果的选项。

- “锁定任务栏”：保持现有任务栏的外观，避免意外的改动。
- “自动隐藏任务栏”：当任务栏未处于使用状态时，将自动从屏幕下方退出。鼠标移动到屏幕下方时，任务栏又重新回到原位置。
- “使用小图标”：使任务栏上的窗口图标以小图标样式显示。
- “屏幕上的任务栏位置”：可选顶部、左侧、右侧和底部。
- “任务栏按钮”：将同一个应用程序的若干窗口进行组合管理。

在“通知区域”选项组里可以自定义通知区域出现的图标和通知。

在“使用 Aero Peek 预览桌面”选项组里可以选择是否使用 Aero Peek 预览桌面。

4. “开始”菜单

单击【开始】按钮会弹出“开始”菜单。“开始”菜单由常用项目列表、搜索框、右侧窗格、关机按钮及其他选项组成，集成了 Windows 7 中大部分的应用程序和系统设置工具，如图 2-11 所示。

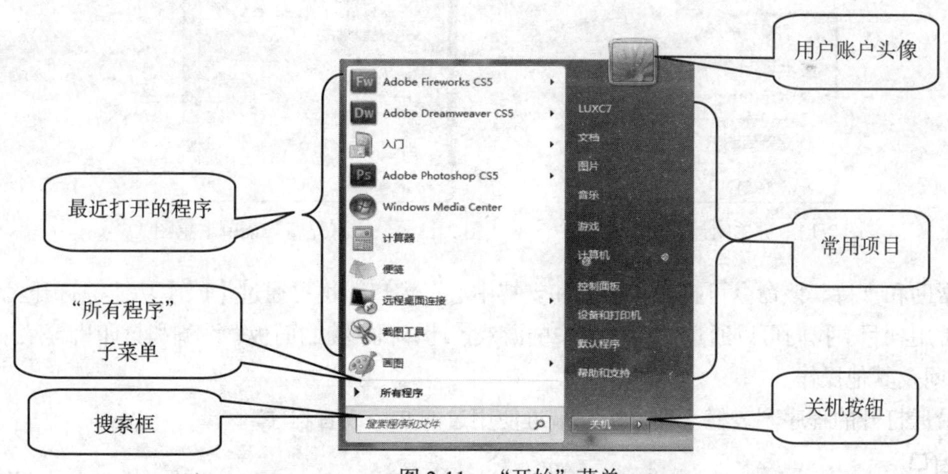

图 2-11　“开始”菜单

在“开始”菜单中，每一项菜单除了有文字之外，还有一些标记，如图案、文件夹图标、“►”或“◄”、用括号括起来的字母。其中，文字是该菜单项的标题；图案是为了美观和好看（在应用程序窗口中此图案与工具栏上相应按钮的图案一样）；文件夹图标表示里面有菜单；“►”或者“◄”表示显示或隐藏子菜单项；字母表示当该菜单项在显示时，直接按该字母就可打开相应的菜单项。当某个菜单项呈灰色时，表示此时不可用。

"开始"菜单中主要项的含义如下。

① 关机。选择此命令后，计算机会执行快速关机命令，单击该命令右侧的"▶"图标则会出现如图 2-12 所示的子菜单。

- 切换用户。当存在两个或以上用户的时候可通过此按钮进行多用户的切换操作。
- 注销。用来注销当前用户，以备下一个人使用或防止数据被其他人操作。
- 锁定。锁定当前用户。锁定后需要重新输入密码认证才能正常使用。
- 重新启动。当用户需要重新启动计算机时，应选择"重新启动"。系统将结束当前的所有会话，关闭 Windows，然后自动重新启动系统。
- 睡眠。当用户短时间不用计算机又不希望别人以自己的身份使用计算机，应选择此命令。系统将保持当前的状态并进入低耗电状态。

② 搜索框。使用搜索框可以快速找到所需要的程序和文件。搜索框还能取代"运行"对话框，在搜索框中输入程序名，可以启动程序。

③ "所有程序"子菜单。单击该菜单项，会列出一个按字母顺序排列的程序列表，在程序列表的下方还有一个文件夹列表，如图 2-13 所示。单击程序列表中的某个程序图标可以打开该应用程序。打开应用程序的同时，"开始"菜单会自动关闭。

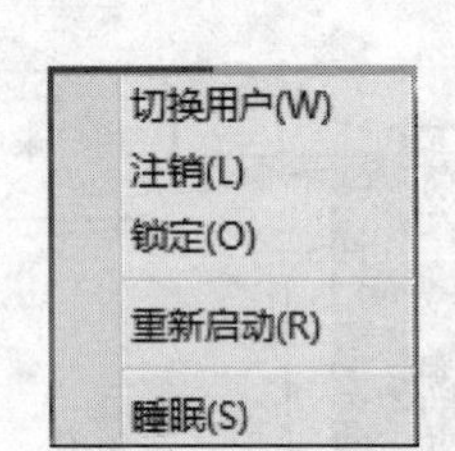

图 2-12 "关闭计算机"菜单

图 2-13 "所有程序"菜单示意图

④ 帮助和支持。该命令可打开"帮助和支持中心"窗口，也可通过【F1】功能键打开。

⑤ 常用项目。我们可以通过常用项目中的游戏、计算机、控制面板、设备和打印机等菜单进行快速访问及其他操作。

⑥ 最近打开的程序列表栏。列出用户最近使用过的文档或者程序。

5. 窗口

Windows 窗口在屏幕上呈一个矩形，是用户和计算机进行信息交换的界面。窗口一般分为应用程序窗口、文档窗口和对话框窗口。

一个标准的窗口，由标题栏、菜单栏、工具栏等几部分组成，如图 2-14 所示。

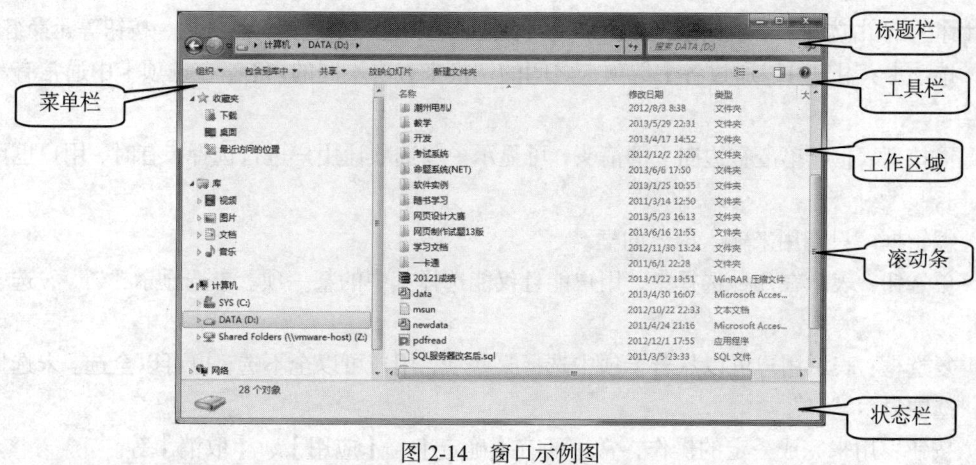

图 2-14　窗口示例图

① 标题栏：位于窗口的最上部，它标明了当前窗口的名称，左侧有控制菜单按钮，右侧有最小、最大化或还原以及关闭按钮。

② 菜单栏：在标题栏的下面，它提供了用户在操作过程中要用到的各种访问途径。

③ 工具栏：在其中包括了一些常用的功能按钮，用户在使用时可以直接从上面选择各种工具。

④ 状态栏：它在窗口的最下方，标明了当前有关操作对象的一些基本情况。

⑤ 工作区域：它在窗口中所占的比例最大，显示了应用程序界面或文件中的全部内容。

⑥ 滚动条：当工作区域的内容太多而不能全部显示时，窗口将自动出现滚动条，用户可以通过拖动水平或者垂直的滚动条来查看所有的内容。

窗口的基本的操作包括打开、缩放、移动、最大化和最小化、切换和关闭等。多个窗口也可以进行层叠、横向平铺和纵向平铺等操作。

Windows 7 在应用工作区中设置了一个功能区，即位于窗口左边部分的列表框。通过选择【组织】→【布局】可调整是否显示菜单栏以及各种窗格，如图 2-15 所示。

6. 对话框

对话框是用户与计算机系统之间进行信息交流的窗口，在对话框中用户通过对选项的选择，对系统进行对象属性的修改或者设置，如图 2-16 所示。

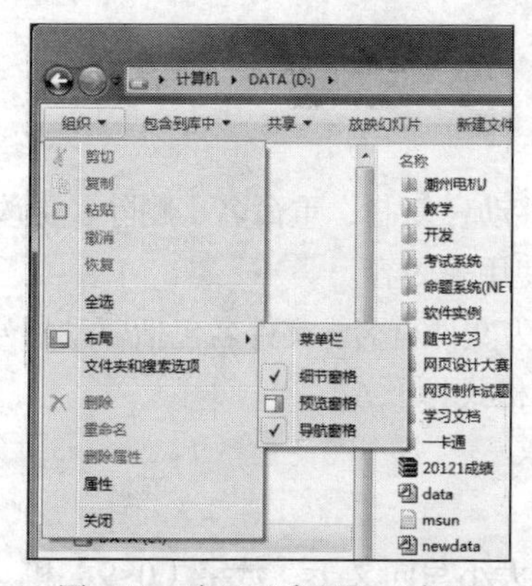

图 2-15　窗口“布局”示意图

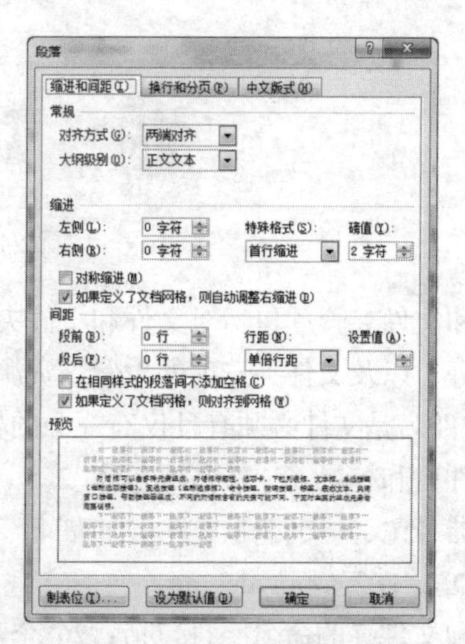

图 2-16　“段落”对话框示意图

对话框一般由选项卡（也叫标签）、下拉列表框、编辑框、单选钮、复选框、按钮等元素组成。

① 选项卡：用户可以通过各个选项卡之间的切换来查看不同的内容，在选项卡中通常有不同的选项组。

② 下拉列表框：单击右边向下的箭头，可显示一些选项让用户进行选择，有时，用户也可直接输入内容。

③ 编辑框：只能用来输入内容的框。

④ 单选钮：表示在几种选择中，用户能且仅能选择其中的某一项。未选显示“○”，选中显示“◉”。

⑤ 复选框：表示用户可以从若干项中选择某些项，用户可以全不选，也可以全选。未选显示“□”，选中显示“☑”。

⑥ 按钮：用来完成一定的操作，常用的有【确定】、【应用】、【取消】等。

注：在窗口的右上角有一个“?”按钮，其功能是帮助用户了解更多的信息。

2.2.3 Windows 7 的文件和文件夹管理

1. 文件和文件夹相关概念

文件和文件夹是计算机资源管理中重要的概念之一，几乎所有的任务都要涉及文件和文件夹的操作。

① 文件是计算机管理和操作的对象，是按一定格式存放的相关信息（包括文档、可执行的应用程序、一张图片、一段声音或者影视片段等）的集合，如图 2-17 所示。

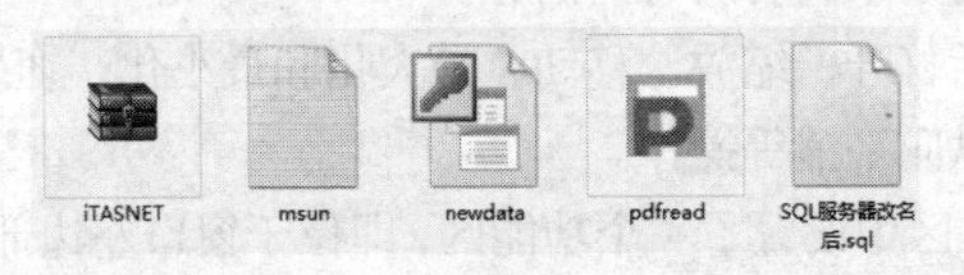

图 2-17 文件示意图

② 文件夹是系统组织和管理文件的一种形式，是为方便用户查找、维护和存储而设置的，用户可以将文件分门别类地存放在不同的文件夹中。在文件夹中可存放所有类型的文件和下一级文件夹、磁盘驱动器及打印队列等内容，如图 2-18 所示。

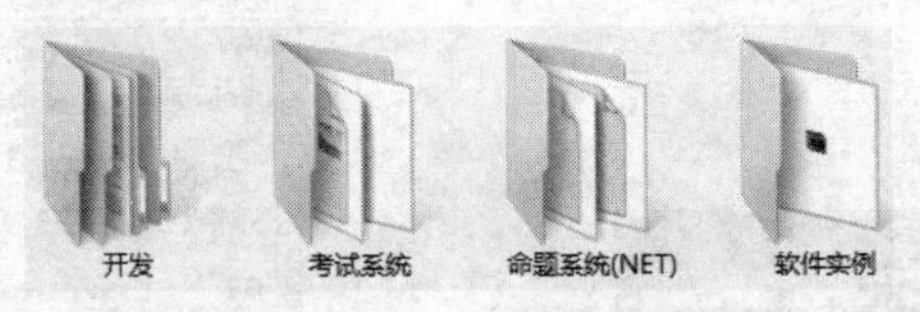

图 2-18 文件夹示意图

文件和文件夹管理包括对文件和文件夹的创建、移动、复制、重命名、删除、更改属性、搜索、共享等，以及文件夹选项的设置、资源管理器的使用等内容。

③ 文件名是文件必须有且仅有一个的标记，又称为文件全名。文件名包括驱动器号、文件夹路径、文件名和扩展名，最多可包含 255 个字符。其格式为

驱动器号:\文件夹路径\文件名.扩展名

如：D:\软件实例\mydev.rar。

文件和文件夹的命名字符包括：26 个英文字母（大小写同义），数字（0~9）和一些特殊符

号，但不能使用 9 个特定的字符：\、/、*、？、<、>、|、:和"。

文件名使用扩展名（也称“类型名”或“后缀”）来标明文件类型，扩展名一般由 3 个字符组成，文件名与扩展名之间用分隔符“.”分开。

文件类型可以分为三大类：系统文件、通用文件和用户文件。前两类一般在装入系统时安装，其文件名和扩展名由系统指定，用户不能随便改名和删除。用户文件是指用户自己建立的文件。

在 Windows 环境中，文件类型指定了对文件的操作或结构特性。文件类型可标识打开该文件的程序，例如“Microsoft Word”。文件类型与文件扩展名相关联。例如，具有 .TXT 或 .LOG 扩展名的文件是“文本文档”类型，可使用任何文本编辑器打开。

常见的文件类型见表 2-1。

表 2-1　常见的文件类型表

扩 展 名	文 件 类 型	扩 展 名	文 件 类 型
.BAT	可执行的批处理文件	.COM	系统程序文件或命令文件
.EXE	可执行命令或程序文件	.TXT	文本文件
.DOC	Word 文档文件	.CLP	剪贴板文件
.XLS	Excel 工作簿文件	.PPT	PowerPoint 演示文稿
.FON	字库文件	.HTM	主页（homepage）文件
.HTML	主页（homepage）文件	.HLP	求助源文件
.WRI	写字板文本文件	.TMP	临时文件
.WAV	音频资源格式文件	.GIF	可交换图像文件
.JPG	联合图像压缩文件	.BMP	位图文件

原则上，文件命名要“见名知义”，扩展名要“见名知类”。

④ 通配符是模糊查找文件、文件夹、打印机、计算机或用户时的代替字符。

当不知道真正的字符或者不想键入完整的名称时，常常使用通配符代替一个或多个字符。常用的通配符有两个，即“?”和“*”。“?”号可代表文件或文件夹名称中任何零个或一个字符，“*”号则代表零个或多个字符。

例如要查找所有以字母“D”开头的文件，可以在查询内容中输入“D*”。同时也可以一次使用多个通配符。如果想查找一种指定类型的文件时，可以使用“*.”+“文件类型”的方法，如使用“*.JPG”就可以查找到所有.JPG 格式的文件。

⑤ 文件属性

文件属性用于指出文件是否为只读、隐藏、存档（备份）、索引、压缩或加密。右键单击文件，在下列菜单中选择【属性】，弹出“属性”对话框，如图 2-19 所示。

单击高级(D)...按钮可以显示高级属性，如图 2-20 所示。

文件和文件夹都有属性对话框，文件属性对话框显示的主要内容包括：文件类型、与文件关联的程序（打开文件的程序名称）、它的位置、大小、创建日期、最后修改日期、最后打开日期、摘要（列出包括标题、主题、类别和作者等的文件信息）等，不同类型的文件或同一类型的不同文件其属性可能不同，有些属性可由用户自己定义。

通常情况下，建立文件的程序还可以自定义属性，提供关于该文件的其他信息。

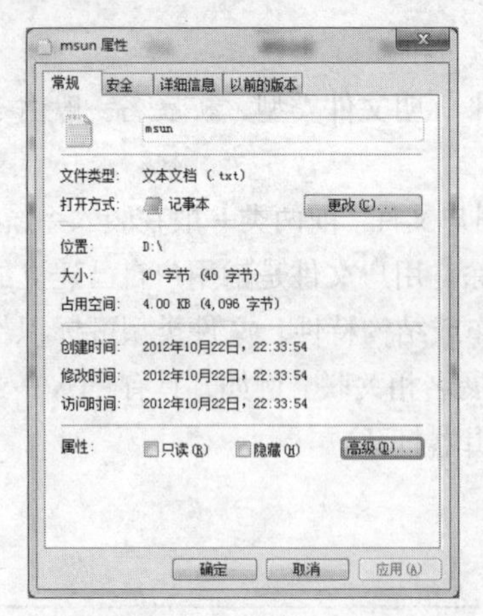

图 2-19　文件“属性”对话框

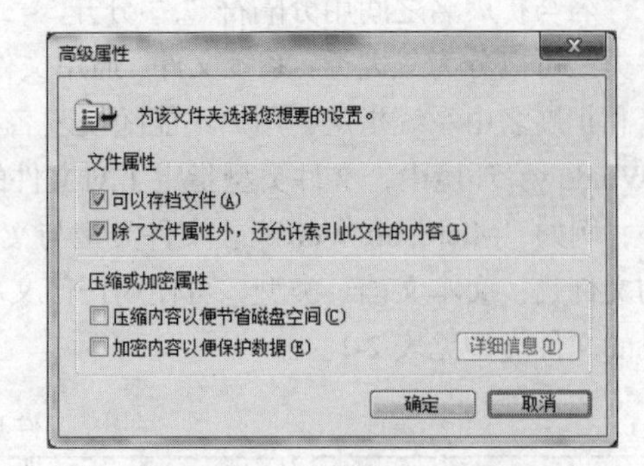

图 2-20　“高级属性”对话框

2. 资源管理器

“资源管理器”是 Windows 操作系统提供的资源管理工具，是 Windows 的精华功能之一。我们可以通过资源管理器查看计算机上的所有资源，能够清晰、直观地对计算机上的文件和文件夹进行管理。

打开资源管理器窗口的方法很多，最常用的有以下 2 种方法：

- 单击【开始】按钮，选择【计算机】菜单命令。
- 右击【开始】按钮，选择【打开 Windows 资源管理器】。

Windows 7 的资源管理器主要由地址栏、搜索栏、工具栏、导航窗格、资源管理窗格、预览窗格以及细节窗格 7 部分组成，如图 2-21 所示。

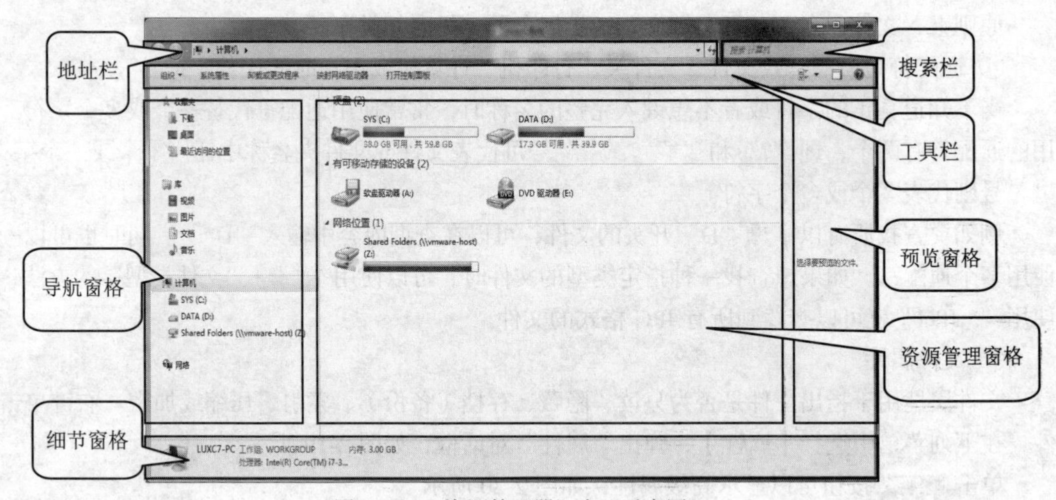

图 2-21　“资源管理器”窗口示意图

其中的预览窗格默认不显示。用户可以通过“组织”菜单中的“布局”来设置“菜单栏”，通过对“细节窗格”、“预览窗格”和“导航窗格”的选择来控制其是否显示。

（1）地址栏

资源管理器的地址栏与 IE 浏览器的地址栏非常相似。有“后退”、“前进”、“记录”、“地址栏”、“上一位置”、“刷新”等按钮。“记录”按钮的列表最多可以记录最近的 10

个项目。Windows 7 的地址栏引入了“按钮”的概念，用户能够更快地切换文件夹。如图 2-22 所示，当前显示的是“D: \Temp”，只要在地址栏中单击“DATA(D:)”即可直接跳转到该位置。不仅如此，还可以在不同级别文件夹间跳转，如单击“DATA(D:)”右边的▸，下拉显示“DATA(D:)”所包含的内容，直接选择某一个文件夹即可实现跳转。

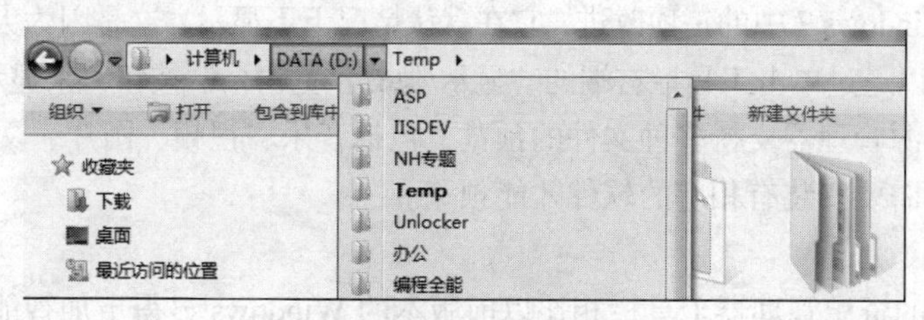

图 2-22　地址栏使用示意图

地址栏同时具有搜索的功能。

（2）搜索栏

在搜索栏中输入内容的同时，系统就开始搜索。在搜索时，用户还可以设置搜索条件，包括种类、修改日期、类型、大小、名称，如图 2-23 所示。

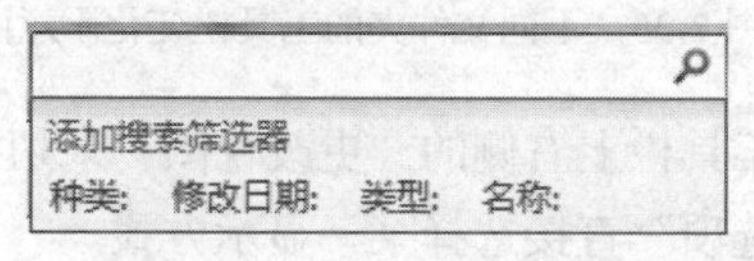

图 2-23　搜索栏使用示意图

各类搜索条件如图 2-24（a）～（e）所示。

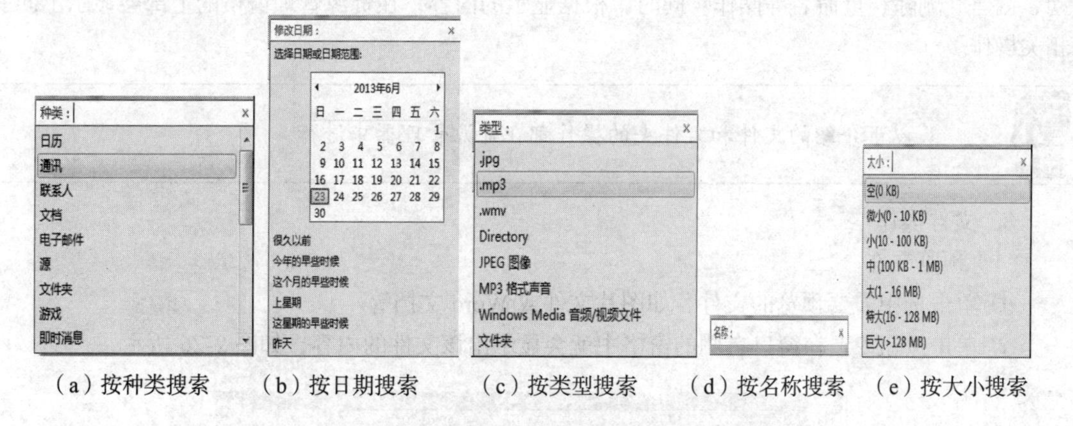

（a）按种类搜索　（b）按日期搜索　（c）按类型搜索　（d）按名称搜索　（e）按大小搜索

图 2-24　搜索栏各种搜索条件

当把鼠标移动到地址栏和搜索栏之间时，鼠标会变成水平双向的箭头，此时水平方向拖动鼠标，可以更改地址栏和搜索栏的宽度。

（3）导航窗格

导航窗格能够辅助用户在磁盘、库中切换。导航窗格中分为收藏夹、库、家庭组、计算机和网络 5 部分，其中的家庭组仅当加入某个家庭组后才会显示。

用户可以在资源管理窗格中拖动对象到导航窗格中的某个对象，系统会根据情况提示“创建链接”、“复制”、“移动”等操作。

（4）细节窗格

细节窗格用于显示一些特定文件、文件夹以及对象的信息。如图2-21所示，当在资源管理窗格中没有选中对象时，细节窗格显示的是本机的信息。

（5）预览窗格

预览窗格是Windows 7中的一项改进，它在默认情况下不显示，这是因为大多数用户不会经常预览文件内容。可以通过单击工具栏右端的“显示/隐藏预览窗格”按钮□来显示或隐藏预览窗格。

Windows 7资源管理器支持多种文件的预览，包括音乐、视频、图片、文档等。但如果文件是比较专业的，则需要安装有相应的软件才能预览。

（6）工具栏

Windows 7中的资源管理器工具栏相比以前版本的Windows显得更加智能。工具栏按钮会根据不同文件夹显示不同的内容。例如，当选择音乐库时，显示的工具栏如图2-25所示，与图2-21就不同了。

图2-25　不同文件夹的工具栏变化示意图

另外，我们可以通过单击工具栏上右侧的“更改视图”来切换资源管理器格中对象的显示方式，也可单击其右边的“更多选项”直接选择某一显示方式。

（7）资源管理窗格

资源管理窗格是用户进行操作的主要地方。在此窗格中，用户可进行选择、打开、复制、移动、创建、删除、重命名等操作。同时，根据显示的内容，在资源管理窗格的上部会显示不同的相关操作。

以下介绍的文件和文件夹的操作都在资源管理器中进行。

3. 文件操作

（1）预览文件

① 单击选中需要预览的文件，如图片文件或Word文档等。

② 单击按钮□，在窗口右侧的窗格中就会显示出该文件的内容，如图2-26所示。

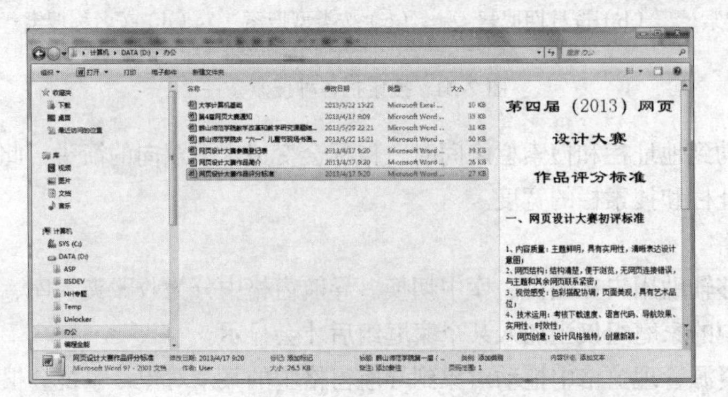

图2-26　文件预览示意图

（2）选择文件

在 Windows 中，对文件或文件夹操作之前，必须先选中它。根据选择的对象，选中分单个的、连续的多个、不连续的多个 3 种情况。

① 选中单个文件：用鼠标单击即可。

② 选中连续的多个文件：先选第 1 个（方法同①），然后按住【Shift】键的同时单击最后 1 个，则它们之间的文件就被选中了，如图 2-27 所示。

图 2-27　选中连续的多个文件示意图

③ 选中不连续的多个文件：先选中第 1 个，然后按住【Ctrl】键的同时再单击其余的每个文件，如图 2-28 所示。

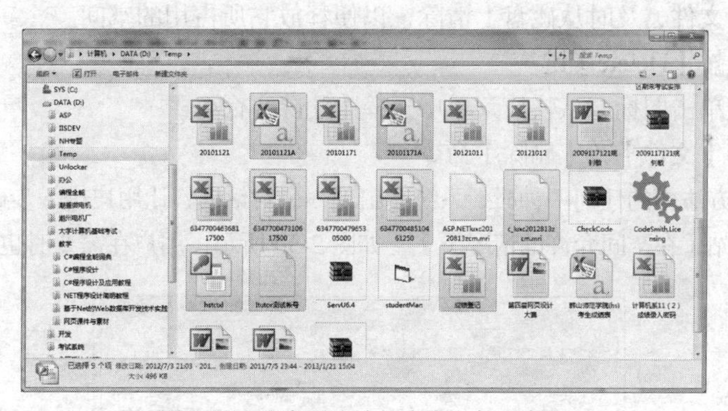

图 2-28　选中不连续的多个文件示意图

如果想把当前窗口中的对象全部选中，则选择【编辑】→【全部选中】命令，也可按【Ctrl】+【A】组合键。

如果选多了，则可取消选中。单击空白区域，则可把选中的文件全部取消；如果想取消单个文件或部分文件，则可在按住【Ctrl】键的同时，再单击需要取消的文件即可。

只有先选中文件，才可以进行各种操作。

（3）复制文件

方法一：先选择【编辑】→【复制】（也可用【Ctrl】+【C】组合键），然后转换到目标位置，选择【编辑】→【粘贴】（也可用【Ctrl】+【V】组合键）。

方法二：用鼠标直接把文件拖动到目标位置松开即可（如果是在同一个磁盘内进行复制的，则在拖动的同时按住【Ctrl】键）。

方法三：如果是把文件从硬盘复制到软盘、U 盘或活动硬盘，则可右键单击文件，在弹出的快捷菜单中选择【发送到】，然后选择一个盘符即可，如图 2-29 所示。

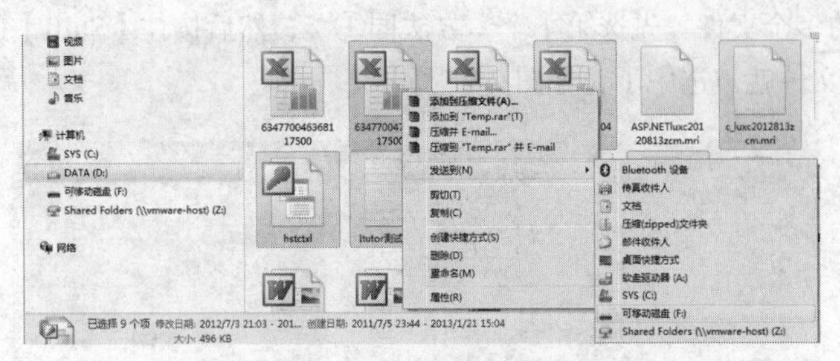

图 2-29　复制文件到可移动磁盘示意图

（4）移动文件

方法一：先选择【编辑】→【剪切】（也可用【Ctrl】+【X】组合键），然后转换到目标位置，选择【编辑】→【粘贴】命令（也可用【Ctrl】+【V】组合键）。

方法二：用鼠标直接把文件拖动到目标位置松开即可（如果是在不同盘之间进行移动的，则在拖动的同时按住【Shift】键）。

（5）删除文件

对于不需要的文件，及时从磁盘上清除，以便释放它所占用的空间。

方法一：直接按【Delete】键。

方法二：右键单击图标，从快捷菜单中选择【删除】命令。

方法三：选择【文件】→【删除】命令。

执行以上 3 种方法中的任何一种时，系统会出现一个对话框，让用户进一步确认，此时可以把删除的文件放入回收站（在空间允许的情况下），如图 2-30 所示，用户在需要时也可以从回收站还原。

图 2-30　确认删除文件（移入回收站）示意图

若在删除文件的同时按住【Shift】键，文件则被直接彻底删除，如图 2-31 所示。删除后的文件不被移动到回收站，所以也不能还原。

图 2-31　确认永久删除文件示意图

（6）重命名文件

文件的复制、移动、删除操作一次可以操作多个对象。而文件的重命名只能一次操作一个文件。

方法一：右键单击图标，从快捷菜单中选择【重命名】，然后输入新的文件名即可。

方法二：选择【文件】→【重命名】命令，然后输入新的文件名即可。

方法三：单击图标标题，然后输入新的文件名即可。

方法四：按【F2】键，输入新的文件名即可。

重命名文件如图 2-32 所示。

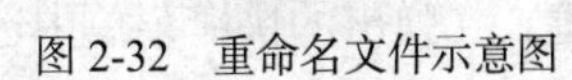

图 2-32　重命名文件示意图

（7）更改文件属性

更改属性的方法如下。

方法一：右键单击文件图标，从快捷菜单中选择【属性】命令。

方法二：选择【文件】→【属性】命令。

以上两种方法都会出现“属性”对话框，分别在属性前面的复选框中加以选择，然后单击【确定】按钮；也可单击【高级】按钮，打开“高级属性”对话框，设置文件所在文件夹加入索引，以及压缩或加密属性，如图 2-33 所示。

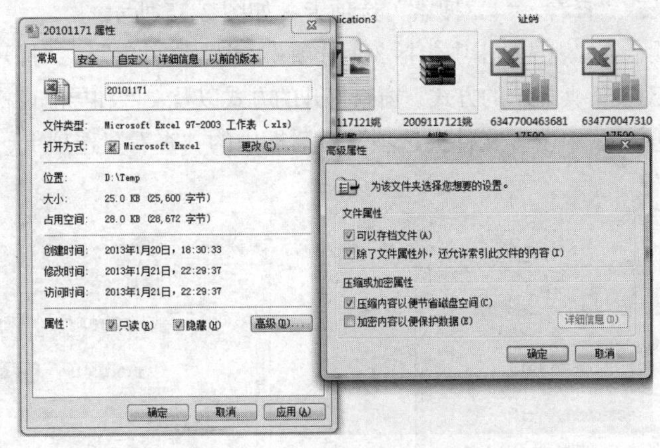

图 2-33　更改文件属性示意图

在文件属性对话框中，还可以更改文件的打开方式，查看文件的安全性以及详细信息等。

（8）搜索文件

计算机中的文件成千上万，要从中找到自己所需要的文件，就要用到文件搜索功能。搜索文件操作如下。

① 确定查找范围，如在 D 盘中查找，则选择导航窗格中的“DATA(D:)”。

② 在搜索栏中输入搜索条件，如选择“大小”为“微小（0 ～ 10KB）”，并输入“a*.txt”，此时搜索栏显示“大小：微小 a*.txt”，注意到地址栏中的搜索进度条在前进，同时资源管理窗格不断显示搜索到的文件，如图 2-34 所示。进度条完成，则搜索结束。

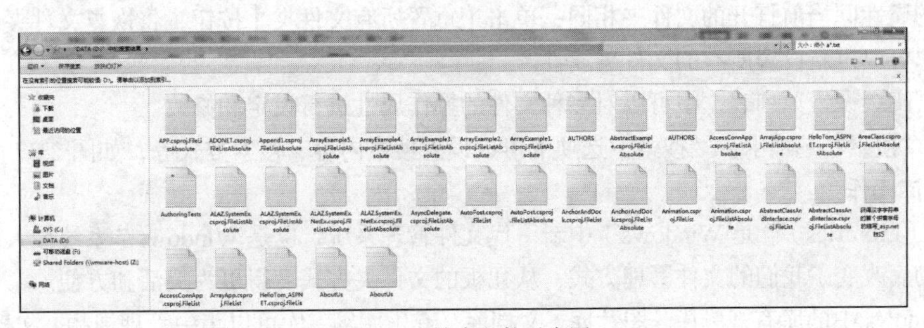

图 2-34　搜索文件示意图

4. 文件夹操作

文件夹的选中、移动、删除、复制和重命名与文件的操作完全一样，在此不再重复。在这里，主要介绍与文件不同的操作。要特别注意：文件夹的移动、复制和删除操作，不仅仅是文件夹本身，而且还包括它所包含的所有内容。

（1）创建文件夹

先确定文件夹所在的位置，再选择【文件】→【新建】，或者在窗口中的空白处单击鼠标右键，在弹出的快捷菜单中选择【新建】→【文件夹】，系统将生成相应的文件夹，用户只要在图标下面的文本框中输入文件夹的名字即可。系统默认的文件夹名是“新建文件夹”。

（2）更改文件夹选项

“文件夹选项”命令用于定义资源管理器中文件与文件夹的显示风格，选择菜单栏【工具】→【文件夹选项】或者选择工具栏【组织】→【文件夹和搜索选项】命令，打开“文件夹选项”对话框，它包括“常规”、“查看”、“搜索”选项卡，如图 2-35 所示。

① “常规”选项卡。常规选项卡中包括 3 个选项：“浏览文件夹”、“打开项目的方式”和“导航窗格”。分别可以对文件夹显示的方式、窗口打开的方式以及文件和导航窗格的方式进行设置。

② “查看”选项卡。单击“文件夹选项”对话框中的“查看”选项卡，将打开如图 2-36 所示的对话框。

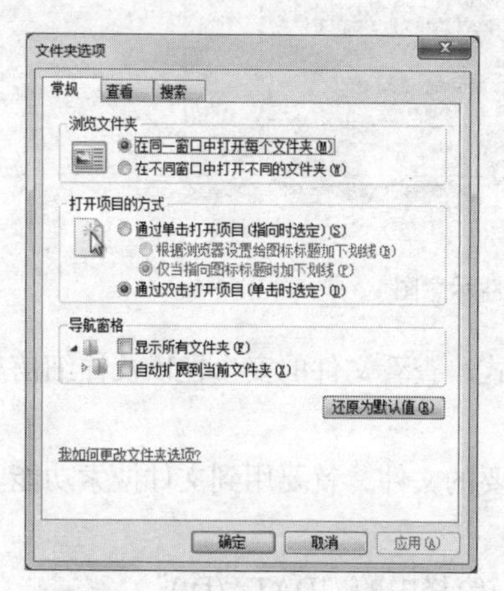

图 2-35 “文件夹选项”对话框

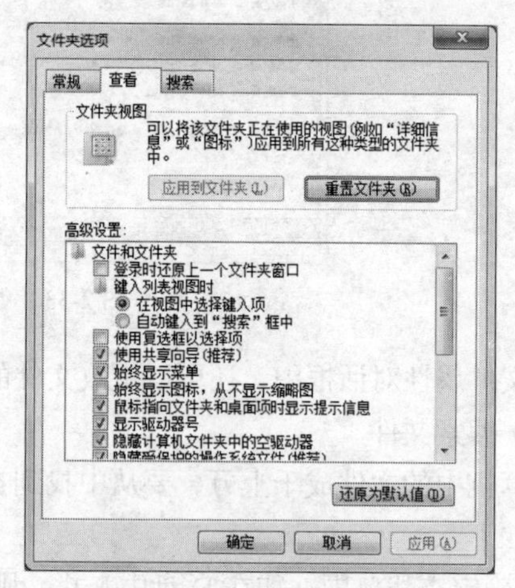

图 2-36 “查看”选项卡

“查看”选项卡中包括了两部分的内容：“文件夹视图”和“高级设置”。

“文件夹视图”提供了简单的文件夹设置方式。单击【应用到所有文件夹】按钮，会使所有的文件夹的属性同当前打开的文件夹相同；单击【重置所有文件夹】按钮，将恢复文件夹的默认状态，用户可以重新设置所有的文件夹属性。

在“高级设置”列表框中可以对多种文件的操作属性进行设定和修改。

③ “搜索”选项卡。“搜索”选项卡可以设置搜索内容、搜索方式等，如图 2-37 所示。

5. 库操作

“库（Libraries）”是 Windows 7 中新一代文件管理系统，也是 Windows 7 系统最大的亮点之一，它彻底改变了我们的文件管理方式，从死板的文件夹方式变得更为灵活和方便。

Windows 中的库有视频库、图片库、文档库、音乐库等。库可以集中管理视频、文档、音乐、图片和其他文件。在某些方面，库类似传统的文件夹，在库中查看文件的方式与文件夹完全一致。

但与文件夹不同的是，库可以收集存储在任意位置的文件，这是一个细微但重要的差异。库实际上并没有真实存储数据，它只是采用索引文件的管理方式，监视其包含项目的文件夹，并允许用户以不同的方式访问和排列这些项目。库中的文件都会随着原始文件的变化而自动更新，并且可以以同名的形式存在于文件库中。

不同类型的库，库中项目的排列方式也不尽相同，如图片库有月、日、分级、标记几个选项；文档库中有作者、修改日期、标记、类型、名称几大选项。

以视频库为例，可以通过单击“视频库”下面的“包括”的位置打开“视频库位置”对话框，如图 2-38 所示。在此对话框中，可以查看到库所包含的文件夹信息，也可通过右边的“添加”、“删除”按钮向库中添加文件夹和从库中删除文件夹。

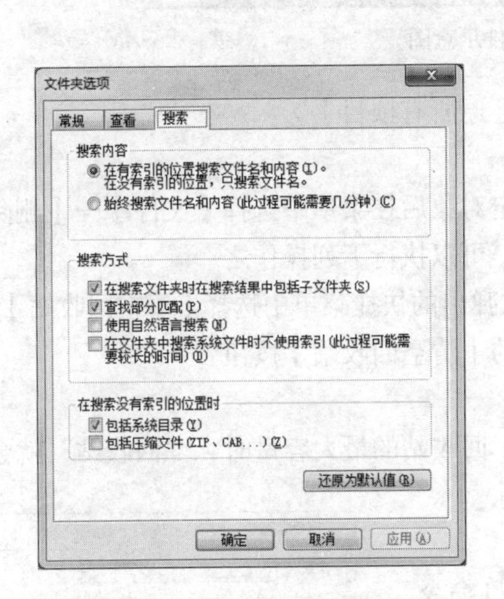

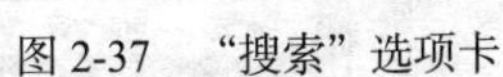
图 2-37　“搜索”选项卡

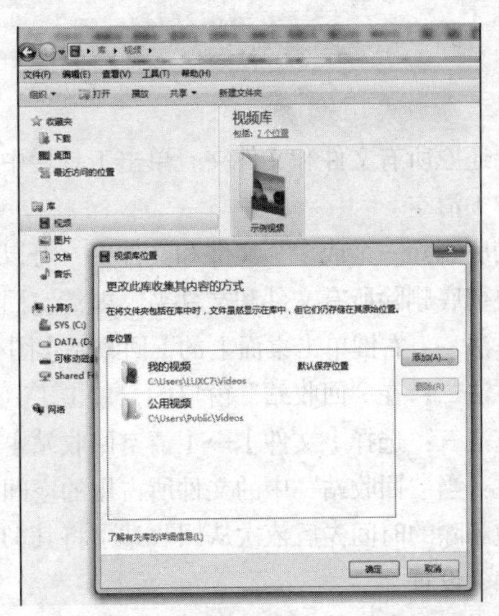

图 2-38　库操作示意图

库仅是文件（夹）的一种映射，库中的文件并不位于库中。用户需要向库中添加文件夹位置（或者是向库包含的文件夹中添加文件），才能在库中组织文件和文件夹。

若想在库中不显示某些文件，不能直接在库中将其删除，因为这样会删除计算机中的原文件。正确的做法是：调整库所包含的文件夹的内容，调整后库显示的信息会自动更新。

6. 回收站操作

回收站是一个比较特殊的文件夹，它的主要功能是临时存放用户删除的文件和文件夹（这些文件和文件夹从原来的位置移动到“回收站”这个文件夹中），此时它们仍然存在于硬盘中。用户既可以在回收站中把它们恢复到原来的位置，也可以在回收站中彻底删除它们以释放硬盘空间。

（1）打开

在桌面上双击【回收站】图标，即可打开“回收站”窗口。

（2）还原

还原一个或多个文件夹，可以在选定对象后在菜单中选择【文件】→【还原】命令，如图 3-39 所示。

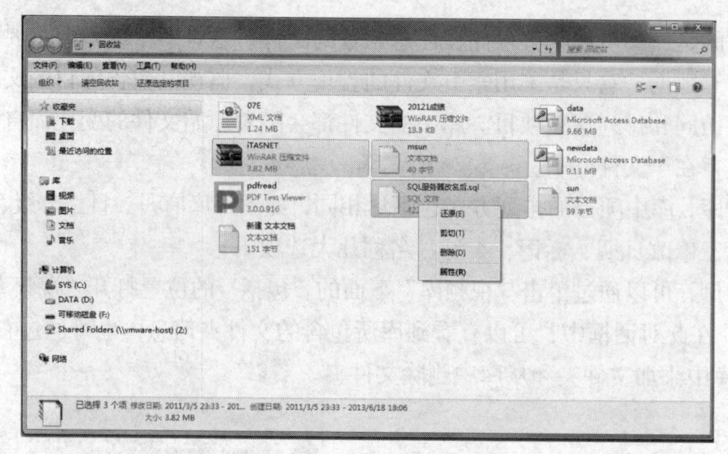

图 2-39　还原文件示意图

要还原所有文件和文件夹，单击工具栏中的【还原所有项目】。

（3）清空

彻底删除一个或多个文件和文件夹，可以在选定对象后在菜单中选择【文件】→【删除】。

要彻底删除所有文件和文件夹，即清空回收站，可以执行下列操作之一。

方法一：右键单击桌面上的【回收站】图标，在弹出的快捷菜单中选择【清空回收站】命令。

方法二：在“回收站”窗口中，单击工具栏中的【清空回收站】按钮。

方法三：选择【文件】→【清空回收站】命令。

注：当“回收站”中的文件所占用的空间达到了回收站的最大容量时，“回收站”就会按照文件被删除的时间先后依次从回收站中将其彻底删除。

（4）设置

在桌面上右键单击【回收站】图标，单击【属性】命令，即可打开“回收站属性”对话框，如图 2-40 所示。

如果选中“自定义大小”单选钮，则可以在每个驱动器中分别进行设置。设置回收站的存储容量，选中本地磁盘盘符后，在自定义大小最大值里输入数值即可。

如果选定“不将文件移到回收站中，移除文件后立即将其删除。”则在删除文件和文件夹时不使用回收站功能，直接执行彻底删除。

如果选定“显示删除确认对话框”，则在删除文件和文件夹前系统将弹出确认对话框，否则，直接删除到回收站。

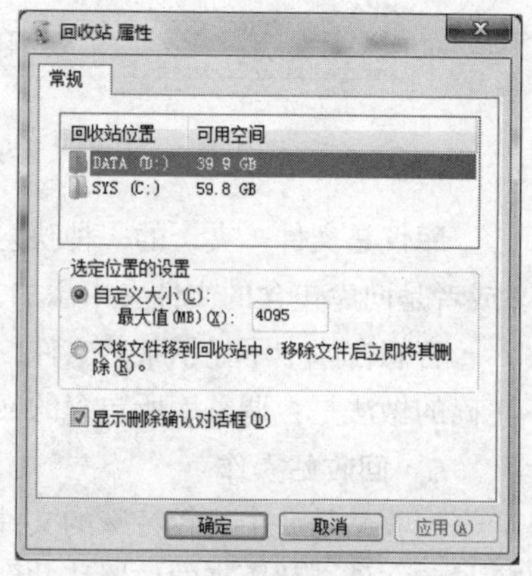

图 2-40　“回收站属性”对话框

2.3　Windows 7 实用程序

2.3.1　磁盘管理和维护

在计算机的日常使用过程中，用户可能会非常频繁地进行应用程序的安装、卸载，文件的移动、复制、删除，或在 Internet 上下载程序文件等多种操作，而这样操作过一段时间后，计算机硬盘上将会产生很多磁盘碎片或大量的临时文件等，致使运行空间不足，程序运行和文件打开变慢，计算机的系统性能下降。因此，用户需要定期对磁盘进行管理，以使计算机始终处于较好的状态。

Windows 7 的磁盘管理任务是以一组磁盘管理实用程序的形式提供给用户的，包括查错程序、磁盘碎片整理程序、磁盘整理程序等。在 Windows 7 中没有提供一个单独的应用程序来管理磁盘，而是将磁盘管理集成到“计算机管理”程序中。执行【开始】→【控制面板】→【系统和安全】→【管理工具】→【计算机管理】命令（也可右击开始菜单上的【计算机】，在弹出的菜单中选择【管理】），选择【存储】中的【磁盘管理】，打开【计算机管理】窗口，如图 2-41 所示。

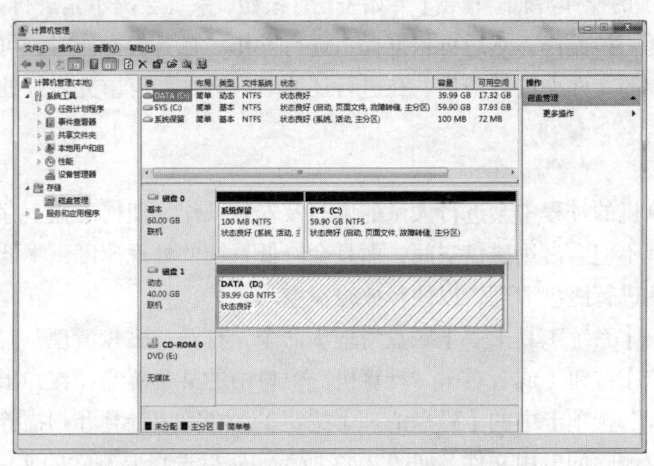

图 2-41　计算机管理之磁盘管理示意图

在 Windows 7 中，几乎所有的磁盘管理操作都能够通过计算机管理中的磁盘管理功能来完成，而且这些磁盘管理大多是基于图形界面的。

1．磁盘格式化

格式化过程是把文件系统放置在分区上，并在磁盘上划出区域。通常可以用 FAT、FAT32 或 NTFS 类型来格式化分区，使用 Windows 7 系统中的格式化工具可以转化或重新格式化现有分区。

在 Windows 7 中，使用格式化工具转换一个磁盘分区的文件系统类型，其操作步骤如下。

① 在图 2-41 所示的“计算机管理”窗口中选中需要进行格式化的驱动器盘符，用鼠标右键打开快捷菜单，选择【格式化】命令，打开“格式化”对话框，如图 2-42 所示。

也可在“计算机”窗口中选择驱动器盘符，用鼠标右键打开快捷菜单，选择【格式化】命令。

② 在“格式化”对话框中，先对格式化的参数进行设置，然后单击【开始】按钮，便可进行格式化了。

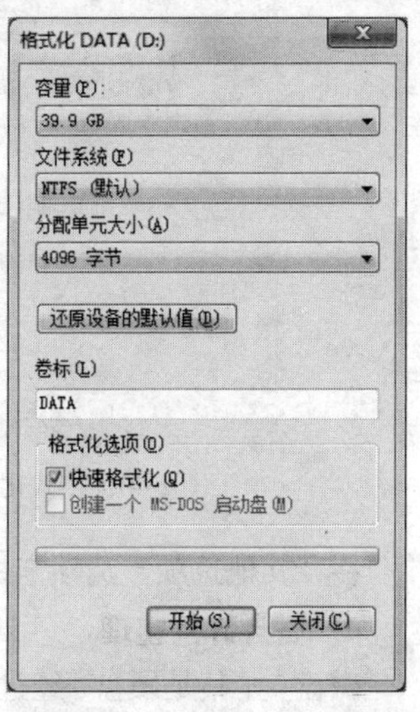

图 2-42　“格式化”对话框

格式化操作会把当前盘上的所有信息全部抹掉，请谨慎操作。

2．磁盘备份

为了防止磁盘驱动器损坏、病毒感染、供电中断等各种意外故障造成的数据丢失和损坏，需要进行磁盘数据备份，以便在需要时可以还原，避免出现数据错误或丢失造成的损失。在 Windows 7 中，利用磁盘备份向导可以快捷地完成备份工作。

在“计算机”窗口中右击某个磁盘，选择【属性】，在打开的对话框中选择【工具】选项卡，会出现如图 2-43 所示的操作界面。单击【开始备份】铵钮，系统会提示是进行备份还是还原操作，用户可根据需要选择一种操作，然后再根据提示进行操作。在备份操作时，可选择整个磁盘进行备份，也可选择其中的文件夹进行备份。在进行还原时，必须要有事先做好的备份文件，否则无法进行还原操作。

3．磁盘清理

用户在使用计算机的过程中会进行大量的读写及安装操作，使得磁盘上存留许多临时文件和已经没用的文件，其不但会占用磁盘空间，而且会降低系统的处理速度，降低系统的整体性能。因此，计算机要定期进行磁盘清理，以便释放磁盘空间。

选择【附件】→【系统工具】→【磁盘清理】命令，打开“磁盘清理”对话框，选择 1 个驱动器，再单击【确定】按钮（或者右击“计算机”窗口中的某个磁盘，在弹出的菜单中选择【属性】，再单击“常规”选项卡中的【磁盘清理】按钮）。在完成计算和扫描等工作后，系统列出了指定磁盘上所有可删除的无用文件，如图 2-43 所示。然后选择要删除的文件，单击【确定】按钮即可。

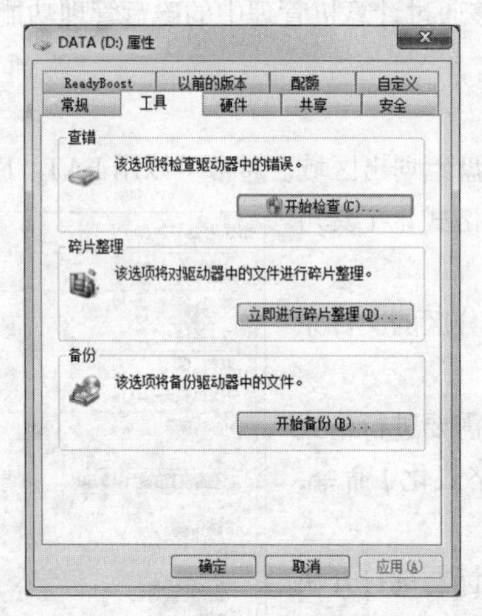

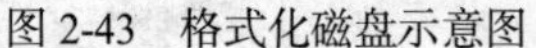

图 2-43　格式化磁盘示意图

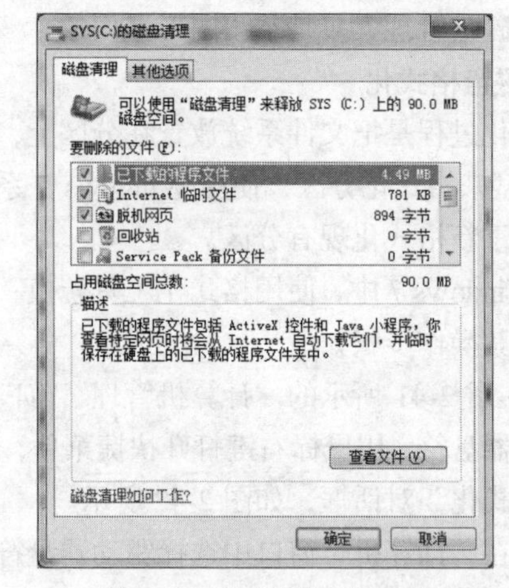

图 2-44　磁盘清理工具窗口

在“其他选项”选项卡中，用户可进行进一步的操作来清理更多的文件以提高系统的性能。

4．磁盘碎片整理

磁盘（尤其是硬盘）经过长时间的使用后，难免会出现很多零散的空间，即所谓“磁盘碎片”，碎片太多时，一个文件可能会被分别存放在不同的磁盘空间中，这样在访问该文件时系统就需要到不同的磁盘空间中去寻找该文件的不同部分，从而影响运行速度。同时由于磁盘中的可用空间也是零散的，创建新文件或文件夹的速度也会降低。使用磁盘碎片整理程序可以重新安排文件在磁盘中的存储位置，将文件的存储位置整理到一起，同时合并可用空间，实现提高运行速度的目的。

运行磁盘碎片整理程序的具体操作步骤如下。

① 选择【开始】→【所有程序】→【附件】→【系统工具】→【磁盘碎片整理程序】命令，打开如图 2-45 所示的窗口。在此窗口中选择逻辑驱动器，然后单击【分析磁盘】按钮，进行磁盘分析。对驱动器的碎片进行分析后，系统自动激活查看报告，单击该按钮，打开“分析报告”对话框，即可查看系统给出的驱动器碎片分布情况及该卷的信息。

② 单击【磁盘碎片整理】按钮，系统自动完成整理工作，同时显示进度条。

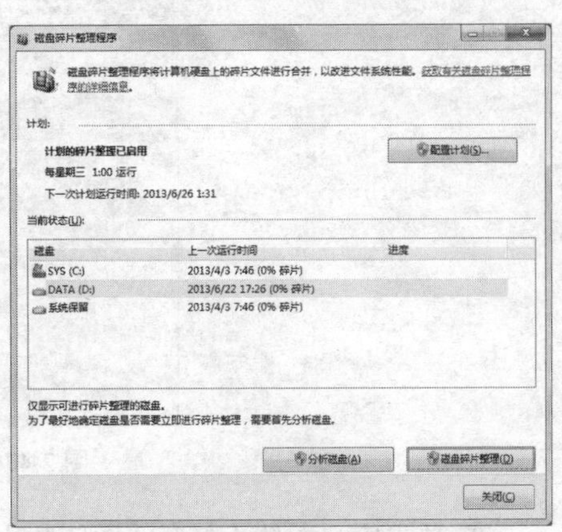

图 2-45　“磁盘碎片整理程序”窗口

2.3.2　控制面板与环境设置

控制面板是 Windows 的一个重要系统文件夹，包含许多独立的工具或程序选项，可以用来管理用户账户，调整系统的环境参数默认值和各种属性，对设备进行设置与管理，添加新的硬件和软件等。

用户可以单击“开始”菜单中的【控制面板】选项打开控制面板，“控制面板”窗口包括三种视图效果：类别视图、大图标视图和小图标视图，图 2-46 所示为控制面板类别视图。

图 2-46　控制面板类别视图

1. 系统和安全

Windows 系统的“系统和安全”主要实现对计算机状态的查看、计算机备份以及查找和解决问题的功能，包括防火墙设置，系统信息查询、系统更新、磁盘备份整理等一系列系统安全的配置。

（1）Windows 防火墙

Windows 7 防火墙能够检测来自 Internet 或网络的信息，然后根据防火墙设置来阻止或允许这些信息通过计算机。这样可以防止黑客攻击系统或者防止恶意软件、病毒、木马程序通过网络访问计算机，而且有助于提高计算机的性能。下面介绍 Windows 7 防火墙的使用方法。

① 打开【控制面板】→【系统和安全】弹出“系统和安全”窗口。

② 单击“Windows 防火墙”，打开“Windows 防火墙”窗口，如图 2-47 所示。

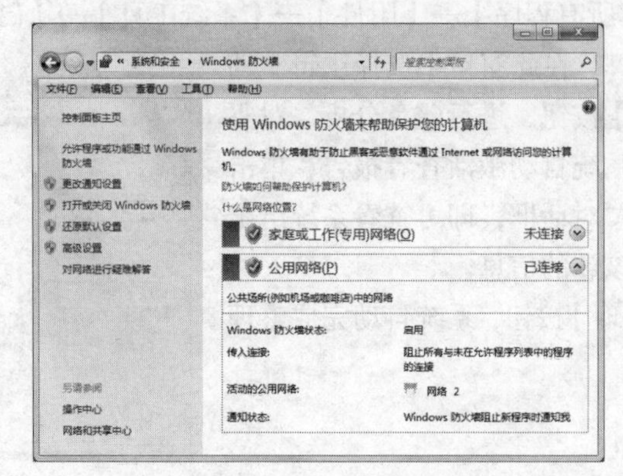

图 2-47 “Windows 防火墙”窗口

③ 单击窗口左侧【打开或关闭防火墙】链接，弹出“Windows 防火墙设置”对话框，可以打开或关闭防火墙。

④ 单击窗口左侧【允许程序或功能通过 Windows 防火墙】，弹出“允许程序通过 Windows 防火墙通信”窗口。在允许的程序和功能的列表栏中，勾选信任的程序，单击【确定】铵钮即可完成配置。如果要手动添加程序，单击【允许运行另一程序】，在弹出的对话框中，单击【浏览】铵钮，找到安装到系统的应用程序，单击【打开】铵钮，即可添加到程序队列中。选择要添加的应用程序，单击【添加】铵钮，即可将应用程序手动添加到信任列表中，单击【确定】铵钮即可完成操作。

（2）Windows 操作中心

Windows 7 操作中心通过检查各个与计算机安全相关的项目来检查计算机是否处于优化状态，当被监视的项目发生改变时，操作中心会在任务栏的右侧发布一条信息来通知用户，受到监视的项目状态颜色也会相应地改变以反映该消息的严重性，并且操作中心还会建议用户采取相应的措施。

① 打开【控制面板】→【系统和安全】，弹出“系统和安全”窗口。

② 单击【操作中心】，打开“操作中心”窗口，如图 2-48 所示。

图 2-48 “操作中心”窗口

③ 单击窗口左侧的【更改操作中心设置】链接，即可打开“更改操作中心设置”对话框。勾选某个复选框可使操作中心检查相应项是否存在更改或问题，取消对某个复选框的勾选可停止检查该项。

（3）Windows Update

Windows Update 是为系统的安全而设置的。一个新的操作系统诞生之初，往往是不完善的，这就需要不断地打上系统补丁来提高系统的稳定性和安全性，这时就要用到 Windows Update。当用户使用了 Windows Update，用户不必手动联机搜索更新，Windows 会自动检测适用于计算机的最新更新，并根据用户所进行的设置自动安装更新，或者只通知用户有新的更新可用。

① 打开【控制面板】→【系统和安全】，弹出“系统和安全”窗口。

② 单击【Windows Update】，打开“Windows Update”窗口，如图 2-49 所示。

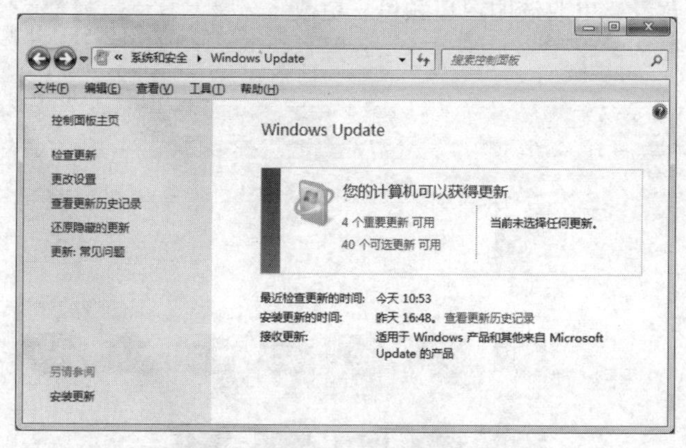

图 2-49 “WindowsUpdate”窗口

③ 单击窗口左侧的【更改设置】链接，即可打开“更改设置”对话框。用户可以在这里更改更新设置，如图 2-50 所示。

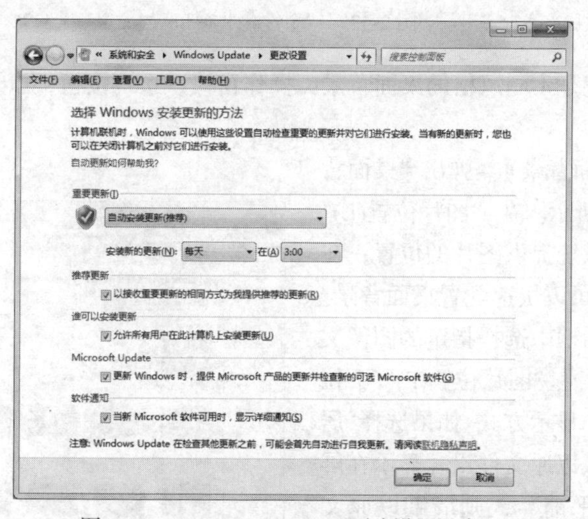

图 2-50 Windows Update“更改设置”窗口

2. 外观和个性化

Windows 系统的外观和个性化包括对桌面、窗口、按钮、菜单等一系列系统组件的显示设置，系统外观是计算机用户接触最多的部分。在类别“控制面板”中单击【外观和个性化】图标，弹出如图 2-51 所示的窗口。该界面包含“个性化”、“显示”、“桌面小工具”、“任务栏和「开始」菜单”、“轻松访问中心”、“文件夹选项”和“字体”7 个选项。

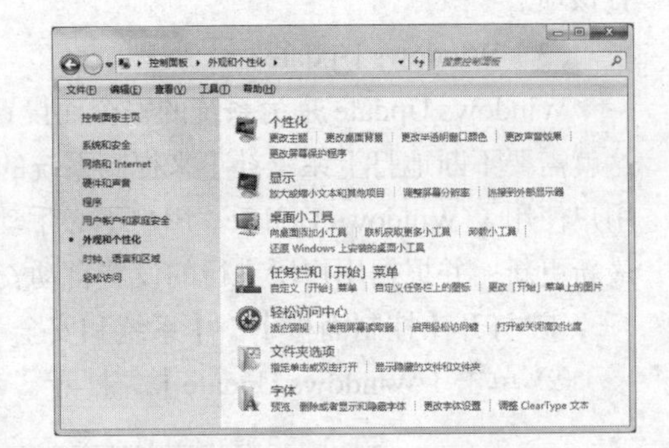

图 2-51 外观和个性化窗口

以下介绍几种常用的设置。

（1）个性化

在“个性化”中，可以实现更改主题、更改桌面背景、更改半透明窗口颜色和更改屏幕保护程序等。

① 在图 2-50 中，单击【个性化】，会出现“个性化”设置窗口，如图 2-52 所示。在此窗口中，可以更改主题、更改桌面背景、更改透明窗口颜色、更改声音效果和更改屏幕保护程序。

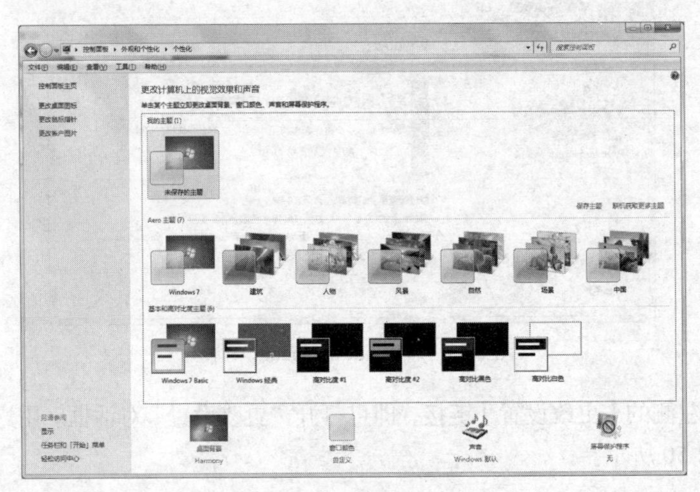

图 2-52 “个性化”窗口

所谓桌面主题，就是不同风格的桌面背景、操作窗口、系统按钮，以及活动窗口和自定义颜色、字体等的组合体。

② 选择【更改桌面背景】，弹出“桌面背景”窗口，如图 2-53 所示。在“图片位置(L)”的下拉列表中，包含系统提供图片的位置，在下面的图片选项框中，可以快速配置桌面背景。也可以在“浏览”对话框中选择指定的图像文件取代预设桌面背景。在“图片位置(P)”下拉列表中可以选择图片的显示方式。如果选择“居中”，则桌面上的墙纸以原文件尺寸显示在屏幕中间；如果选择“平铺”，则墙纸以原文件尺寸铺满屏幕；如果选择“拉伸”，则墙纸拉伸至充满整个屏幕。

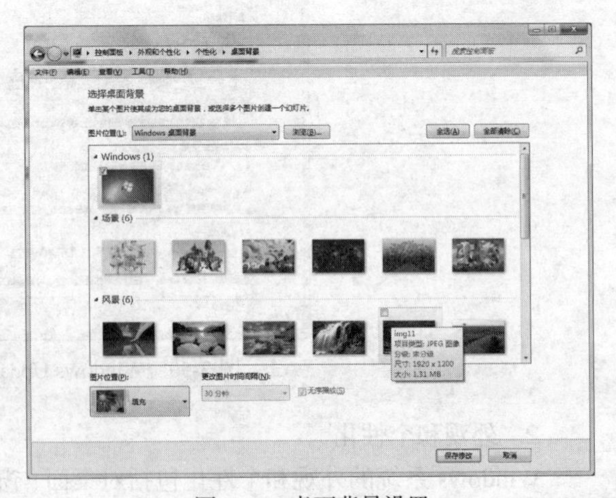

图 2-53 桌面背景设置

③ 选择【更改半透明窗口颜色】，弹出“窗

口颜色和外观”窗口，可以选择使用系统自带的配色方案进行快速配置，也可以单击【高级外观设置】链接，手动进行配置，如图 2-54 所示。

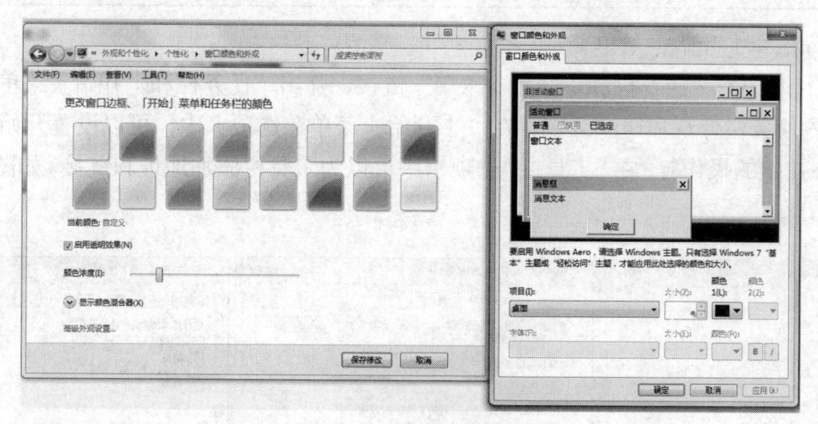

图 2-54　窗口颜色和外观设置

④ 选择【更改屏幕保护程序】，弹出“屏幕保护程序设置”窗口，可以设置屏幕保护方案，如图 2-55 所示。除此之外，还可以进行电源管理，如设置关闭显示器时间，设置电源按钮的功能，唤醒时需要密码等，如图 2-56 所示。

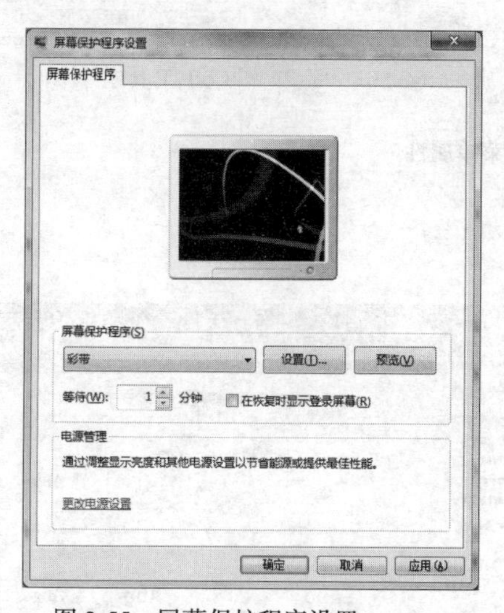

图 2-55　屏幕保护程序设置

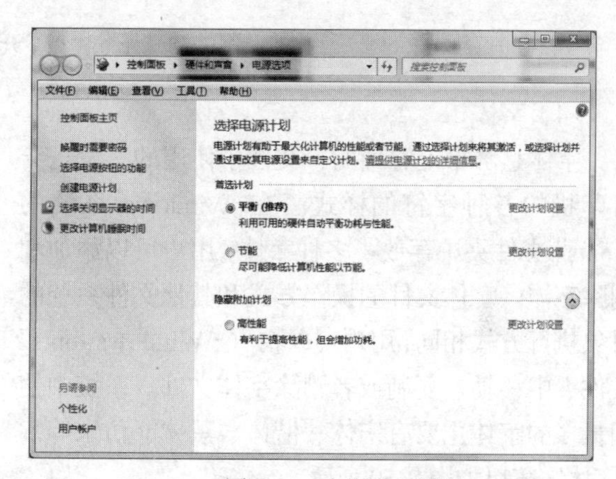

图 2-56　电源选项设置

（2）显示

单击图 2-51 中的【显示】链接，打开“显示”窗口，可以设置屏幕上的文本大小以及其他项。单击【调整屏幕分辨率】，可以更改显示器，调整显示器的分辨率以及屏幕显示的方向，如图 2-57 所示。

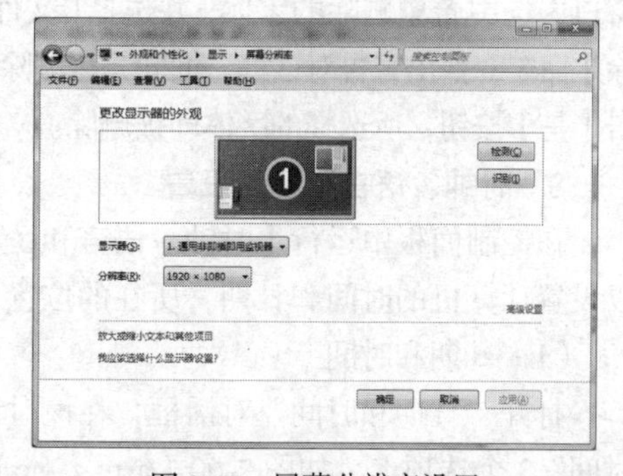

图 2-57　屏幕分辨率设置

注意

显示的分辨率越高，屏幕上的对象显示得越小。

（3）任务栏和「开始」菜单

单击图 2-50 中的“任务栏和「开始」菜单”链接，弹出“任务栏和「开始」菜单属性”对话框，可以设置任务栏外观和通知区域；在“「开始」菜单”选项卡中，可以设置开始菜单的外观和行为，电源按钮的操作等；在“工具栏”选项卡中可以为工具栏添加地址和链接。如图 2-58（a）~（c）所示。

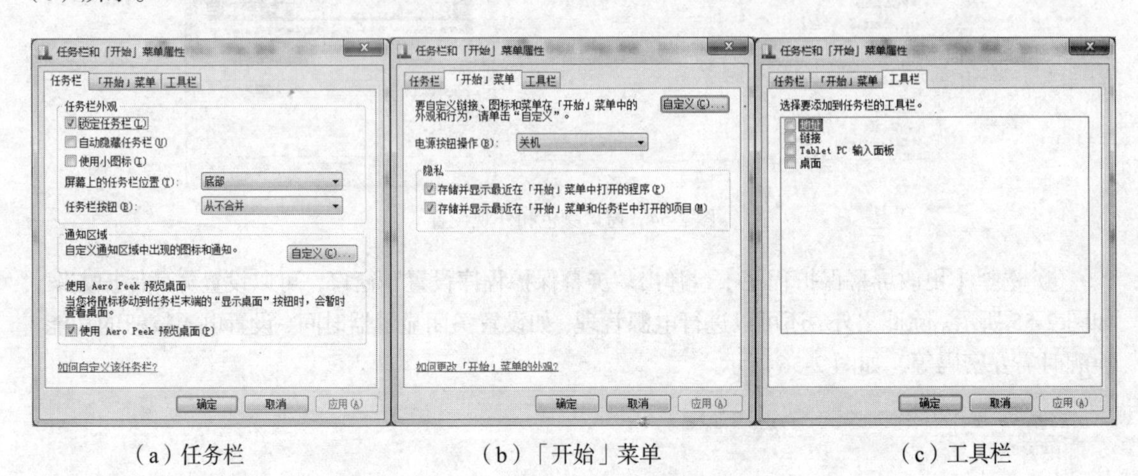

（a）任务栏　　（b）「开始」菜单　　（c）工具栏

图 2-58　任务栏和「开始」菜单属性

（4）字体

字体是屏幕上看到的、文档中使用的、发送给打印机的各种字符的样式。在 Windows 系统的“fonts”文件夹中存放了多种字体，用户可以添加和删除字体。字体文件的操作方式和其他文件系统的对象执行方式相同，用户可以在“C:\Windows\fonts”文件夹中移动、复制或者删除字体文件。系统中使用最多的字体主要有宋体、楷体、黑体、仿宋等。“字体”窗口如图 2-59 所示。

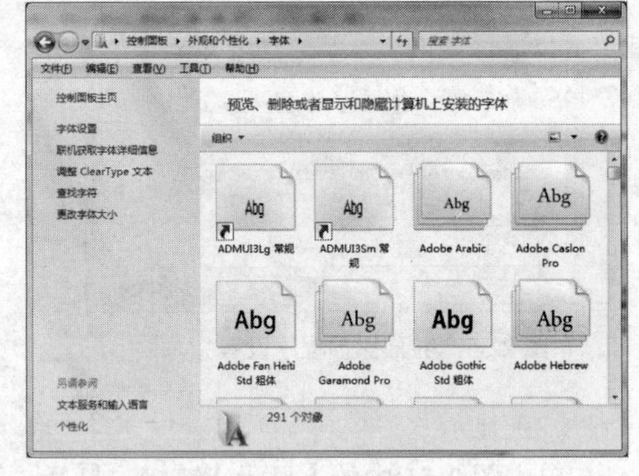

图 2-59　“字体”窗口

在“字体”窗口中删除字体的方法很简单，在窗口中选中希望删除的字体，并选择【文件】→【删除】命令，弹出警告对话框，询问是否删除字体，单击【是】按钮，所选择的字体即被删除。

3. 时钟、语言和区域设置

在控制面板中运行【时钟、语言和区域】程序，打开“时钟、语言和区域”对话框，用户可以设置计算机的时间和日期、所在的位置，也可以设置格式、键盘、语言等。

（1）日期和时间

打开“日期和时间”对话框，在该对话框中包括“日期和时间”、“附加时区”和“Internet 时间”3 个选项卡，如图 2-60（a）~（c）所示。其界面保持了 Windows 中时间和日期设置界面的连续性，包括日历和时钟。用户可以更改系统时间、日期和时区，还可通过“Internet 时间”选项卡，使计算机与 Internet 时间服务器同步。

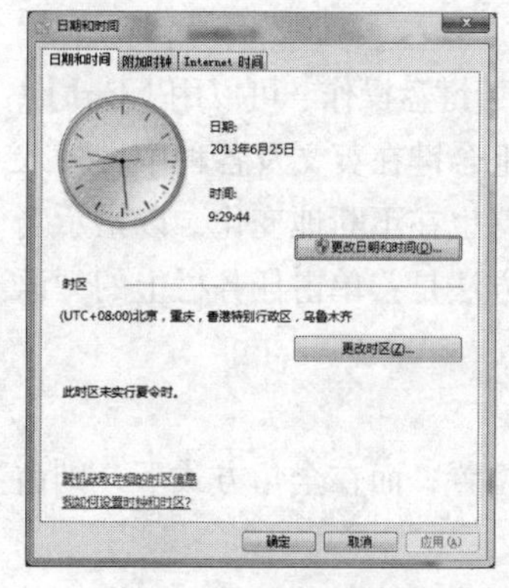

（a）日期和时间

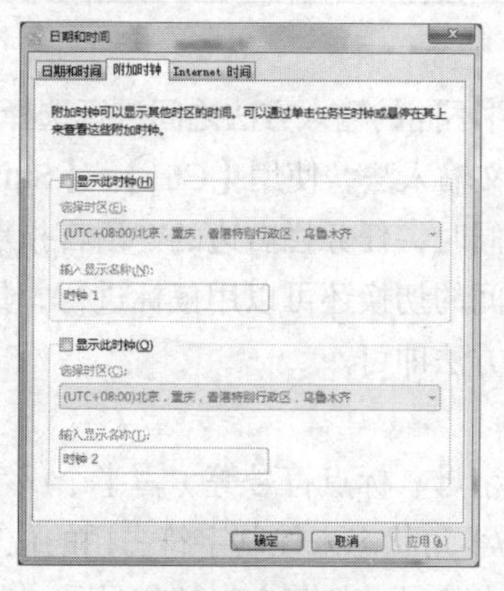

（b）附加时钟

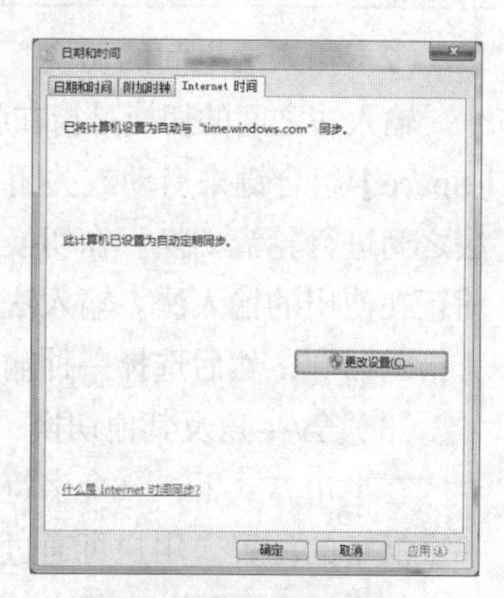

（c）Internet 时间

图 2-60　“日期和时间”对话框

（2）区域和语言

打开“区域和语言”对话框，如图 2-61 所示。在“格式”选项卡中，可以设置日期和时间的格式、数字的格式、货币的格式、排序的方式等。在“位置”选项卡中可以设置当前位置。在“键盘和语言”选项卡中，可以设置输入法以及安装/卸载语言。在“管理”选项卡中可以对复制和系统区域进行设置。

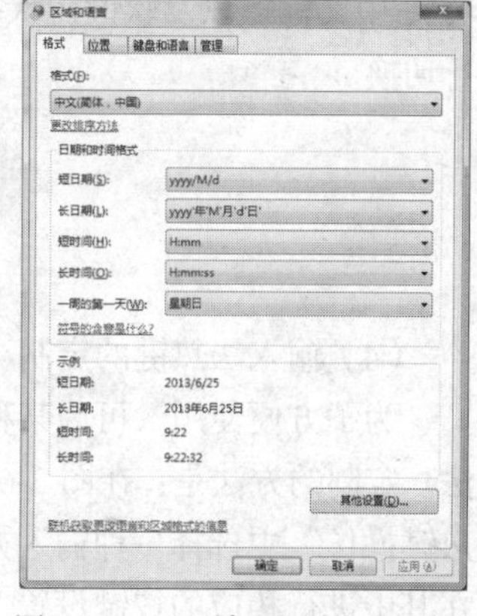

图 2-61　“区域和语言”对话框

4. 中文输入法

在中文 Windows 7 中，中文输入法采用了非常方便、友好而又有个性化的用户界面，新增加了许多中文输入功能，使得用户输入中文更加灵活。

（1）添加和删除汉字输入法

在安装 Windows 7 时，系统已默认安装了微软拼音、智能 ABC 等多种输入方法，但在语言栏中只显示了一部分，此时，可以根据自己的需要进行添加和删除操作。

打开“区域和语言”对话框，如图 2-61 所示，选择【键盘和语言】选项卡，单击【更改键盘】按钮，打开如图 2-62 所示的界面。根据需要，选中（或取消选中）某种输入法前的复选框，单击“确定”或“删除”按钮即可。

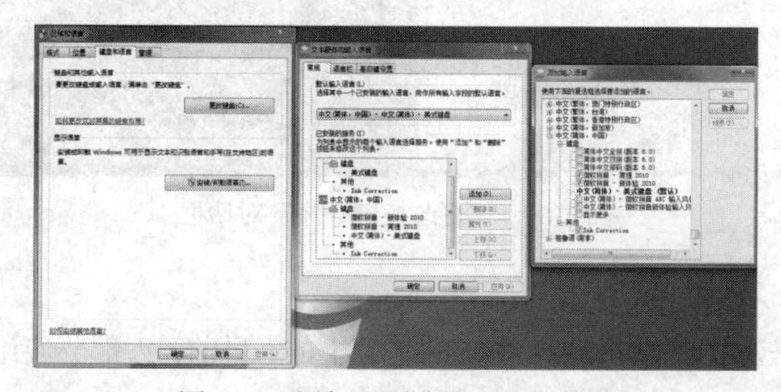

图 2-62　添加和删除输入法示意图

对于计算机上没有安装的输入方法，可使用相应的输入法安装软件直接安装。

（2）输入法之间的切换

输入法之间的切换是指在各种不同的输入方法之间进行选择。对于键盘操作，可以用【Ctrl】+【Space】组合键来启动或关闭中文输入法，使用【Ctrl】+【Shift】组合键在英文及各种中文输入法之间进行轮流切换。在切换的同时，任务栏右边的“语言指示器”也在不断地变化，以指示当前正在使用的输入法。输入法之间的切换还可以用鼠标进行，具体方法是：单击任务栏上的“语言指示器”，然后选择一种输入方法即可。

（3）全/半角及其他切换

在半角方式下，一个字符（字母、标点符号等）占半个汉字的位置；而在全角方式下，则占一个汉字的位置。用户可通过全/半角状态来控制字符占用的位置。

同样，也要区分中英文的标点符号，如英文中的句号是“.”，而中文中的句号是“。”，其切换键是【Ctrl】+【.】组合键。【Shift】+【Space】组合键用于全/半角的切换。【Shift】键用于切换中英文字符的输入。

在图 2-63 所示的输入法指示器中，从左向右的顺序分别表示中文/英文、全拼、半角/全角、英文/中文标点以及软键盘状态，用户可通过上面讲述的组合键切换，也可通过单击相应的图标进行切换。

图 2-63　中英文输入法指示器

（4）输入法热键的定制

为了方便使用，可为某种输入法设置热键（组合键），按此热键，可直接切换到所需的输入法。定制的方法是：在图 2-62 中间窗口选择【高级键设置】选项卡，在打开窗口的“输入语言的热键操作”中选择一种输入方法，再单击【更改按键顺序】按钮，弹出如图 2-64 所示的对话框，在其中进行相应的按键设置。

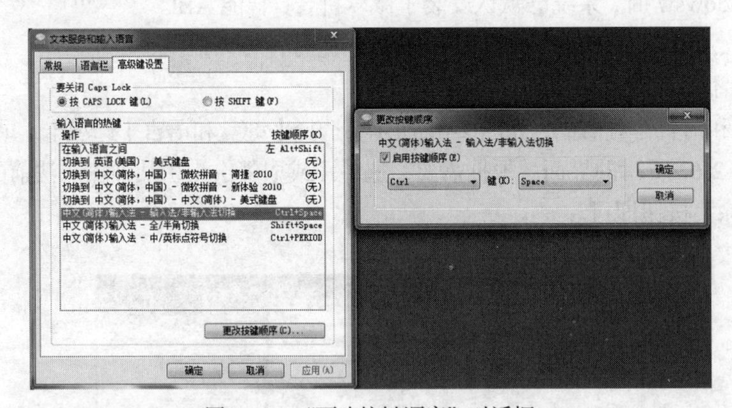

图 2-64　“更改按键顺序”对话框

5. 程序

应用程序的运行是建立在 Windows 系统的基础上的，目前，大部分应用程序都需要安装到操作系统中才能够使用。在 Windows 系统中安装程序很方便，既可以直接运行程序的安装文件，也可以通过系统的“程序和功能”工具更改和删除操作。通过“打开或关闭 Windows 功能”可以安装和删除 Windows 组件，此功能大大扩充了 Windows 系统的功能。

在“控制面板”中打开“程序”对话框，包括 3 个属性：“程序和功能”、“默认程序”和“桌面小工具”，如图 2-65（a）~（c）所示。

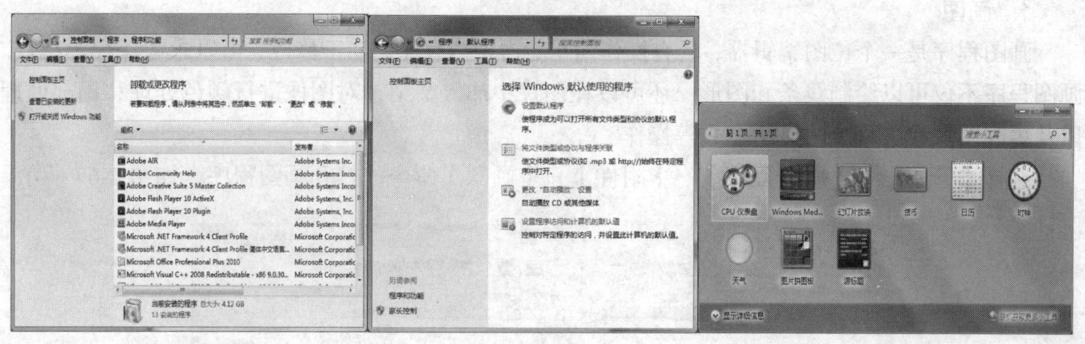

（a）程序和功能　　　　（b）默认程序　　　　（c）桌面小工具

图 2-65　“程序”对话框

在“程序和功能”窗口中，选中列表框中的项目以后，如果在列表框的顶端显示单独的“更改”和“卸载”按钮，那么用户可以利用“更改”按钮来重新启动安装程序，然后对安装配置进行更改；也可以利用“卸载”按钮来卸载程序。若只显示“卸载”按钮，则用户对此程序只能执行卸载操作，如图 2-66 所示。

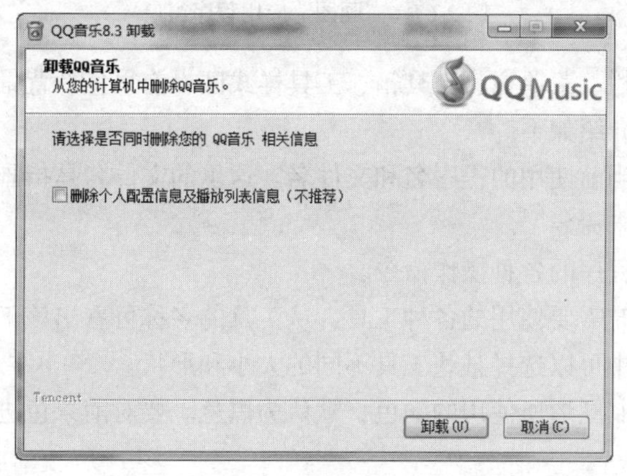

图 2-66　卸载程序示例

在“程序和功能”窗口中单击【打开或关闭 Windows 功能】按钮，出现“Windows 功能”对话框，在对话框的“Windows 功能”列表框中显示了可用的 Windows 功能。当将鼠标移动到某一功能上时，会显示所选功能的描述内容。勾选某一功能后，单击【确定】按钮即可进行添加，如果取消组件的复选框，单击【确定】按钮，会将此组件从操作系统中删除。

2.3.3　常用附件工具的使用

“开始”菜单中的“附件”程序为用户提供了许多使用方便而且功能强大的工具，当用户要处理一些要求不是很高的工作时，可以利用附件中的工具来完成，如使用“画图”工具可以创建和编辑图画，以及显示和编辑扫描获得的图片；使用“计算器”可以进行基本的算术运算；使用“写字板”可以进行文本文档的创建和编辑工作。进行以上工作虽然也可以使用专门的应用软件，但是运行程序要占用大量的系统资源，而附件中的工具都是非常小的程序，运行速度比较快，这样用户可以节省很多的时间和系统资源，有效地提高工作效率。

1. 画图

画图程序是一个位图编辑器，具有操作简单、占用内存小、易于修改、可以永久保存等特点。画图程序不仅可以绘制线条和图形，还可以在图片中加入文字，对图像进行颜色处理和局部处理以及更改图像在屏幕上的显示方式等操作。

选择【开始】→【所有程序】→【附件】→【画图】命令，打开画图程序，如图 2-67 所示。

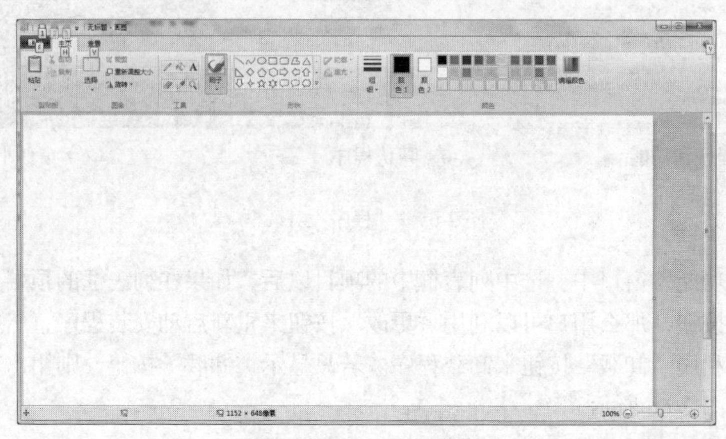

图 2-67 “画图”应用程序窗口

该窗口主要由标题栏、菜单栏、工具箱、工具样式区、前景色、背景色、画图区、颜料盒几部分组成，各部分含义介绍如下。

标题栏：用于显示当前使用的程序名和文件名。这里的文件名是指画图的名称，程序启动时默认新建的文件名为“未命名”。

菜单栏：提供画图程序的各种操作命令。

工具箱：提供画图时需要使用的各种工具，从工具的名称可看出该工具的作用。

工具样式区：在其中可以选择某些工具不同的大小和形状。

前景色：指将要绘制图形所使用的颜色，默认为黑色。要对前景色进行改变，只需在颜料盒中单击所需的颜色即可。

背景色：指画纸的颜色，它决定了用户可以在什么底色上绘画，默认为白色。要对背景色进行改变，只需要在颜料盒中右键单击所需的颜色即可。

画图区：相当于画图的画纸，即画图的场所。

颜料盒：提供了多种可供使用的颜色。

打开程序以后，在画图区域即可进行画图操作，选择相应的图形形状和需要的颜色，在画布中拖动鼠标，即可绘图，如绘制一个红色的矩形框，单击选择矩形工具，在画布上拖曳出一个矩形，并且在颜料盒单击红色，画出的效果如图 2-68 所示。如果需要更改填充颜色，可单击颜料盒，再选择需要的颜色，在图画上单击，即可更改填充颜色。

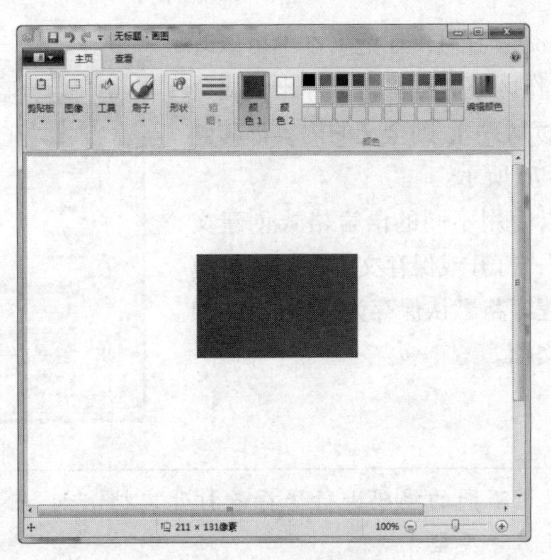

图 2-68　画图示例

画图完成以后，单击按钮，在弹出的下拉菜单中选择【保存】或【另存为】，或者单击按钮，都可进行保存操作。

2. 写字板

“写字板”是一个使用简单，但功能强大的文字处理程序，用户可以利用它进行日常学习工作中文件的编辑。它不仅可以进行中英文文档的编辑，而且还可以图文混排，插入图片、声音、视频剪辑等多媒体资料，具备了编辑复杂文档的基本功能。写字板保存文件的默认格式是 RTF 文件。程序界面如图 2-69 所示。

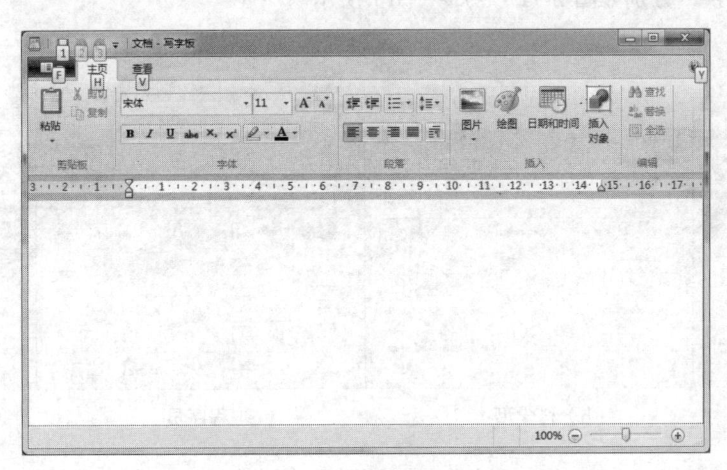

图 2-69　“写字板”界面

写字板的具体操作与 Word 很相似，详见第 3 章。

3. 记事本

记事本用于纯文本文档的编辑，功能没有写字板强大，适于编写一些篇幅短小的文件，由于它使用方便、快捷，应用也是比较多的，如一些程序的 README 文件通常是以记事本的形式打开的。

在 Windows 7 系统中的“记事本”可以改变文档的阅读顺序，可以使用不同的语言格式来创建文档，能以若干不同的格式打开文件。“记事本”的界面与写字板的基本一样。

为了适应不同用户的阅读习惯，在记事本中可以改变文字的阅读顺序，在工作区域右键单击，弹出快捷菜单，选择【从右到左的阅读顺序】，则全文的内容都移到了工作区的右侧。如图 2-70 所示。

在记事本中用户可以使用不同的语言格式创建文档，而且可以用不同的格式打开或保存文件，当用户使用不同的字符集工作时，程序将默认保存为标准的 ANSI（美国国家标准化组织）文档。

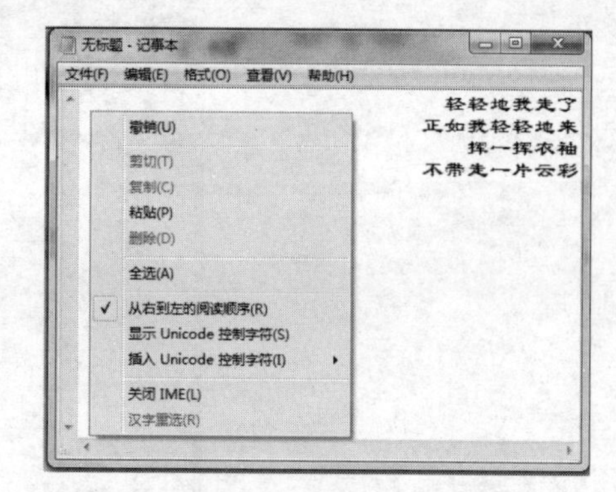

图 2-70　记事本

用户也可以用不同的编码进行保存或打开文档，如 ANSI，Unicode，big-endian Unicode 或 UTF-8 等类型。

4. 计算器

相较以前的版本，Windows 7 中的计算器已焕然一新，拥有多种模式，并且具有非常专业的换算、日期计算、工作表计算等功能，还有编程计算、统计计算等高级功能，完全能够与专业的计算机器媲美。

选择【开始】→【所有程序】→【附件】→【计算器】命令，打开“计算器”窗口，默认的是“标准型”，如图 2-71（a）所示。

选择“查看”菜单中的“标准型”、“科学型”、“程序员”和“统计信息”可实现不同功能计算器间的切换，分别如图 2-71（b）~（d）所示。

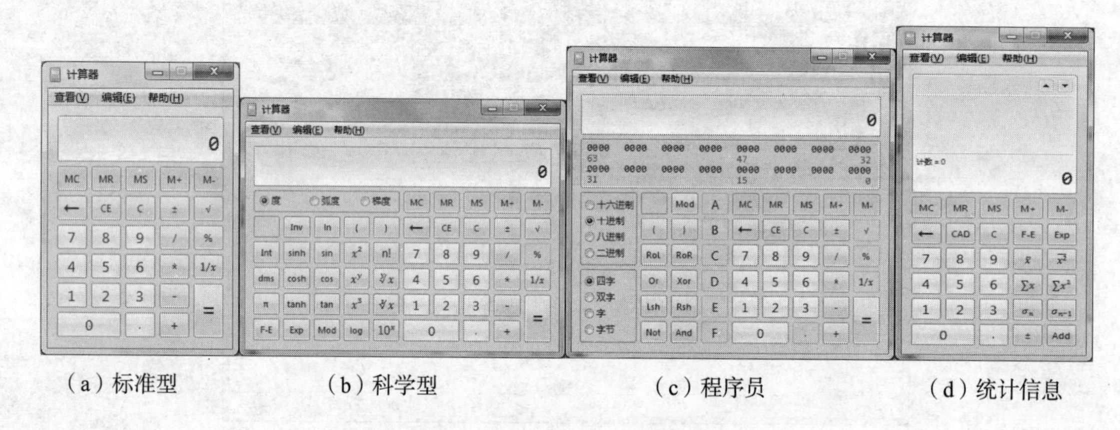

（a）标准型　（b）科学型　（c）程序员　（d）统计信息

图 2-71　“计算器”程序窗口

在“查看”菜单中，还有以下功能。

① 单位换算：可以实现角度、功率、面积、能量、时间等常用单位的换算。

② 日期计算：可以计算两个日期之间相关的月数、天数以及一个日期加（减）某天数得到另外一个日期。

③ 工作表：可以计算抵押、汽车租赁、油耗等。

5. 截图工具

在 Windows 7 以前的版本中，截图工具只有非常简单的功能。例如，按【Print Screen】键可截取整个屏幕，按【Alt】+【Print Screen】组合键可截取当前窗口。在 Windows 7 中，截图工具的功能变得非常强大，可以与专业的屏幕截取软件相媲美。

选择【开始】→【所有程序】→【附件】→【截图工具】命令，打开如图 2-72 所示的“截图工具”窗口。

单击【新建】按钮右边的下拉菜单，选择一种截图方法（默认是“窗口截图”），如图 2-73 所示，即可移动（或拖动）鼠标进行相应的截图。

截图之后，截图工具窗口会自动显示所截取的图片，如图 2-74 所示。

在图 2-74 中，可以通过工具栏对所截取的图片进行处理，可以进行复制、粘贴等操作，也可以把它保存为一个文件（默认是.PNG 文件）。

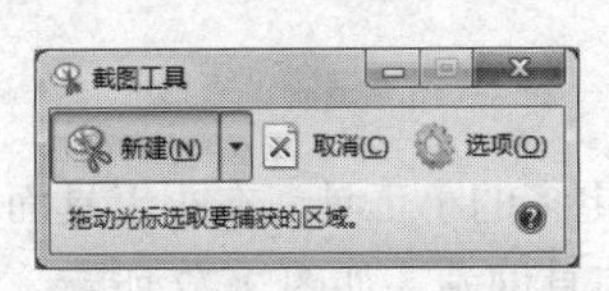

图 2-72　“截图工具”窗口

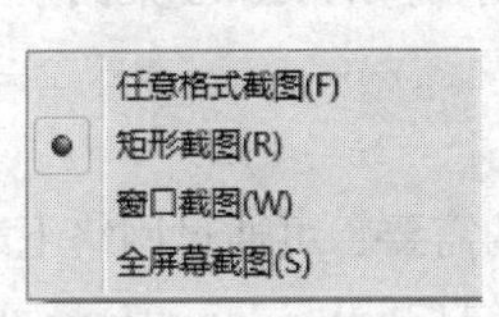

图 2-73　截图选项

图 2-74　截取的图片

6. **桌面小工具**

Windows 桌面小工具是 Windows 7 中非常不错的桌面组件,通过它可以改善用户的桌面体验。用户不仅可以改变桌面小工具的尺寸，还可以改变其位置，并且可以通过网络更新、下载各种实用小工具。

单击【开始】→【所有程序】→【桌面小工具库】命令，打开桌面小工具，如图 2-75 所示。

图 2-75　Windows 桌面小工具

整个面板看起来非常简单。左上角的页数按钮用来显示或切换小工具的页码；右上角的搜索框可以用来快速查找小工具；中间显示的是每个小工具，当左下角的“显示详细信息”展开时，每选中一个小工具，窗口下部会显示该工具的相关信息；右下角的“联机获取更多小工具”表示连到 Internet 上可下载更多的小工具。

（1）添加小工具到桌面

右击小工具面板中的小工具，在弹出的快捷菜单中选择【添加】，即可把小工具添加到桌面右侧顶部，若添加多个小工具则会依次在桌面右侧从顶部向下排列。也可直接用鼠标左键把小工具从小工具面板中拖到桌面上。

（2）调整小工具

当鼠标指向某个小工具时，其右边会出现一个工具条，如图2-76所示。工具条从上到下的功能分别是：关闭、较大、选项和拖动。

图2-76　桌面小工具的工具条

右击小工具，会弹出快捷菜单，可进行“添加小工具”、“移动”、“大小”、“前端显示”、“不透明度”、“选项”和“关闭小工具”操作。

（3）关闭与卸载小工具

当不需要小工具时，可以将桌面的小工具关闭。关闭后的小工具将保留在Windows小工具面板中，以后可以再次将小工具添加到桌面。关闭的方法是：单击图2-76右上角的【关闭】按钮；也可右击小工具，在弹出的快捷菜单中选择【关闭小工具】。

要卸载小工具，可右击图2-75所示的Windows桌面小工具中的某个小工具，在弹出的快捷菜单中选择【卸载】即可。

（4）向小工具面板中添加小工具

若系统中的小工具无法满足用户的需要，可通过网络下载更多的小工具。在小工具面板中单击右下角的【联机获取更多小工具】，打开Windows Live小工具网站，如图2-77所示。在网站中选择合适的小工具后下载到本机后安装即可。

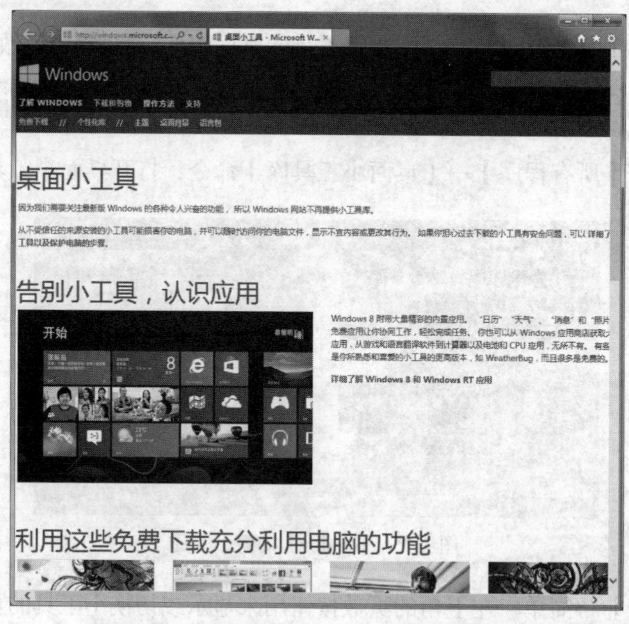

图2-77　Windows Live小工具网站

由于Windows Live小工具库网站是开放性的平台，用户和软件开发人员可以自行发布所开发的小工具，但并不是所有的小工具都经过Windows Live以及微软验证，所以用户在选择小工具时应当尽量选择比较热门的进行下载，才能保证小工具的安全性和实用性。

小 结

本章从操作系统的概念、功能入手，简单介绍了常用的操作系统，详细讲解了 Windows 7 系统的基本概念、基本操作，重点叙述了文件和文件夹的管理和系统自带的实用程序的使用，使计算机初级用户能进行基本的操作和维护。这部分内容很基础但比较重要，希望读者认真掌握。

习 题

一、选择题

1. 在任务栏上不需要进行添加而系统默认存在的工具栏是（　　）。

A. 地址工具栏　　B. 链接工具栏

C. 语言工具栏　　D. Tablet PC 输入面板工具栏

2. 如果在对话框要进行各个选项卡之间的切换，可以使用的快捷键是（　　）。

A.【Ctrl】+【Tab】组合键　　B.【Ctrl】+【Shift】组合键

C.【Alt】+【Shift】组合键　　D.【Ctrl】+【Alt】组合键

3. 在关闭计算机时，选择（　　）命令可以在不关闭程序的情况下迅速地使用另一个用户登录到系统，选择（　　）命令保存设置，关闭当前登录用户。

A. 注销　　B. 重新启动

C. 切换用户　　D. 待机

4. 在打开“开始”菜单时，可以单击【开始】按钮，也可以使用（　　）组合键。

A.【Alt】+【Shift】　　B.【Ctrl】+【Alt】

C.【Ctrl】+【Esc】　　D.【Tab】+【Shift】

5. 若想直接删除文件或文件夹，而不将其放入“回收站”中，可在将文件拖到“回收站”时按住（　　）键。

A.【Shift】　　B.【Alt】

C.【Ctrl】　　D.【Delete】

6. 在“共享名”文本框中更改的名称是（　　），而（　　）。

A. 更改其他用户连接到此共享文件夹时看到的名称

B. 不更改其他用户连接到此共享文件夹时看到的名称

C. 更改文件夹的实际名称

D. 不更改文件夹的实际名称

7. “文件夹选项”对话框中的“文件类型”选项卡用来设置（　　）。

A. 文件夹的常规属性　　B. 文件夹的显示方式

C. 已建立关联的文件的打开方式　　D. 网络文件在脱机时是否可用

8. 资源管理器可以（　　）显示计算机内所有文件的详细图表。

A. 在同一窗口　　B. 在多个窗口

C. 以分节方式　　D. 以分层方式

9. 使用（　　）可以帮助用户释放硬盘驱动器空间，删除临时文件、Internet 缓存文件，并可以安全删除不需要的文件，腾出它们占用的系统资源，以提高系统性能。

A. 格式化程序　　B. 磁盘清理程序

C. 整理磁盘碎片程序　　D. 磁盘查错程序

10. “附件”中的计算器，系统默认的类型是（　　），在进行计算器类型的切换时可以使用“（　　）”菜单。

A. 科学型　　B. 标准型　　C. 编辑　　D. 查看

二、问答题

1. 简述操作系统的作用。
2. 简述操作系统的发展过程。
3. 中文 Windows 7 的桌面由哪些部分组成？
4. 如何在“资源管理器”中进行文件的复制、移动、改名？
5. 在资源管理器中删除的文件可以恢复吗？如果能，如何恢复？如果不能，请说明为什么？
6. Windows 7 的控制面板有何作用？

第3章 Word 文字处理

学习目标：

- 了解 Word 文字处理软件的功能
- 掌握 Word 文档的基本排版操作
- 掌握 Word 文档的高级排版功能

3.1 Word 2010 概述

3.1.1 Word 2010 的启动与退出

在 Windows 操作系统中安装了 Office 2010 办公软件后，安装程序会自动创建相应软件的启动图标到桌面上。

1. Word 2010 的启动

系统提供了多种方法来启动 Word 2010 应用程序，用户可根据个人习惯选择下列任何一种方式。

① 选择菜单命令【开始】→【所有程序】→【Microsoft Office】→【Microsoft Word 2010】。

② 如果在桌面上已经创建了启动 Word 2010 的快捷方式，则双击快捷方式图标。

③ 双击任意一个 Word 文档，Word 2010 就会启动并且打开相应的文件。

通过方式①启动 Word 2010 程序的操作，如图 3-1 所示。

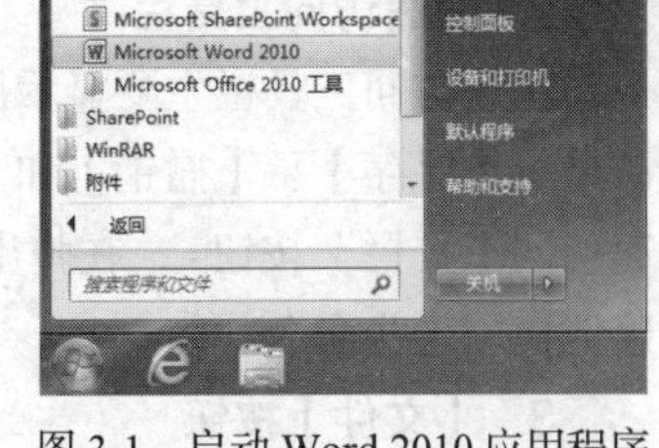

图 3-1 启动 Word 2010 应用程序

2. Word 2010 的退出

系统也提供了如下的几种方法来退出 Word 2010 应用程序。

① 单击 Word 应用程序窗口右上角的【关闭】按钮。

② 单击 Word 应用程序窗口左上角的【文件】按钮，在弹出的下拉面板中单击【退出】按钮。

③ 在标题栏上单击鼠标右键，在弹出的快捷菜单中单击【关闭】按钮。

④ 使用系统提供的快捷键（即热键），按【Alt】+【F4】键。

如果退出前，文档窗口的内容自上次存盘后有所更新，则将弹出如图 3-2 所示的提示对话框，提示用户保存或放弃修改的内容，单击【是】按钮将保存修改，单击【否】按钮将取消修改，单击【取消】按钮，则中止退出 Word 2010 的操作。

图 3-2　提示用户保存修改内容的对话框

3.1.2　Word 2010 窗口的组成

启动中文版 Word 2010，首先显示的是软件启动画面，之后即进入 Word 2010 的工作界面，如图 3-3 所示。

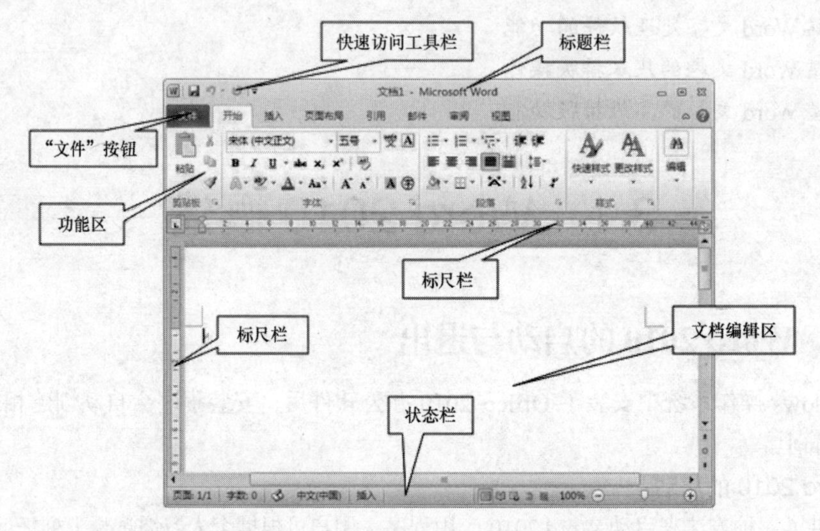

图 3-3　Word 2010 的工作界面

从图 3-3 中可以看出，Word 2010 工作窗口主要包括标题栏、快速访问工具栏、【文件】按钮、功能区、标尺栏、文档编辑区和状态栏。

1．标题栏

标题栏主要显示正在编辑的文档名称及编辑软件名称信息，在其右端有 3 个窗口控制按钮，分别完成最小化、最大化（还原）和关闭窗口操作。

2．快速访问工具栏

快速访问工具栏主要显示用户在日常操作中频繁使用的命令，安装好 Word 2010 之后，其默认显示【保存】、【撤销】和【重复】命令按钮。当然用户也可以单击此工具栏中的"自定义快速访问工具栏"按钮，在弹出的菜单中勾选某些命令项将其添加至工具栏中，以便以后可以快速地使用这些命令。

3．【文件】按钮

在 Word 2010 中，使用【文件】按钮替代了 Word 2007 中的"Office"按钮，单击【文件】按钮将打开"文件"面板，包含"打开"、"关闭"、"保存"、"信息"、"最近所用文件"、"新建"、"打印"等常用命令。在"最近所用文件"命令面板中，用户可以查看最近使用的 Word 文档列表，通过单击历史 Word 文档名称右侧的固定按钮，可以将该记录位置固定，不会被后续历史 Word 文档替换。

4. 功能区

功能区横跨应用程序窗口的顶部，由选项卡、组和命令 3 个基本组件组成，如图 3-4 所示。选项卡位于功能区的顶部，包括“开始”、“插入”、“页面布局”、“引用”、“邮件”等。单击某一选项卡，则可在功能区中看到若干个组，相关项显示在一个组中。命令则是指组中的按钮及用于输入信息的框等。在 Word 2010 中还有一些特定的选项卡，只不过特定选项卡只有在需要时才会出现。例如，当在文档中插入图片后，可以在功能区看到图片工具“格式”选项卡。如果用户选择其他对象，如剪贴画、表格或图表等，将显示相应的选项卡。

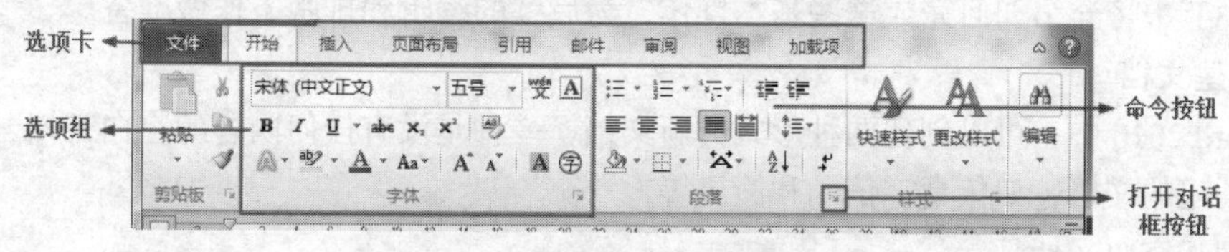

图 3-4 Word 2010 的功能区

某些组的右下角有一个小箭头按钮，该按钮称为对话框启动器。单击该按钮，将会看到与该组相关的更多选项，这些选项通常以 Word 早期版本中的对话框形式出现。

功能区将 Word 2010 中的所有功能选项巧妙地集中在一起，以便于用户查找使用。但是当用户暂时不需要功能区中的功能选项并希望拥有更多的工作空间时，则可以通过双击活动选项卡(或者单击功能区最小化按钮)临时隐藏功能区，此时，组会消失，从而为用户提供更多空间，如图 3-5 所示。如果需要再次显示，则可再次双击活动选项卡，组就会重新出现。

图 3-5 隐藏组后的功能区

5. 标尺栏

Word 2010 具有水平标尺和垂直标尺，用于对齐文档中的文本、图形、表格等，也可用来设置所选段落的缩进方式和距离。可以通过垂直滚动条上方的“标尺”按钮显示或隐藏标尺，也可通过“视图”选项卡“显示”组中“标尺”复选框来显示或隐藏标尺。

6. 文档编辑区

文档编辑区是用户使用 Word 2010 进行文档编辑排版的主要工作区域，在该区域中有一个垂直闪烁的光标，这个光标就是插入点，输入的字符总是显示在插入点的位置上。在输入的过程中，当文字显示到文档右边界时，光标会自动转到下一行行首，而当一个自然段落输入完成后，则可通过按一下回车键来结束当前段落的输入。

在文档编辑区中进行文字编辑排版时，如果用户通过鼠标拖动选择文本并将鼠标指向该文本，会看到在所选文字的右上方以淡出形式出现一个工具栏，而且将鼠标指向该工具栏时，它的颜色会加深。此工具栏称为浮动工具栏，其中的格式命令非常有用，用户可以通过此工具栏快速地访问这些命令，对所选择文本进行格式设置。

7. 状态栏

状态栏位于应用程序窗口的底部，用来显示当前文档的信息以及编辑信息等。在状态栏的左侧显示文档共几页、当前是第几页、字数等信息；右侧显示“页面视图”、“阅读版式视图”、

"Web 版式视图"、"大纲视图"和"草稿视图"5 种视图模式切换按钮，并有显示当前文档显示比例的"缩放级别"按钮以及缩放当前文档的缩放滑块。

用户可以自己定制状态栏上的显示内容，在状态栏空白处单击鼠标右键，在右键弹出菜单中，通过单击来选择或取消选择某个菜单项，从而在状态栏中显示或隐藏相应项。

3.1.3 Word 2010 文档的基本操作

在使用 Word 2010 进行文档录入与排版之前，必须先创建文档，而当文档编辑排版工作完成之后也必须及时地保存文档以备下次使用，以及查看文档视图效果等，这些都属于文档的基本操作，在本小节中将介绍如何完成这些基本操作，为后续的编辑和排版工作做准备。

1. 新建文档

在 Word 2010 中，可以创建两种形式的新文档，一种是没有任何内容的空白文档，另一种是根据模板创建的文档，如传真、信函和简历等。

（1）创建空白文档

创建空白文档的方法有多种，在此仅介绍最常用的几种。

① 启动 Word 2010 应用程序之后，会创建一个默认文件名为"文档 1"的空白文档。

② 单击"文件"按钮面板中的【新建】命令，选择右侧"可用模板"下的【空白文档】，再单击【创建】按钮即可创建一个空白文档，如图 3-6 所示。

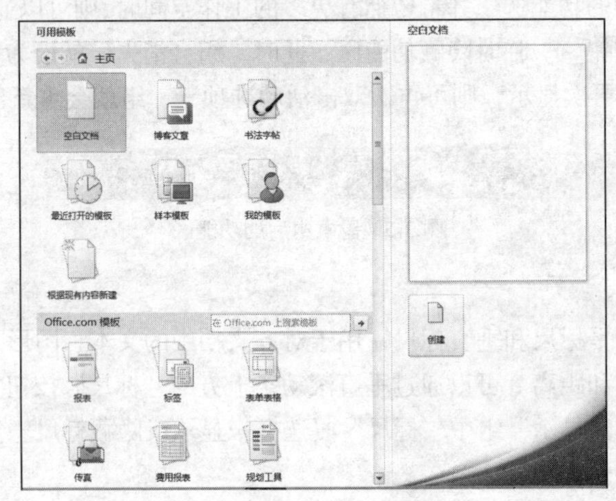

图 3-6 新建空白文档

③ 单击【自定义快速访问工具栏】按钮，在弹出的下拉菜单中选择【新建】项，之后可以通过单击快速访问工具栏中新添加的【新建】按钮创建空白文档。

（2）根据模板创建文档

Word 2010 提供了许多已经设置好的文档模板，选择不同的模板可以快速地创建各种类型的文档，如信函和传真等。模板中已经包含了特定类型文档的格式和内容等，用户只需根据个人需求稍做修改即可创建一个精美的文档。选择图 3-6 中"可用模板"列表中的合适模板，再单击【创建】按钮，或者在"Office.com 模板"区域中选择合适的模板，再单击【下载】按钮，均可以创建一个基于特定模板的新文档。

2. 保存文档

不仅在文档编辑完成后要保存文档，在文档编辑过程中也要特别注意保存，以免遇到停电或死机等情况使之前的工作白白浪费。通常，保存文档有以下几种情况。

（1）新文档保存

创建好的新文档首次保存，可以单击“快速访问工具栏”中的“保存”按钮或者选择【文件】按钮面板中的【保存】项，均会弹出“另存为”对话框，如图 3-7 所示。在“保存位置”下拉框中选择文档要保存的位置。在“文件名”框中输入文档的名称，若不新输入名称则 Word 会自动将文档的第一句话作为文档的名称。在“保存类型”下拉框中选择【Word 文档】，最后单击【保存】按钮，文档即被保存在指定的位置上了。

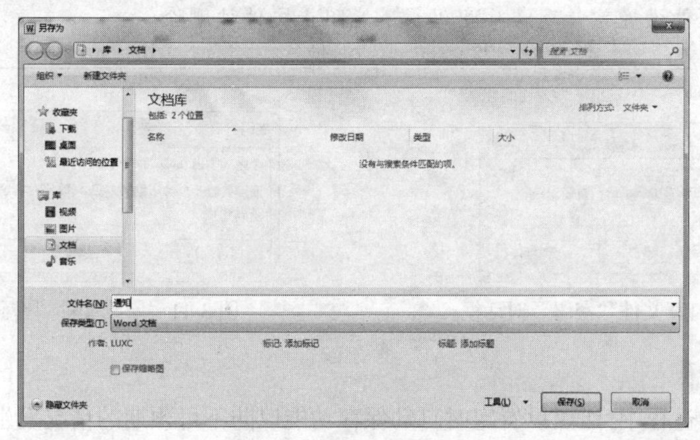

图 3-7　“另存为”对话框

通过“保存类型”下拉列表中的选项还可以更改文档的保存类型，选择【Word 97-2003 文档】选项可将文档保存为 Word 的早期版本类型，选择“Word 模板”选项可将该文档保存为模板类型。

（2）文档加密保存

为了防止他人未经允许打开或修改文档，可以对文档进行保护，即在保存时为文档加设密码，步骤如下。

① 单击图 3-7 所示的“另存为”对话框中的【工具】按钮，如图 3-8 所示，在弹出的下拉框中选择【常规选项】，则弹出“常规选项”对话框，如图 3-9 所示。

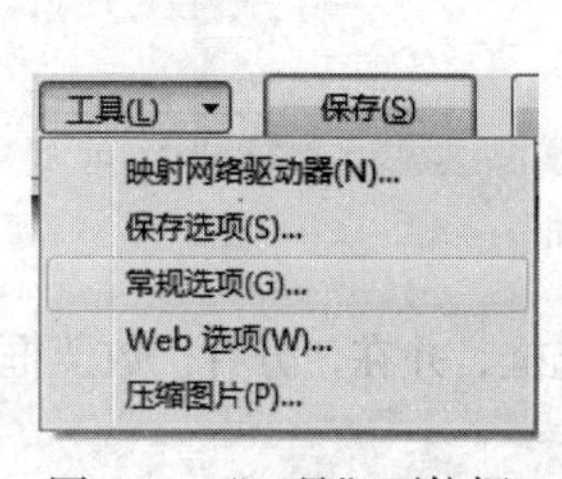

图 3-8　“工具”下拉框

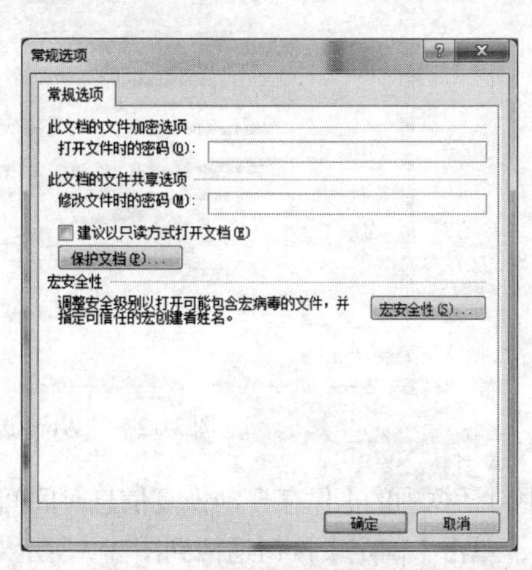

图 3-9　“常规选项”对话框

② 分别在对话框中的“打开文件时的密码”和“修改文件时的密码”文本框中输入密码，单

击【确定】按钮后会弹出“确认密码”对话框，再次输入打开及修改文件时的密码后单击【确定】按钮返回到图3-7所示对话框。

③ 单击图3-7所示的【保存】按钮。

设置完成后，再打开文件时，将会弹出如图3-10所示的对话框，输入正确的打开文件密码后弹出如图3-11所示的对话框，只有输入正确的修改文件密码时，才可以修改打开的文件，否则只能以只读方式打开。

对文件设置打开及修改密码，不能阻止文件被删除。

图3-10　打开文件“密码”对话框

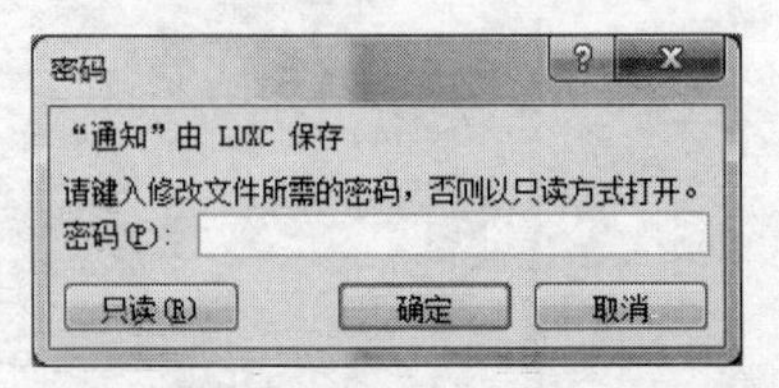

图3-11　修改文件“密码”对话框

（3）文档定时保存

在文档的编辑过程中，建议设置定时自动保存功能以防不可预期的情况发生使文件内容丢失。步骤如下。

① 单击图3-7所示“另存为”对话框中的【工具】按钮，在弹出的下拉框中选择【保存选项】，则弹出“Word选项”对话框，如图3-12所示。

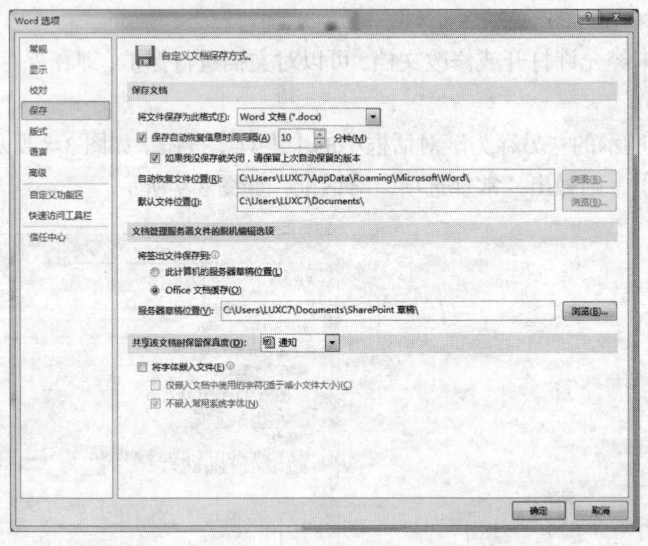

图3-12　“Word选项”对话框

② 选中对话框中的【保存自动恢复信息时间间隔】复选框，并在“分钟”数值框中输入保存的时间间隔，单击【确定】按钮返回到图3-7所示对话框。

③ 单击图3-7所示对话框中的【保存】按钮。

在Word 2010中还为用户提供了恢复未保存文档的功能，单击“文件”按钮面板中的【最近所用文件】命令，单击面板右下角的【恢复未保存的文档】按钮，在弹出对话框的文件列表中直接选择要恢复的文件即可。

3. **打开文档**

如果要对已经存在的文档进行操作，则必须先将其打开。方法很简单，直接双击要打开的文件图标，或者在打开 Word 2010 工作环境后，通过选择“文件”按钮面板中的“打开”项，在之后显示的对话框中选择要打开的文件后，单击【打开】按钮即可。

4. **文档视图**

在 Word 2010 中有以下几种视图显示方式。

① 页面视图：能最接近地显示文本、图形及其他元素在最终的打印文档中的真实效果。

② 阅读版式视图：默认以双页形式显示当前文档，隐藏【文件】按钮、功能区等窗口元素，便于用户阅读。

③ Web 版式视图：以网页的形式显示文档，适用于发送电子邮件和创建网页。

④ 大纲视图：可以显示和更改标题的层级结构，并能折叠、展开各种层级的文档内容，适用于长文档的快速浏览和设置。

⑤ 草稿视图：仅显示标题和正文，是最节省计算机系统硬件资源的视图模式。

可以通过状态栏右侧的视图模式按钮在这 5 种视图显示模式间进行切换。

3.1.4 Word 帮助的使用

用户在使用 Word 时，如遇到困难，可以打开帮助。按 F1 键，或者单击帮助按钮，可以打开 Word 帮助窗口，在搜索框中输入关键词，如“节”，则会列出微软搜索引擎必应（Bing）的搜索结果，单击某个项目即可以打开相应的帮助内容，如图 3-13 所示。

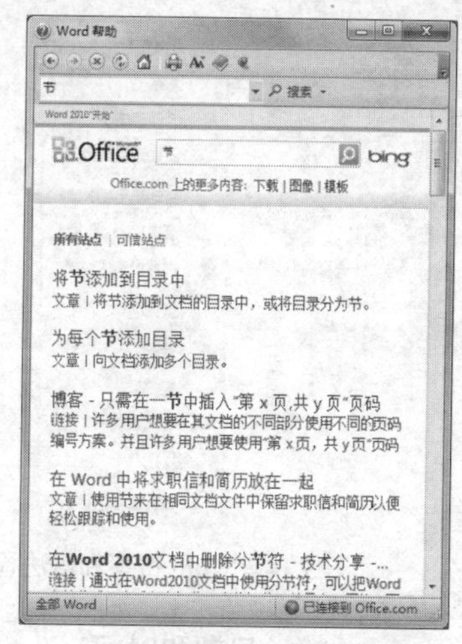

图 3-13 Word 帮助示例

3.2 文档编辑

3.2.1 基本输入操作

打开 Word 2010 后，用户可以直接在文本编辑区进行输入操作，输入的内容显示在光标所在处。如果没有输入到当前行行尾就想在下一行或下几行输入，是否只能通过回车换行才可以呢？

不是的。其实由于 Word 支持“即点即输”功能，用户只需在想输入文本的地方双击鼠标，光标即会自动移到该处，之后用户就可以直接输入。下面就不同类型的内容输入进行分别介绍。

1. 输入普通文本

普通文本的输入非常简单，用户只需将光标移到指定位置，选择好合适的输入法后即可进行录入操作。

在输入文本的过程中，用户会发现在文本的下方有时会出现红色或绿色的波浪线，这是 Word 2010 所提供的拼写和语法检查功能。如果用户在输入过程中出现拼写错误，在文本下方即会出现红色波浪线；如果是语法错误，则显示为绿色波浪线。当出现拼写错误时，如误将“Microsoft”输入为“Nicrosoft”，则“Nicrosoft”下会马上显示出红色波浪线，用户只需在其上单击鼠标右键，在之后弹出的列出修改建议的菜单中单击想要替换的单词选项就可以将错误的单词替换，如图 3-14 所示。

2. 输入特殊符号

在输入过程中常会遇到一些特殊的符号使用键盘无法录入，此时可以单击【插入】按钮，通过“符号”组中的“符号”命令按钮下拉框来录入相应的符号。如果要录入的符号不在“符号”命令按钮下拉框中显示，则可以单击下拉框中的【其他符号】选项，在弹出的“符号”对话框中选择所要录入的符号后单击【插入】按钮即可，如图 3-15 所示。

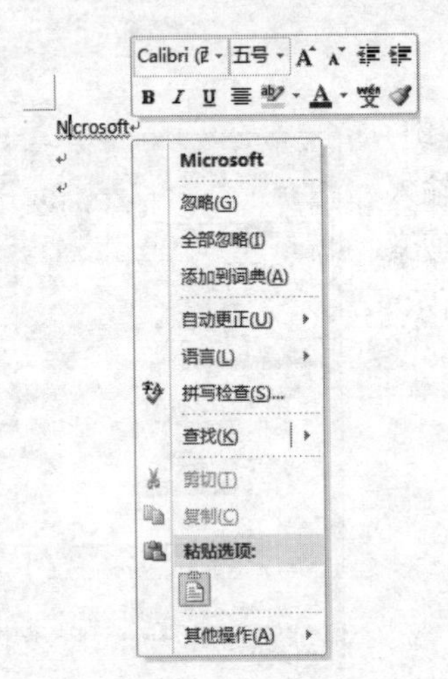

图 3-14　Word 拼写和语法检查示例

图 3-15　“符号”对话框

3. 输入日期和时间

在 Word 2010 中，可以直接插入系统的当前日期和时间，操作步骤如下。

① 将插入点定位到要插入日期或时间的位置；

② 单击【插入】→【文本】→【日期和时间】命令，弹出“日期和时间”对话框，如图 3-16 所示；

③ 在对话框中选择语言后在“可用格式”列表中选择需要的格式，如果要使插入的时间能随系统时间自动更新，选中对话框中的【自动更新】复选框，单击【确定】按钮即可。

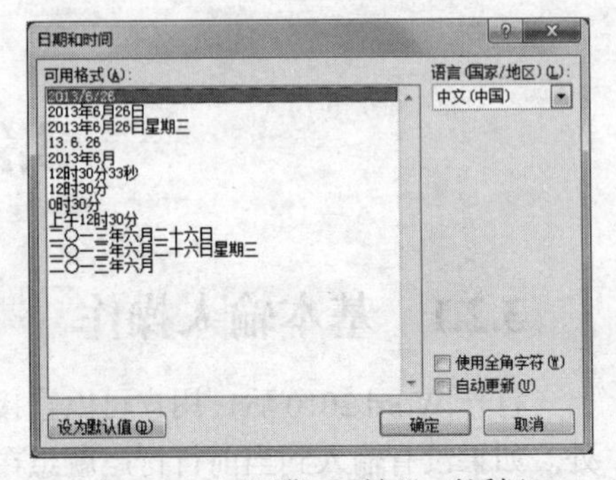

图 3-16　“日期和时间”对话框

3.2.2　基本编辑操作

1. 定位光标

光标是任何需要插入文档中的对象的定位标志，即插入点，表现为不间断闪烁的“I”形状。当鼠标指针在文档中自动移动时呈现为“I”形状，此时单击即可将插入点定位到鼠标指针的位置。当鼠标指针在空白文档中移动时，双击才可将插入点定位到鼠标指针的位置。

用户也可以利用键盘在文档中定位光标，具体操作说明如下。

- 按键盘上的方向键↑或↓可以使插入点从当前位置向上或向下移动一行。
- 按键盘上的方向键→或←可以使插入点从当前位置向左或向右移动一个字符。
- 按键盘上的 PageUp 或 PageDown 键可以使插入点从当前位置向上或向下移动一屏。
- 按键盘上的【Home】键或【End】键可以使插入点从当前位置移动到本行首或本行末。
- 按键盘上的【Ctrl】+【Home】组合键或【Ctrl】+【End】组合键可以使插入点从当前位置移动到文档首或文档末。

2. 选定文本

选定文本是编辑文本的前提，如果对象要复制或移动文本，首先要选定文本。在 Word 中，可以通过鼠标拖动来选定文本，也可以通过键盘来选定文本；可以选定一个字、一个词、一句话，也可以选定整行、一个段落、一块不规则区域中的文本。

（1）拖动选择文本

在工作区中，有一个“I”形光标。在 Word 中，用户可以通过这个光标来选定文本。

首先将“I”光标放到要选定的文本的前面，按下鼠标左键，此时插入点出现在选定文本的前面，水平拖动“I”形光标到要选定文本的末端（注意，要水平拖动）。选定的文本会以黑色显示，如图 3-17 所示。

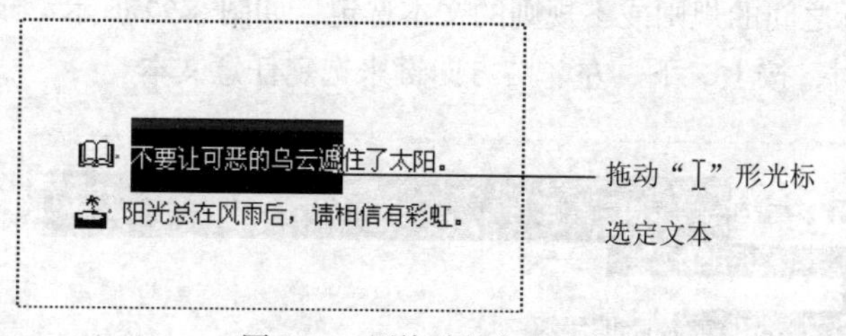

图 3-17　用拖动的方法选定文本

（2）选定一个词

如果要选定一个词，可将鼠标指针放在一个词（一句话必须要连贯）中，然后双击即可，如图 3-18 所示。

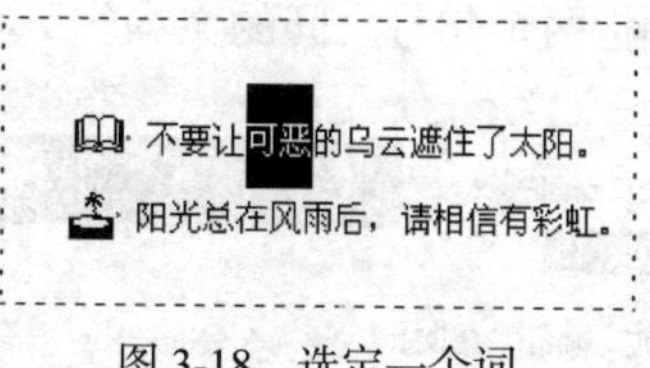

图 3-18　选定一个词

（3）选定一行

将鼠标指针移到窗口的最左端（注意不要跨过标尺），这时鼠标指针变成向右上方指的形状，如图3-19所示。此时单击鼠标，就会选定一整行。

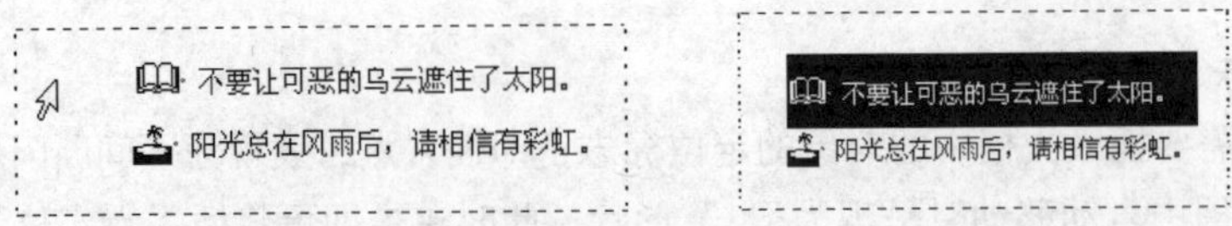

图3-19　选定一行

（4）选定整段文本

将光标放在段落中的任意位置，然后在该段落上连续三击鼠标左键，这样整个段落即可被全部选中，如图3-20所示。

（5）使用【Alt】+鼠标选定一块文本

如果要选定一块文本，单用鼠标来选择是不能完成的。选定一块文本需要【Alt】键协助。首先将光标放在文本的起始位置，然后按下键盘上的【Alt】键，之后按住鼠标左键，拖动到要选定的位置。这样就选定了矩形的一块，如图3-21所示。

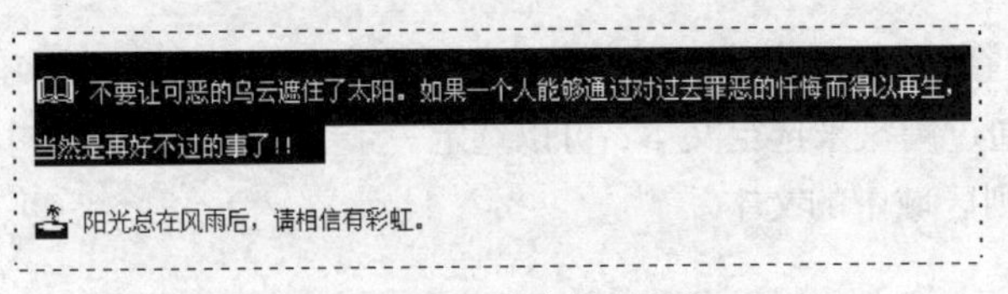

图3-20　选定整段文本

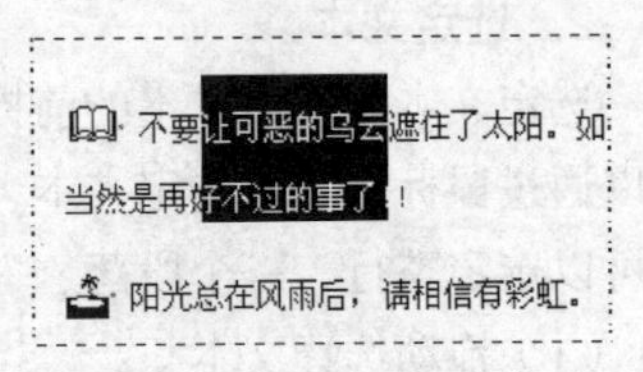

图3-21　选定一块文本

（6）使用【Shift】+鼠标选定任意文本

利用键盘上的【Shift】键，与鼠标结合，可以选定任意文本。将光标放到要选定文本的起始位置，然后按下键盘上的【Shift】键，并且一直按住，然后用鼠标单击要选定文本的末尾位置。这样Word就将两个光标之间的规则或不规则的文本选定，如图3-22所示。或者说，用户也可以在按住【Shift】键的同时，按上、下、左、右方向键来选定任意文本。

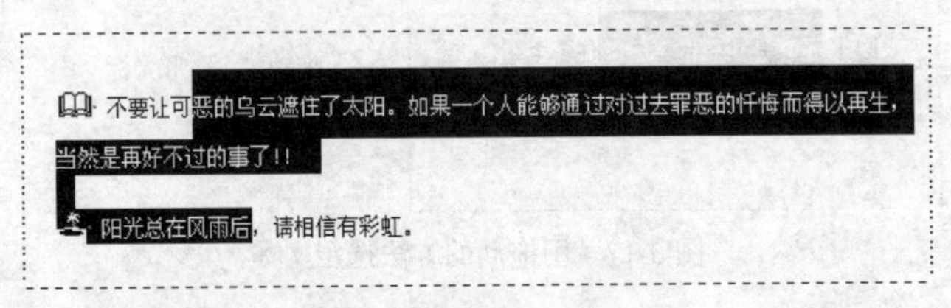

图3-22　选定任意文本

（7）选定一句话

按住键盘上的【Ctrl】键，然后在要选定的一句话中的任意位置单击，即可将整句话都选定（如图3-23所示），此处一句话是指两个句号之间的文本。

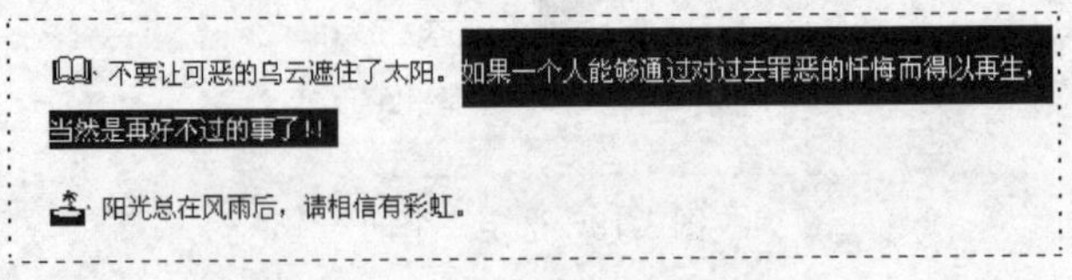

图3-23　选定一句话

（8）全选文本

要将文档中所有的文本都选定，可按【Ctrl】+【A】组合键。

3. 插入与删除文本

在文档编辑过程中，会经常执行修改操作来对输入的内容进行更正。当遗漏某些内容时，可以通过单击鼠标操作将插入点定位到需要补充录入的地方后进行输入。如果要删除某些已经输入的内容，则可以选中该内容后按【Delete】键或【Backspace】键直接删除。在不选择内容的情况下，按【Backspace】键可以删除光标左侧的字符，按【Delete】键则删除光标右侧的字符。

4. 复制与移动文本

当需要重复录入文档中已有的内容或者要移动文档中某些文本的位置，可以通过复制与移动操作来快速地完成。复制与移动操作的方法类似，选中文本后，在所选取的文本块上单击鼠标右键则出现弹出菜单，执行复制操作可选择"复制"项，执行移动操作则选择"剪切"项，然后将鼠标移到目的位置，再单击鼠标右键，选择"粘贴选项"中的合适选项即可。

用户也可以利用快捷键高效地复制和移动文本，按【Ctrl】+【C】组合键执行复制，按【Ctrl】+【X】组合键执行剪切，按【Ctrl】+【V】组合键执行粘贴。

3.2.3 查找与替换

在对一篇较长的文档进行编辑的时候，经常需要对某些地方进行修改，如把"韩山师院"改为"韩山师范学院"，Word 提供了强大的查找和替换功能，帮助用户轻松完成相应工作。查找功能可以帮助用户快速查找到指定的数据；替换功能可以将指定的文字换成想要的文字。

1. 查找文本

Word 2010 不仅可以查找任意组合的字符，包括中文、英文、全角、半角等，还可以查找英文单词的各种形式。选择【开始】选项卡，单击"编辑"下拉框中的【查找】按钮，在文本编辑区的左侧会显示如图 3-24 所示的"导航"窗格，在显示"搜索文档"的文本框内键入查找关键字后按回车键，即可列出整篇文档中所有包含该关键字的匹配结果项，并在文档中高亮显示相匹配的关键词，单击某个搜索结果能快速定位到正文中的相应位置，如图 3-25 所示。

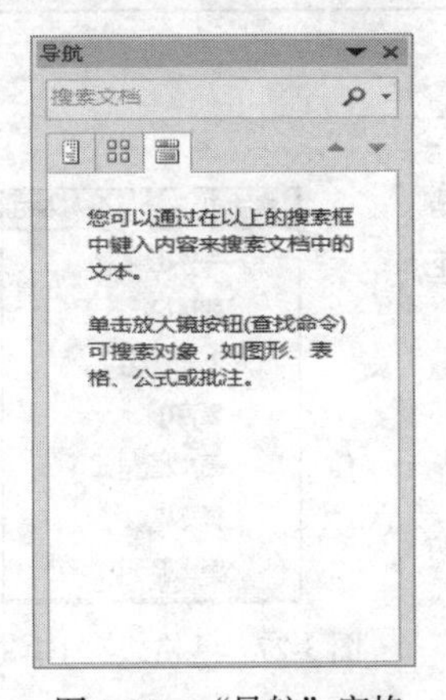

图 3-24 "导航"窗格

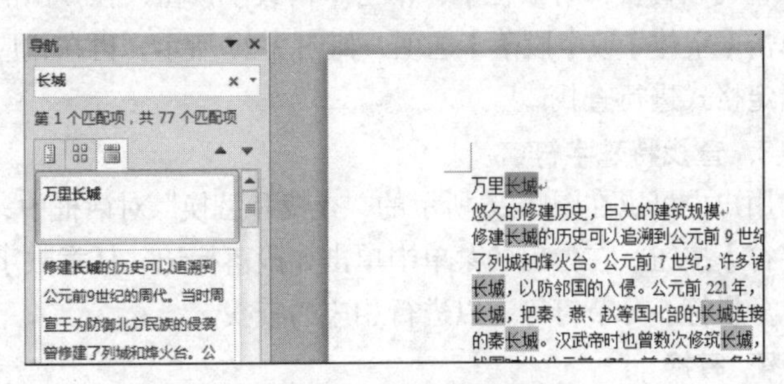

图 3-25 "查找"结果示例

也可以选择"查找"按钮下拉框中的【高级查找】选项，在弹出的"查找和替换"对话框中的"查找内容"文本框内键入查找关键字，如"Word 2010"，然后单击【查找下一处】按钮即能定位到正文中匹配该关键字的位置。通过该对话框中的"更多"按钮，能看到更多的查找功能选项，如是否区分大小写、是否全字匹配以及是否使用通配符等，利用这些选项能完成更高功能的查找操作，如图 3-26 所示。

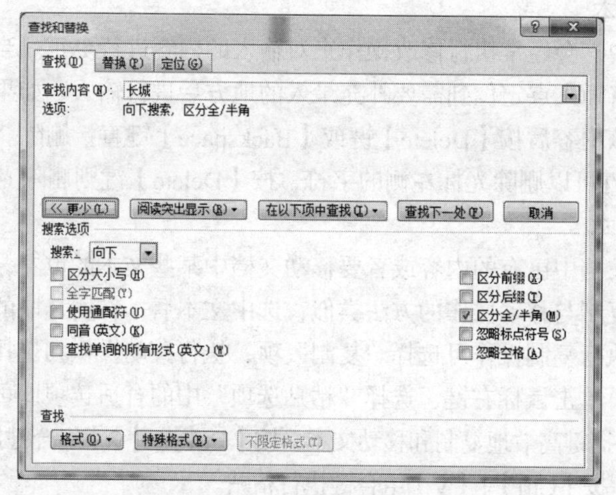

图 3-26 “查找和替换”对话框

常见的通配符如表 3-1 所示。

表 3-1 常用通配符的含义及示例

通 配 符	含 义	示 例
?	任意单个字符	第？段，可以查找第 1 段和第 2 段
*	任意字符串	第*段，可以查找第 1 段和第 23 段
@	前面出现一次或一次以上的字符	go@d，可以查找 good 和 god
<	单词的起始	<（ap），可以查找 apple 和 application
>	单词的结尾	>（ing），可以查找 thing 和 evening
[]	指定的字符之一	文[件档]，可以查找文件和文档

2. 查找格式

用户可以查找指定的文本格式，如加粗的文本等。在图 3-26 所示的“查找和替换”对话框中，单击【格式】按钮，在弹出的下拉菜单中单击【字体】或【段落】选项，如图 3-27 所示，再在相应的对话框中指定格式进行查找。

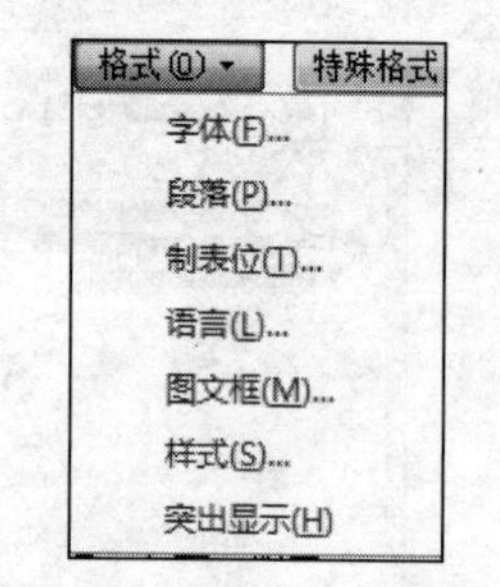

图 3-27 “格式”下拉按钮

3. 查找特殊字符

用户也可以在图 3-26 所示的“查找和替换”对话框中，单击【特殊字符】按钮，在弹出的菜单中单击如段落标记、任意数字、任意字母、分栏符、分节符等，以进行相应的查找。

4. 替换

替换操作是在查找的基础上进行的，单击图 3-26 中的【替换】按钮，在对话框的“替换为”文本框中输入要替换的内容，输入查找内容和替换内容，单击【替换】按钮，则对找到的文本逐个替换；如单击【全部替换】按钮，则对找到的内容自动全部替换为指定的内容。按【更多】按钮则可以打开更多选项设置，以便替换格式或特殊符号等，如图 3-28 所示。

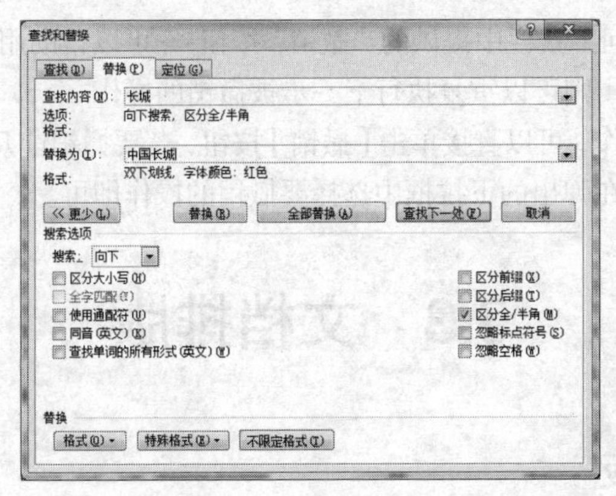

图 3-28　“替换”示例

3.2.4　自动更正

在文本输入过程中，有时会出现一些拼写错误，如将“效果”写成“校果”。Word 的自动更正功能能自动地对输入的错误进行更正，帮助用户更快更好更有效地创建无错误的文档。

要使用自动更正功能，首先必须设置自动更正选项。单击【文件】→【选项】按钮，打开“Word 选项”对话框，选择【校对】选项，如图 3-29 所示。

再单击【自动更正选项】按钮，打开“自动更正”对话框，如图 3-30 所示。

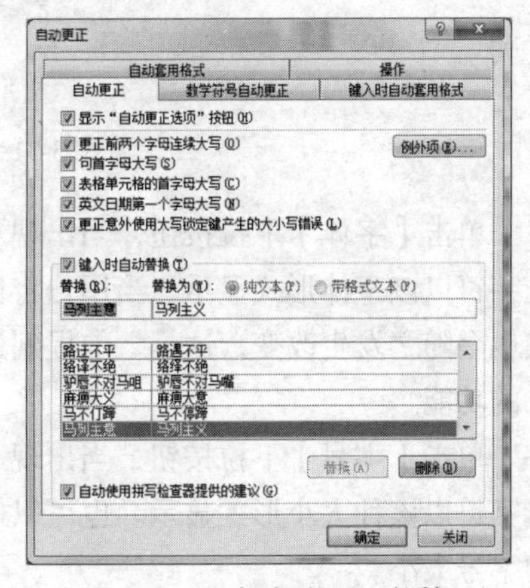

图 3-29　“Word 选项”对话框　　　　图 3-30　“自动更正”对话框

“自动更正”选项卡给出了自动更正的错误的多个选项，用户可以根据需要选择相应的选项。用户也可以添加自动更正词条，如在“替换”框中输入“马列主意”，“替换为”框中输入“马列主义”，单击【添加】按钮。以后用户输入错误时会自动更正。

3.2.5　撤销与恢复

在进行文档编辑时，难免会出现输入错误，或对文档的某一部分内容不太满意，或在排版过程中出现误操作的情况。因此，撤销和恢复以前的操作就非常必要了。

Word 2010 的快速访问工具栏中提供的“撤销”按钮可以帮助用户撤销前一步或前几步错误操作，而“恢复”按钮则可以重复执行上一步被撤销的操作。

如果是撤销前一步操作，可以直接单击【撤销】按钮，若要撤销前几步操作，则可以单击【撤销】按钮旁的下拉按钮，在弹出的下拉框中选择要撤销的操作即可。

3.3 文档排版

3.3.1 基本排版

1. 字符格式

字符包括汉字、字母、数字、符号及各种可见字符，字符的格式包括字符的字体、大小、粗细、字符间距及各种表现形式。对字符格式的设置决定了字符在屏幕上显示和打印输出的样式。字符格式设置可以通过功能区、对话框和浮动工具栏 3 种方式来完成。不管使用哪种方式，都需要在设置前先选择字符，即先选中再设置。

（1）通过功能区进行设置

使用此种方法进行设置，要先单击功能区的【开始】选项卡，此时可以看到“字体”组中的相关命令项，如图 3.9 所示，利用这些命令项即可完成对字符的格式设置。

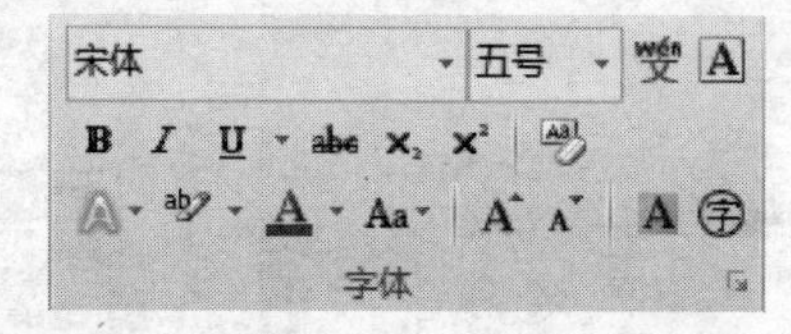

图 3-31 “开始”选项卡中的“字体”组

单击【字体】下拉按钮，当出现下拉式列表框时单击其中的某字体，如“楷体”，即可将所选字符以该字体形式显示。当用户将鼠标在下拉列表框的字体选项上移动时，所选字符的显示形式也会随之发生改变，这是之前提到过的 Word 2010 提供给用户在实施格式修改之前预览显示效果的功能。

单击【字号】下拉按钮，当出现下拉式列表框时单击其中的某字号，如“二号”，即可将所选字符以该种大小形式显示。也可以通过“增大字号”和“减小字号”按钮来改变所选字符的字号大小。

单击【加粗】、【倾斜】或【下划线】按钮，可以将选定的字符设置成粗体、斜体或加下划线的显示形式。3 个按钮允许联合使用，当【加粗】和【倾斜】按钮同时按下时显示的是粗斜体。单击【下划线】按钮可以为所选字符添加黑色直线下划线，若想添加其他线型的下划线，单击【下划线】按钮旁的向下箭头，在弹出的下拉框中单击所需线型即可；若想添加其他颜色的下划线，在“下划线”下拉框中的“下划线颜色”子菜单中单击所需颜色项即可。

单击“突出显示”按钮可以为选中的文字添加底色以突出显示，这一般用在文中的某些内容需要读者特别注意的时候。如果要更改突出显示文字的底色，单击该按钮旁的向下箭头，在弹出的下拉框中单击所需的颜色即可。

在 Word 2010 中增加了为文字添加轮廓、阴影、发光等视觉效果的新功能，单击图 3-31 中的

“文本效果”按钮A·，在弹出的下拉框中选择所需的效果设置选项就能将该种效果应用于所选文字。

在图 3-31 中还有其他的一些功能按钮，如可将字符设置为上标或下标等。

（2）通过对话框进行设置

选中要设置的字符后，单击图 3-31 所示右下角的【对话框启动器】按钮，会弹出如图 3-32（a）所示的“字体”对话框。

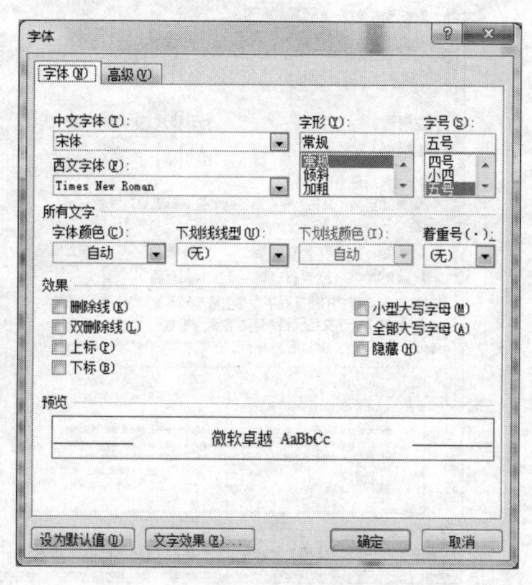

（a）字体

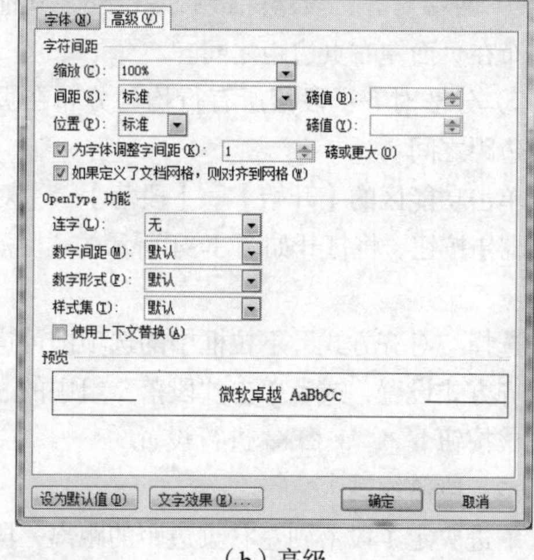

（b）高级

图 3-32 “字体”对话框

在对话框的“字体”选项卡页面中，可以通过“中文字体”和“西文字体”下拉框中的选项为所选择字符中的中、西文字符设置字体，还可以为所选字符进行字形（常规、倾斜、加粗或加粗倾斜）、字号、颜色等的设置。通过“着重号”下拉框中的“着重号”选项可以为选定字符加着重号，通过“效果”区中的复选框可以进行特殊效果设置，如为所选文字加删除线或将其设为上标、下标等。

在如图 3-32（b）的“高级”选项卡页面中，可以通过“缩放”下拉框中的选项放大或缩小字符，通过“间距”下拉框中的“加宽”、“紧缩”选项使字符之间的间距加大或缩小，还可通过“位置”下拉框中的“提升”、“降低”选项使字符向上提升或向下降低显示。

（3）通过浮动工具栏进行设置

当选中字符并将鼠标指向其后，在选中字符的右上角会出现如图 3-33 所示的浮动工具栏，利用它进行设置的方法与通过功能区的命令按钮进行设置的方法相同，不再详述。

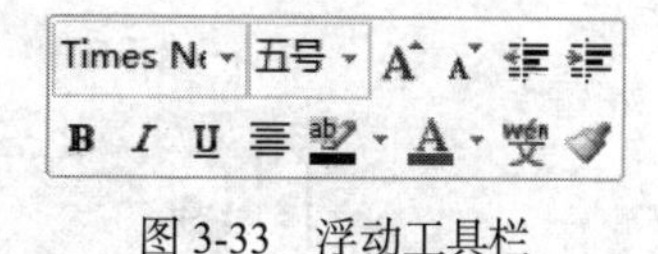

图 3-33 浮动工具栏

2. 段落格式

在 Word 中，通常把两个回车换行符之间的部分叫做一个段落。用户可以设置段落的对齐方式、大纲级别、左右缩进、首行缩进或悬挂缩进等特殊格式，以及段前段后间距、段内的行距；可以设置段落的孤行控制、段中不分页等分页效果；可以设置中文版式，如按中文习惯控制首尾字符、标点溢界等换行方式，如压缩行首标点、调整中西文间距和中文与数字间距等字符间距等。在设置过程中可以在预览框中立即看到设置后的段落效果。

（1）段落对齐方式

段落的对齐方式分为以下5种。

① 左对齐：段落所有行以页面左侧页边距为基准对齐。

② 右对齐：段落所有行以页面右侧页边距为基准对齐。

③ 居中对齐：段落所有行以页面中心为基准对齐。

④ 两端对齐：段落除最后一行外，其他行均匀分布在页面左右页边距之间。

⑤ 分散对齐：段落所有行均匀分布在页面左右页边距之间。

单击功能区的【开始】→【段落】→【对话框启动器】按钮，将打开如图3-34所示的“段落”对话框。

选择“对齐方式”下拉框中的选项即可进行段落对齐方式设置，或者单击“段落”组中的5种对齐方式按钮进行设置。

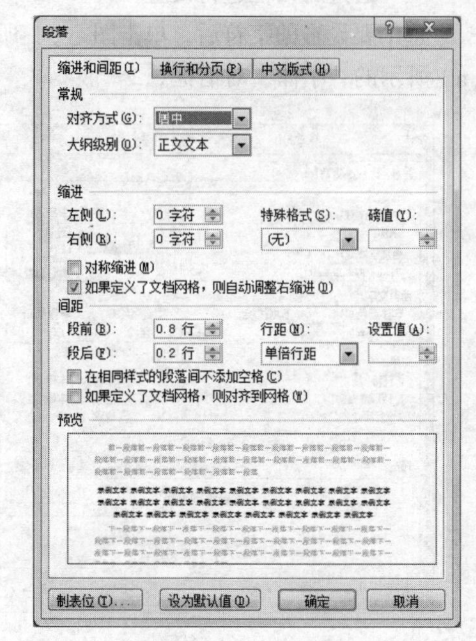

图3-34　段落对话框

（2）段落缩进

缩进决定了段落到左右页边距的距离，段落的缩进方式分为以下4种。

① 左缩进：段落左侧到页面左侧页边距的距离。

② 右缩进：段落右侧到页面右侧页边距的距离。

③ 首行缩进：段落的第一行由左缩进位置起向内缩进的距离。

④ 悬挂缩进：段落除第一行以外的所有行由左缩进位置起向内缩进的距离。

通过图3-34所示的“段落”对话框可以精确地设置所选段落的缩进方式和距离。左缩进和右缩进可以通过调整“缩进”区域中的“左侧”、“右侧”设置框中的上下微调按钮设置；首行缩进和悬挂缩进可以从“特殊格式”下拉框中进行选择，缩进量通过“磅值”项进行精确设置。此外，还可以通过水平标尺工具栏来设置段落的缩进，将光标放到设置段落中或选中该段落，之后拖动图3-35所示的缩进方式按钮即可调整对应的缩进量，不过此种方式只能模糊而不能精确地设置缩进量。

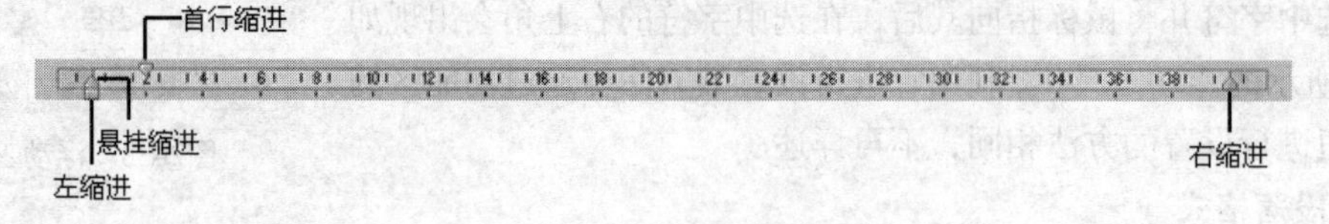

图3-35　水平标尺

（3）段落间距与行间距

通过图3-34所示“间距”区域中的“段前”和“段后”项可以设置所选段落与上一段落之间的距离以及该段与下一段落之间的距离。通过“行距”项可以修改所选段落相邻两行之间的距离，共有6个选项供用户选择。

① 单倍行距：将行距设置为该行最大字体的高度加上一小段额外间距，额外间距的大小取决于所用的字体。

② 1.5 倍行距：将行距设置为单倍行距的 1.5 倍。

③ 2 倍行距：将行距设置为单倍行距的 2 倍。

④ 最小值：将行距设置为适应行上最大字体或图形所需的最小行距。

⑤ 固定值：将行距设置为固定值。

⑥ 多倍行距：将行距设置为单倍行距的倍数。

注意

需要注意的是，当选择行距为“固定值”并键入一个磅值时，Word 将不管字体或图形的大小，这可能会导致行与行相互重叠，所以使用该选项时要小心。

3. 项目符号和编号

对于一些内容并列的相关文字，比如一个问答题的几个要点，用户可以使用项目符号或编号对其进行格式化设置，这样可以使内容看起来条理更加清晰。添加项目符号和编号的方式有两种，一是选定正文，再应用列表；二是在空行中设置插入符号或编号，再输入正文。

首先选中要添加项目符号或编号的文字，然后选择功能区的【开始】选项卡，要为所选文字添加项目符号，单击“段落”组中的“项目符号”按钮，也可单击该按钮旁的向下箭头，在弹出的下拉框中选择其他的项目符号样式，如图 3-36（a）所示；要为所选文字添加编号，单击“段落”组中的“编号”按钮，也可单击该按钮旁的向下箭头，在弹出的下拉框中选择其他的编号样式，如图 3-36（b）所示；要为所选文字添加多级编号，单击“段落”组中的“多级列表”按钮，也可单击该按钮旁的向下箭头，在弹出的下拉框中选择其他的多级编号样式，如图 3-36（c）所示。

（a）项目符号库

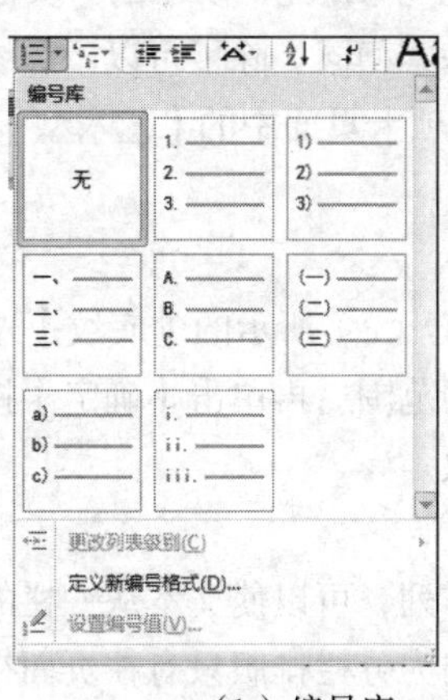

（b）编号库

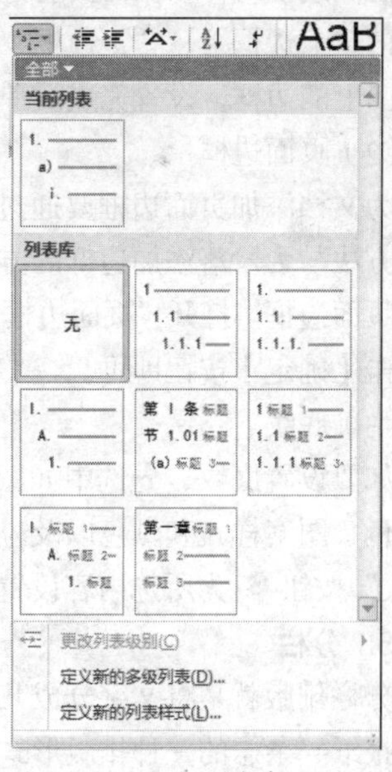

（c）列表库

图 3-36　“项目符号和编号”对话框

4. 边框和底纹

边框和底纹可以突出某些文本、段落、表格、单元格等的效果，以美化文档。

（1）边框

选中要添加边框的文字或段落后，单击功能区的【开始】→【段落】→【下框线】按钮右侧的下拉按钮，在弹出的下拉框中选择【边框和底纹】选项，弹出如图3-37（a）所示的对话框，在此对话框的“边框”选项卡页面下可以进行边框设置。

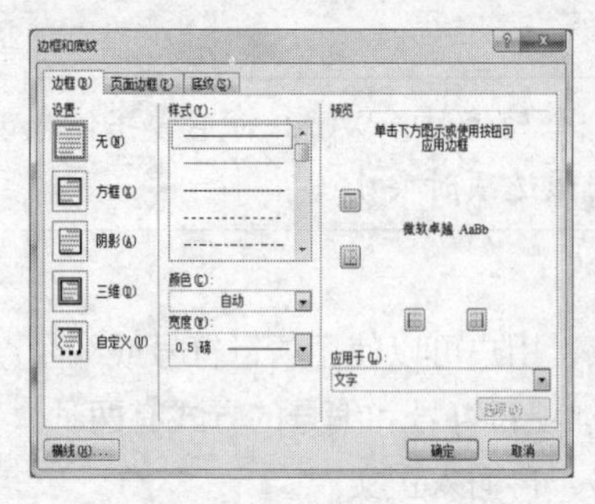

（a）边框

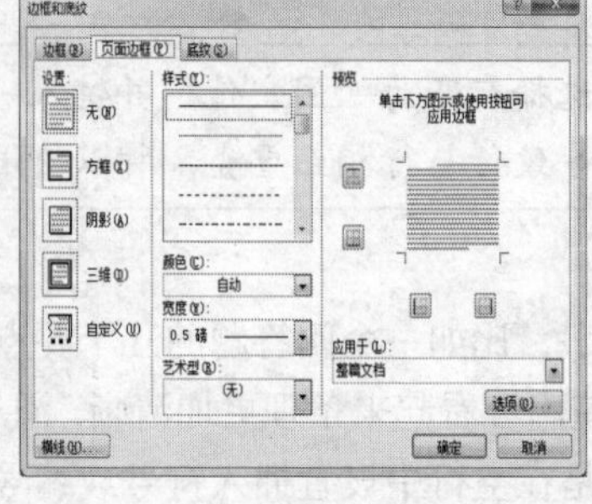

（b）页面边框

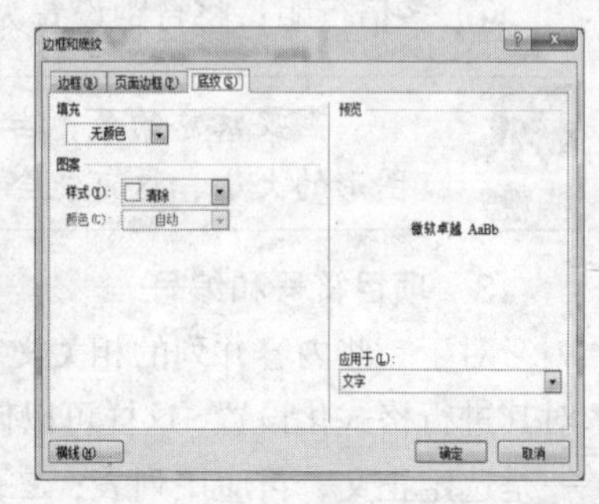

（c）底纹

图3-37　“边框和底纹”对话框

用户可以设置边框的类型为“方框”、“阴影”、“三维”或“自定义”类型，若要取消边框可选择【无】。选择好边框类型后，还可以选择边框的线型、颜色和宽度，只要打开相应的下拉列表框进行选择即可。若是给文字加边框，要在“应用于”下拉列表框中选择【文字】选项，文字的边框四周都必须有。若是给段落加边框，要在“应用于”下拉列表框中选择【段落】选项，对段落加边框时可根据需要有选择地添加上、下、左、右4个方向的边框，可以利用“预览”区域中的“上边框”、“下边框”、“左边框”、“右边框”4个按钮来为所选段落添加或删除相应方向上的边框，设置完成后单击【确定】按钮。

（2）页面边框

为文档添加页面边框要通过如图3-37（b）所示的“页面边框”选项卡来完成，页面边框的设置方法与为段落添加边框的方法基本相同。除了可以添加线型页面边框外，用户还可以添加艺术型页面边框。打开“页面边框”选项卡页面中的【艺术型】下拉列表框，选择喜欢的边框类型，再单击【确定】按钮即可。

（3）底纹

如要设置底纹，先选中如图3-37（c）所示的【底纹】选项卡，在对话框的相应选项中选择填充色、图案样式和颜色以及应用的范围后再单击【确定】按钮即可。也可通过“段落”组中的“底纹”按钮为所选内容设置底纹。

5. 分栏

分栏排版就是将文字分成几栏排列，可以使文本从一栏的底端连续接到下一栏的顶端，是常见于报纸、杂志的一种排版形式。因为分栏排版只有在页面视图下才能够看到分栏的效果，故需先设定页面视图方式，再选择需要分栏排版的文字，若不选择，则系统默认对整篇文档进行分栏排版，再单击【页面布局】→【页面设置】→【分栏】按钮，在弹出的下拉框中选择某个选项即可将所选内容进行相应的分栏设置。

如果想对文档进行其他形式的分栏，选择“分栏”按钮下拉框中的【更多分栏】选项，在之后弹出的“分栏”对话框中可以进行详细的分栏设置，包括设置更多的栏数、每一栏的宽度以及栏与栏的间距等，如图 3-38 所示。若要撤销分栏，选择“一栏”即可。

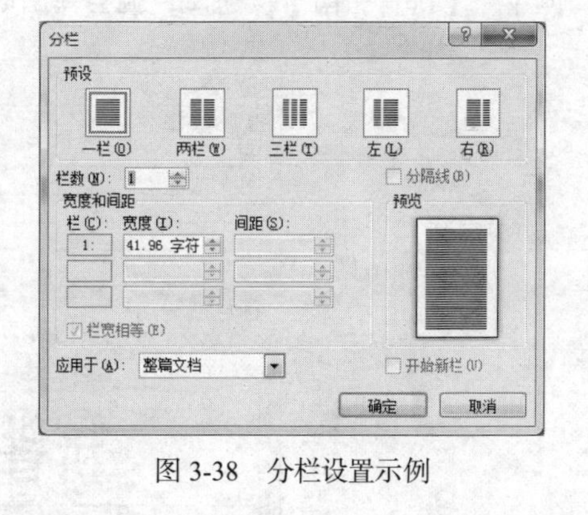

图 3-38　分栏设置示例

6. 首字下沉

首字下沉是指正文的第一个字放大突出显示的排版形式。首字下沉经常在报刊或杂志中所见到，目的是使文档更醒目，从而达到强化的特殊效果。设置首字下沉步骤如下。

① 将光标定位到要设置首字下沉的段落。

② 单击功能区【插入】→【文本】→【首字下沉】命令按钮，弹出如图 3-39 所示的下拉框。

③ 在下拉框中选择【下沉】，也可选择【悬挂】项。

④ 若要对下沉的文字进行字体以及下沉行数等的设定，单击【首字下沉选项】，在弹出的“首字下沉”对话框中进行设置，如图 3-40 所示。

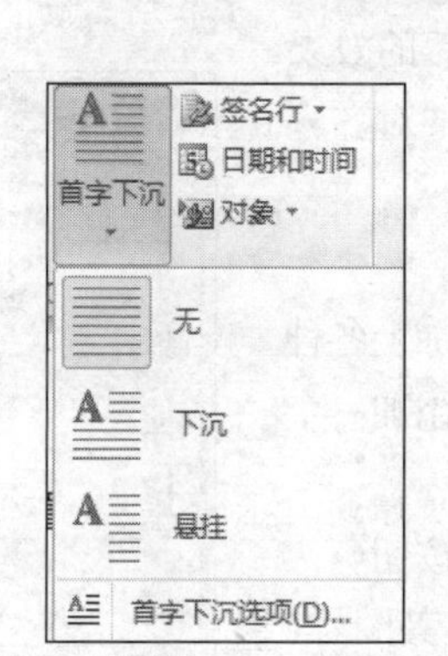

图 3-39　“首字下沉”按钮下拉框

图 3-40　“首字下沉”对话框

7. 中文版式

中文版式会对文档中的中文字符做各种特殊处理来生成特殊的格式，包括“纵横混排”、“合并字符”和“双行合一”等几种功能。单击功能区【开始】→【段落】→【中文版式】命令按钮，弹出如图 3-41 所示的下拉框。

图 3-42 所示为各个功能的效果图。

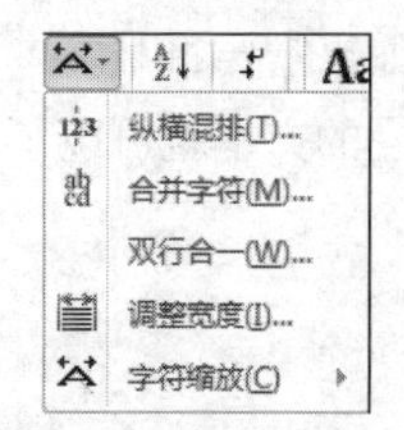

图 3-41　“中文版式”按钮下拉框

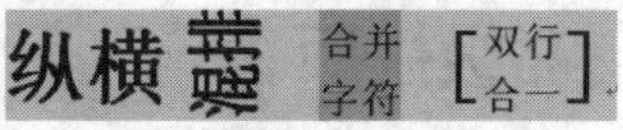

纵横混排　合并字符　[双行合一]

图 3-42　中文版式文字效果

8. 其他格式

（1）拼音指南

在中文排版时如果需要给中文加拼音，先选中要加拼音的文字，再单击功能区【开始】→【字体】→【拼音指南】按钮，就会弹出如图 3-43 所示的对话框。

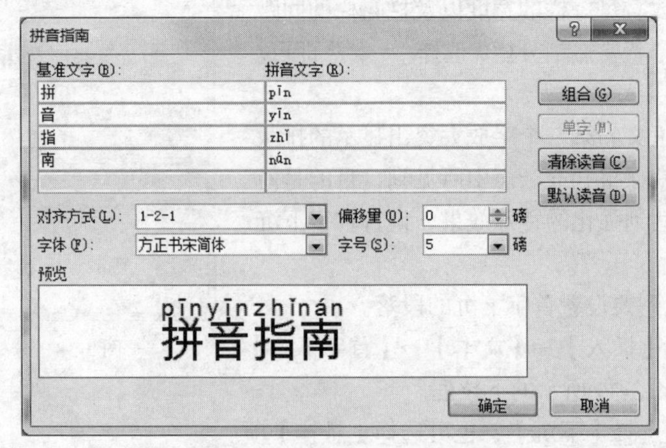

图 3-43 “拼音指南”对话框

在“基准文字”文本框中显示的是文中选中要加拼音的文字，在“拼音文字”文本框中显示的是基准文字的拼音，设置后的效果显示在对话框下边的预览框中，若不符合要求，可以通过“对齐方式”、“字体”、“偏移量”和“字号”选择框进行调整。

（2）带圈字符

日常的使用 Word 的时候，经常会给一些比较重要的字加上各种各样的标记，如有时为了让用户看得更加清晰，需要为字符添加一个圆圈或者菱形的图案。带圈字符就是给单字加上各式边框。

单击功能区【开始】→【段落】→【带圈字符】命令按钮，在弹出的“带圈字符”对话框中选择要加圈的文字、样式及其圈号，按【确定】按钮即可，如图 3-44 所示。

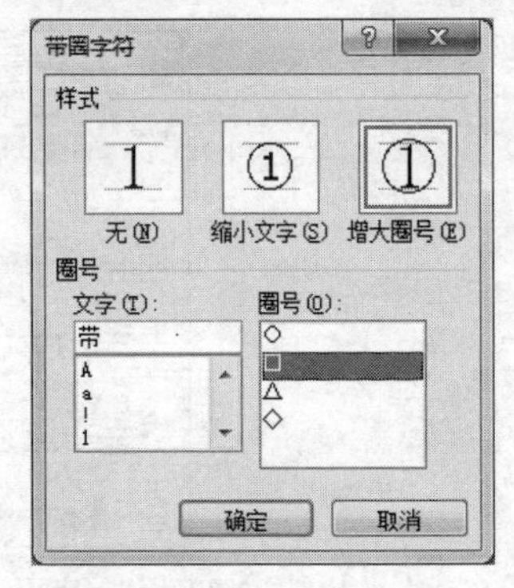

图 3-44 “带圈字符”对话框

9. 格式刷

使用格式刷可以快速地将某文本的格式设置应用到其他文本上，步骤如下。

① 选中要复制样式的文本。

② 单击功能区的【开始】→【剪贴板】→【格式刷】按钮，之后将鼠标移动到文本编辑区，会看到鼠标旁出现一个小刷子的图标。

③ 用格式刷扫过（即按下鼠标左键拖动）需要应用样式的文本即可。

单击【格式刷】按钮，使用一次后格式刷功能就自动关闭了。如果需要将某文本的格式连续应用多次，则可以双击“格式刷”按钮，之后直接用格式刷扫过不同的文本就可以了。要结束使用格式刷功能，再次单击【格式刷】按钮或按【Esc】键。

3.3.2 高级排版

1. 页面设置

页面设置的合理与否直接关系到文档的打印效果。文档的页面设置主要包括设置页面大小、方向、页眉、页脚和页边距等。此外，还可以选择是否为文档添加封面以及是否将文档设置成稿纸的形式。

（1）页眉与页脚

页眉和页脚中含有在页面的顶部和底部重复出现的信息，可以在页眉和页脚中插入文本或图形，如页码、日期、公司徽标、文档标题、文件名或作者名等。页眉与页脚只能在页面视图下才可以看到效果。设置页眉和页脚的步骤如下。

① 切换至功能区的【插入】选项卡。

② 要插入页眉，单击【页眉和页脚】→【页眉】按钮，在弹出的下拉框中选择内置的页眉样式或者选择【编辑页眉】项，之后键入页眉内容。

③ 要插入页脚，单击【页眉和页脚】→【页脚】按钮，在弹出的下拉框中选择内置的页脚样式或者选择【编辑页脚】项，之后键入页脚内容。

在进行页眉和页脚设置的过程中，页眉和页脚的内容会突出显示，而正文中的内容则变为灰色，同时在功能区中会出现用于编辑页眉和页脚的“设计”选项卡，如图 3-45 所示。通过【页眉和页脚】→【页码】按钮下拉框可以设置页码出现的位置，并且还可以设置页码的格式；通过【插入】→【日期和时间】命令按钮可以在页眉或页脚中插入日期和时间，并可以设置其显示格式；通过单击“文档部件”下拉框中的【域】选项，在之后弹出的“域”对话框中的“域名”列表框中进行选择，可以在页眉或页脚中显示作者名、文件名以及文件大小等信息。通过“选项”组中的复选框可以设置首页不同或奇偶页不同的页眉和页脚。

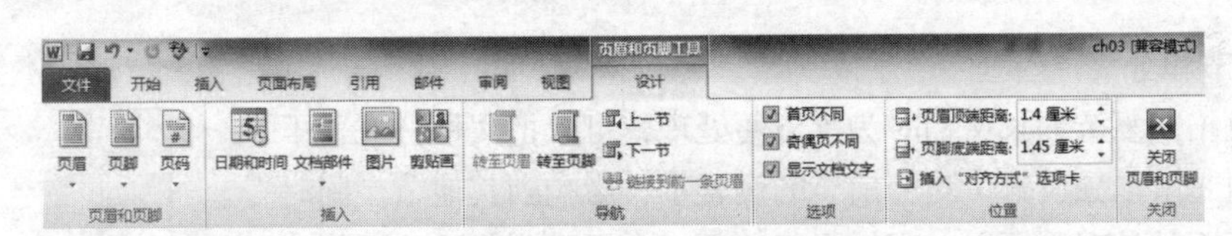

图 3-45 页眉和页脚工具

（2）纸张大小与方向

通常在进行文字编辑排版之前，就要先设置好纸张大小以及方向。切换至【页面布局】选项卡，单击【页面设置】→【纸张方向】按钮，直接在下拉框中选择“纵向”或“横向”；单击【纸张大小】按钮，可以在下拉框中选择一种已经列出的纸张大小，或者单击【其他页面大小】选项，在之后弹出的“页面设置”对话框中进行纸张大小的选择。

（3）页边距

页边距是页面四周的空白区域，要设置页边距，先切换到【页面布局】选项卡，单击【页面设置】→【页边距】按钮，选择下拉框中已经列出的页边距设置，也可以单击【自定义边距】选项，在之后弹出的“页面设置”对话框中进行设置，如图 3-46 所示。

在“页边距”区域中的“上”、“下”、“内侧”、“外侧”数值框中输入要设置的数值，或者通过数值框右侧的上下微调按钮进行设置。如果文档需要装订，则可以在该区域中的“装订线”数值框中输入装订边距，并在“装订线位置”框中选择是在左侧还是上方进行装订。

（4）文档封面

要为文档创建封面，用户可以单击功能区的【插入】→【页】→【封面】按钮，在弹出的下拉框中单击选择所需的封面即可在文档首页插入所选类型的封面，之后在封面的指定位置输入文档标题、副标题等信息即可完成封面的创建。

（5）稿纸设置

如果用户想将自己的文档设置成稿纸的形式，可以单击功能区的【页面布局】→【稿纸】→

【稿纸设置】按钮，弹出如图 3-47 所示的对话框，根据需要设置稿纸的格式、网格行列数、颜色以及页面大小等，再单击【确认】按钮就可以将当前文档设置成稿纸形式。

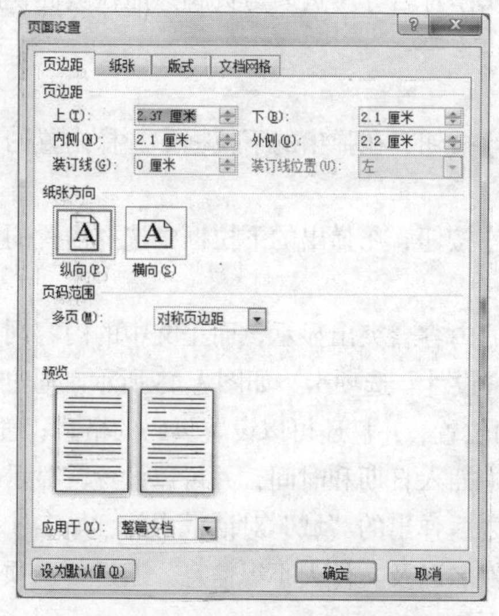

图 3-46 “页面设置”对话框

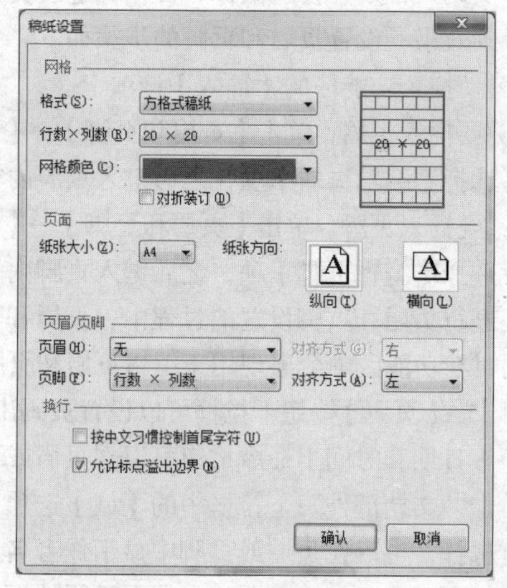

图 3-47 “稿纸设置”对话框

2. 分节和分页

在处理格式复杂的长文档时为了方便处理，可以把文档分成若干节，然后对每节单独设置，对当前节的设置不会影响到其他节。同时为了保证版面的美观，可以对文档强行分页。在需要分节或分页的地方，单击功能区【页面布局】→【页面设置】→【分隔符】命令下拉按钮 分隔符，弹出如图 3-48 所示的下拉列表。

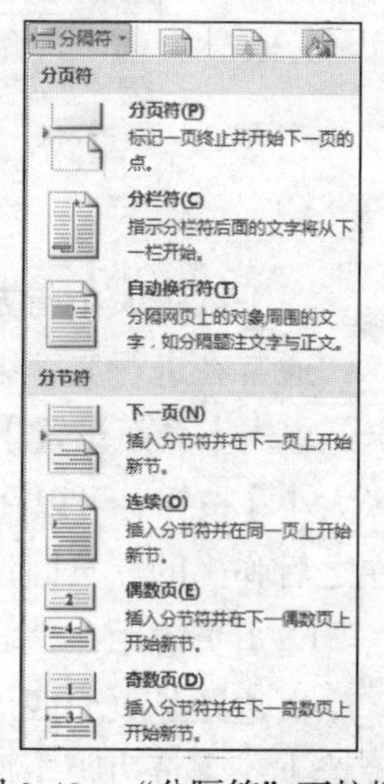

图 3-48 “分隔符”下拉框

用户可以选定分页、分栏和自动换行等分隔符，或者选下一页、连续等分节符。一篇长文档可以分成任意多个节，每节都可以按照不同的需要设置不同的格式。在不同的节中可以对页边距、纸张方向、页眉页脚的位置和格式等进行设置。表 3-2 为各类型分节符的作用。

表 3-2 分节符类型

类型	作用
下一页	插入一个分节符并分页，新节从下一页开始
连续	插入一个分节符，新节从同一页开始
奇数页	插入一个分节符，新节从下一个奇数页开始
偶数页	插入一个分节符，新节从下一个偶数页开始

3. 页面背景

一个 Word 文档从底到顶包含以下 4 个层面：页眉/页脚层、背景层、正文层、前景层。下一层面的任何内容将被上一层面的内容所遮盖，但下层内容将通过上层的空白部分显现出来。这样用户就可用其在打印页上创建一种分层效果。

在使用 Word 的时候，可在文档中加入背景图案。例如在一封信的背景中增加一幅自己喜欢的图片，或者是自己公司的标志。

单击功能区【页面布局】→【页面背景】→【页面颜色】命令下拉按钮，选中填充颜色，可以填充文档中的背景颜色；填充效果设置允许用户在文档中加入某些特殊背景效果，如图 3-49 所示。

单击功能区【页面布局】→【页面背景】→【水印】命令下拉按钮，再选择【自定义水印】，在弹出的【水印】对话框中可设置背景的水印效果，如图 3-50 所示。

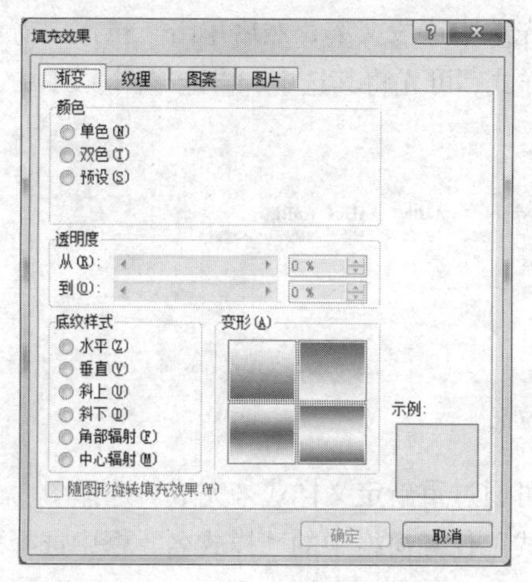

图 3-49 “填充效果”对话框

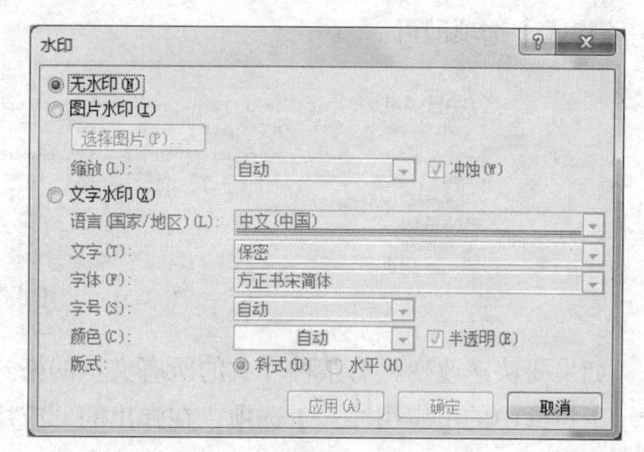

图 3-50 “水印”对话框

4. 使用样式

在编排一篇长文档或是一本书时，需要对许多的文字和段落进行相同的排版工作，如果只是利用字体格式编排和段落格式编排功能，不仅很费时间，让人厌烦，而且很难使文档格式一直保持一致。这时，就需要使用样式来实现这些功能。

样式是应用于文档中的文本、表格和列表的一套格式特征，它是指一组已经命名的字符和段落格式。它规定了文档中标题、题注以及正文等各个文本元素的格式。用户可以将一种样式应用于某个段落，或者段落中选定的字符上。使用样式定义文档中的各级标题，如标题 1、标题 2、标题 3……标题 9，就可以智能化地制作出文档的标题目录。

使用样式能减少许多重复的操作，在短时间内排出高质量的文档。例如，用户要一次改变使用某个样式的所有文字的格式时，只需修改该样式即可。再如，标题 2 样式最初为“四号、宋体、两端对齐、加粗”，如果用户希望标题 2 样式为“三号、隶书、居中、常规”，此时不必重新定义标题 2 的每一个实例，只需改变标题 2 样式的属性就可以了。

样式按不同的定义来分，可以分为字符样式和段落样式，也可以分为内置样式和自定义样式。

字符样式是指由样式名称来标识的字符格式的组合，它提供字符的字体、字号、字符间距和特殊效果等。字符样式仅作用于段落中选定的字符。

段落样式是指由样式名称来标识的一套字符格式和段落格式，包括字体、制表位、边框、段落格式等。

Word 本身自带了许多样式，称为内置样式。但有时候这些样式不能满足用户的全部要求，这时可以创建新的样式，称为自定义样式。内置样式和自定义样式在使用和修改时没有任何区别。但是用户可以删除自定义样式，却不能删除内置样式。

用户可以创建或应用下列类型的样式。

① 段落样式：控制段落外观的所有方面，如文本对齐、制表位、行间距和边框等，也可能包括字符格式。

② 字符样式：段落内选定文字的外观，如文字的字体、字号、加粗及倾斜格式。

③ 表格样式：可为表格的边框、阴影、对齐方式和字体提供一致的外观。

④ 列表样式：可为列表应用相似的对齐方式、编号或项目符号字符以及字体。

选择功能区的【开始】→【样式】→【其他】按钮，出现如图 3-51 所示的下拉框，其中显示出了可供选择的样式。要对文档中的文本应用样式，先选中这段文本，然后单击下拉框中需要使用的样式名称就可以了。要删除某文本中已经应用的样式，可先将其选中，再选择图 3-51 中的【清除格式】选项即可。

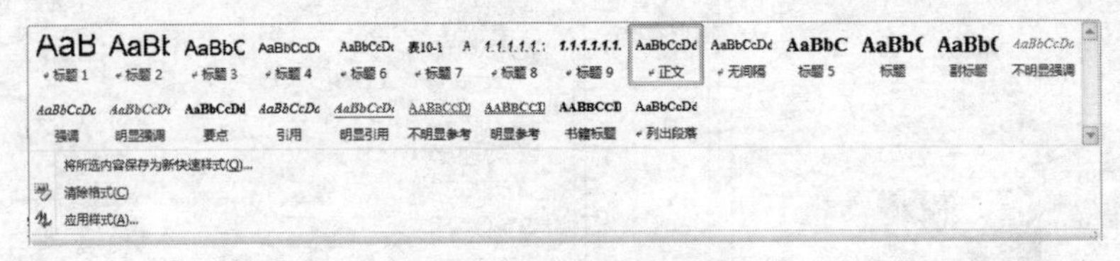

图 3-51 “样式”下拉框

如果要快速改变具有某种样式的所有文本的格式，可通过重新定义样式来完成。选择图 3-51 所示下拉框中的【应用样式】选项，在弹出的“应用样式”任务窗格中的“样式名”框中选择要修改的样式名称，如【正文】，单击【修改】按钮，弹出如图 3-52 所示的对话框，此时可以看到“正文”样式的字体格式为“中文宋体，西文 Times New Roman，五号”；段落格式为“两端对齐，单倍行距”。若要将文档中正文的段落格式修改为“两端对齐，1.25 倍行距，首行缩进 2 字符”，则可以选择对话框中“格式”按钮下拉框中的【段落】项，在弹出的“段落”对话框中设置行距为 1.25 倍，首行缩进为 2 字符，单击【确定】按钮使设置生效后，即可看到文档中所有使用“正文”样式的文本段落格式已发生改变。

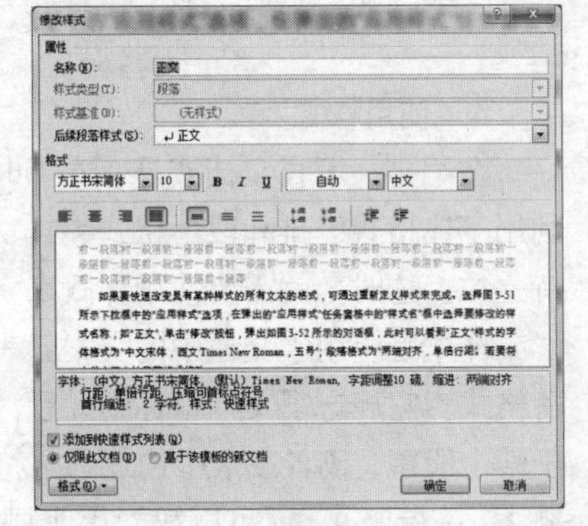

图 3-52 “修改样式”对话框

5. 创建目录

目录通常是文档不可缺少的部分，有了目录，用户就能很容易地知道文档中有什么内容，如何查找内容等。

Word 提供了自动创建目录的功能，使目录的制作变得非常简便，既不用费力地去手工制作目录、核对页码，也不必担心目录与正文不符。而且在文档发生了改变以后，还可以利用更新目录的功能来适应文档的变化。

除了可以创建一般的标题目录外，还可以根据需要创建图表目录以及引文目录等。但要创建引文目录，就要在文档中先标记引文。

若要编制图表目录，要指定要包含的图表题注。编制图表目录时，Word 对题注进行搜索，依照号码进行排序，并在文档中显示图表目录。

（1）标记目录项

在创建目录之前，需要先将要在目录中显示的内容标记为目录项，步骤如下。

① 选中要成为目录的文本。

② 选择功能区的【开始】→【样式】→【其他】按钮，弹出如图 3-51 所示的下拉框。

③ 根据所要创建的目录项级别，选择“标题 1”、“标题 2”或“标题 3”选项。

如果所要使用的样式不在图 3-51 中显示，则可以通过以下步骤标记目录项。

① 选中要成为目录的文本。

② 单击功能区的【开始】→【样式】→【对话框启动器】，打开“样式”窗格。

③ 单击“样式”窗格右下角的【选项】，弹出“样式窗格选项”对话框。

④ 选择对话框中“选择要显示的样式”列表框中的【所有样式】选项，单击【确定】按钮返回到“样式”窗格。

⑤ 此时可以看到在“样式”窗格中已经显示出了所有的样式，单击选择所要的样式选项即可。

（2）创建目录

标记好目录项之后，就可以创建目录了，步骤如下。

① 将光标定位到需要显示目录的位置。

② 选择功能区的【引用】→【目录】→【目录】按钮下拉框→【插入目录】项，弹出如图 3-53 所示的对话框。

③ 选择是否显示页码、页码是否右对齐，并设置制表符前导符的样式。

④ 在“常规”区选择目录的格式以及目录的显示级别，一般目录显示到 3 级。

⑤ 单击【确定】按钮即可。

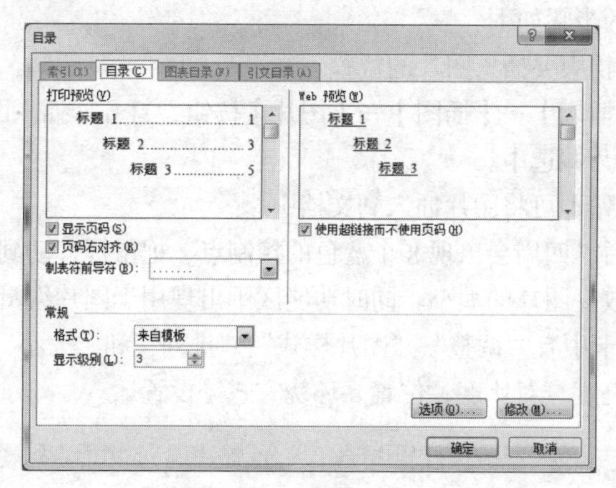

图 3-53　“目录”对话框

（3）更新目录

当文档中的目录内容发生变化时，就需要对目录进行及时更新。要更新目录，单击功能区的【引用】→【目录】→【更新目录】按钮，在弹出的如图 3-54 所示对话框中选择是对整个目录进行更新还是只进行页码更新。也可以先将光标定位到目录上，按【F9】键打开“更新目录”对话框进行更新设置。

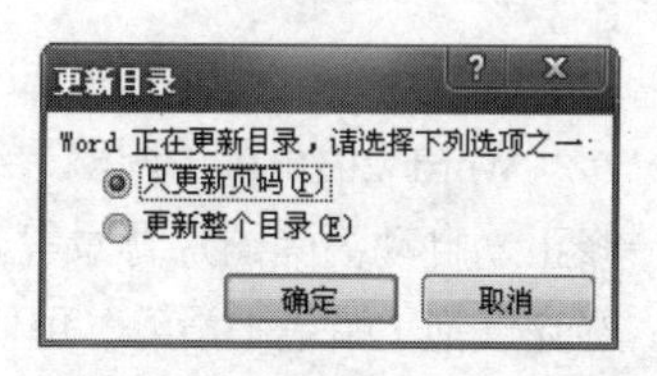

图 3-54　“更新目录”对话框

3.3.3 图文混排

要想使文档具有更美观的视觉效果，仅仅通过编辑和排版是不够的，有时还需要在文档中适当的位置放置一些图片并对其进行编辑修改以增加文档的美观程度。在 Word 2010 中，为用户提供了功能强大的图片编辑工具，无须其他专用的图片工具，即能完成对图片的插入、剪裁和添加图片特效，也可以更改图片亮度、对比度、颜色饱和度、色调等，能够轻松、快速地将简单的文档转换为图文并茂的艺术作品。通过新增的去除图片背景功能还能方便地移除所选图片的背景。

1. 绘制图形

在 Word 2010 中，用户可以绘制不同的图形，如直线、曲线及各种标注等，如图 3-55 所示。

图 3-55　绘制图形示意图

Word 2010 提供了很多自选图形绘制工具，其中包括各种线条、矩形、基本形状（圆、椭圆以及梯形等）、箭头和流程图等。插入自选图形的步骤如下。

① 单击功能区的【插入】→【插图】→【形状】按钮，在弹出的形状选择下拉框中选择所需的自选图形。

② 移动鼠标到文档中要显示自选图形的位置，按下鼠标左键并拖动至合适的大小后松开即可绘出所选图形。

自选图形插入文档后，在功能区中显示出绘图工具“格式”选项卡，可以对自选图形更改边框、填充色、阴影、发光、三维旋转以及文字环绕等设置。

2. 插入图片

在文档中插入图片的步骤如下。

① 将光标定位到文档中要插入图片的位置。

② 单击功能区的【插入】→【插图】→【图片】按钮，打开“插入图片”对话框。

③ 找到要选用的图片并选中。

④ 单击【插入】按钮即可将图片插入到文档中。

图片插入到文档中后，四周会出现 8 个蓝色的控制点，把鼠标移动到控制点上，当变成双向箭头时，拖动鼠标可以改变图片的大小。同时功能区中出现用于图片编辑的“格式”选项卡，如图 3-56 所示，在该选项卡中有“调整”、“图片样式”、“排列”和“大小”4 个组，利用其中的命令按钮可以对图片进行亮度、对比度、位置、环绕方式等设置。

图 3-56　图片工具“格式”选项卡

Word 2010 在“调整”组中增加了许多图片编辑的新功能，包括为图片设置艺术效果、图片修正、自动消除图片背景等。通过对图片应用艺术效果，如铅笔素描、线条图形、水彩海绵、马赛克气泡、蜡笔平滑等，可使其看起来更像素描、绘图或绘画作品；通过微调图片的颜色饱和度、色调，将使其具有更引人注目的视觉效果；调整亮度、对比度、锐化和柔化，或重新着色能使其更适合文档内容；通过将图片背景去除能够更好地突出图片主题。要对所选图片进行以上设置，只需在图 3-56 的选项卡中单击相应的设置按钮，在弹出的下拉框中进行选择即可。需要注意的是，在为图片删除背景时，单击【删除背景】按钮，会显示出“背景消除”选项卡，如图 3-57 所示，Word 2010 会自动在图片上标记出要删除的部分，一般还需要用户手动拖动标记框周围的调整按钮进行设置，之后通过“标记要保留的区域”或“标记要删除的区域”按钮修改图片的边缘效果，完成设置后单击【保留更改】按钮就会删除所选图片的背景。如果用户想恢复图片到未设置前的样式，单击图 3-56 的选项卡中的“重设图片”按钮即可。

通过“图片样式”组不仅可以将图片设置成该组中预设好的样式，还可以根据自己的需要通过“图片边框”、“图片效果”和“图片版式”3 个下拉按钮对图片进行自定义设置，包括更改图片的边框，阴影、发光、三维旋转等效果的设置，将图片转换为 Smart Art 图形等。

对于图片来说，将其插入到文档中后，一般都要进行环绕方式设置，这样可以使文字与图片以不同的方式显示。选中图片后单击图 3-56 选项卡中的【排列】→【自动换行】按钮，在弹出的下拉框中根据需要进行选择即可。图 3-58 所示为将图片设置为“衬于文字下方”环绕方式的显示效果。

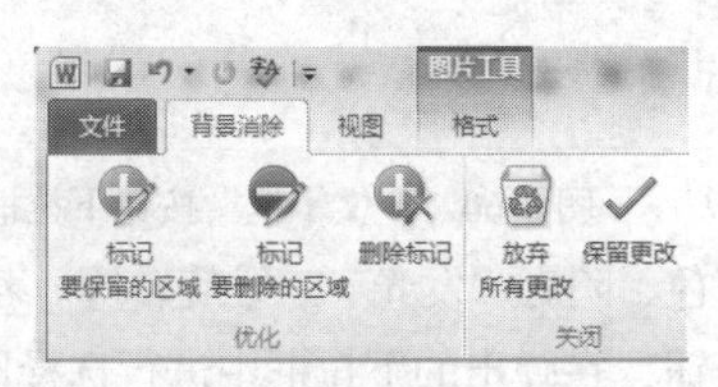

图 3-57　“背景消除”选项卡

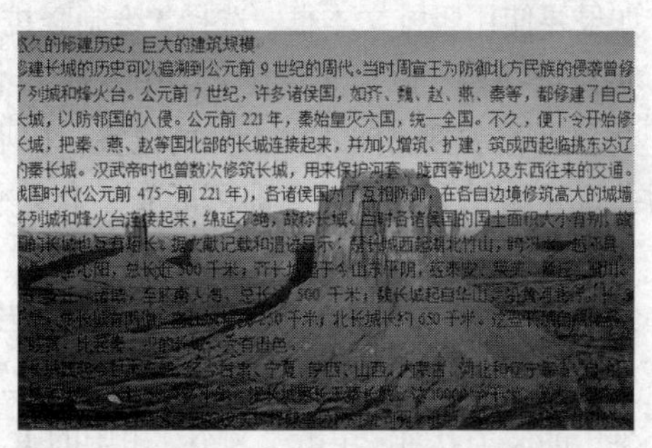

图 3-58　“衬于文字下方”环绕方式效果图

在 Word 2010 中还增加了屏幕截图功能，能将屏幕截图即时插入到文档中。单击功能区的【插入】→【插图】→【屏幕截图】按钮，在弹出的下拉菜单中可以看到所有已经开启的窗口缩略图，单击任意一个窗口即可将该窗口完整地截图并将截图自动插入到文档中。如果只想要截取屏幕上的一小部分，选择【屏幕剪辑】选项，然后在屏幕上通过鼠标拖动选取想要截取的部分即可将选取内容以图片的形式插入文档中。在添加屏幕截图后，可以使用图片工具“格式”选项卡对截图进行编辑或修改。

3. 插入剪贴画

在文档中插入剪辑库中剪贴画的步骤如下。

① 将光标定位到文档中要显示剪贴画的位置。

② 单击功能区的【插入】→【插图】→【剪贴画】按钮，在文档编辑区的右侧会显示出“剪贴画”任务窗格。

③ 在“搜索文字”中键入查找图片的关键字，如“动物”。

④ 在“结果类型”下拉框中选择要显示的搜索结果类型，如选择“插图”，如果需要显示 Office.com 网站的剪贴画，则选中“包括 Office.com 内容”复选框。

⑤ 单击【搜索】按钮，在任务窗格的下方列表框中会显示出搜索结果，如图 3-59 所示。

图 3-59　搜索“剪贴画”示例

⑥ 单击要使用的图片即可将其插入到文档中。

剪贴画插入后，在功能区同样会出现用于图片编辑的“格式”选项卡，利用其对剪贴画的设置方法与图片类似，只是不能对剪贴画进行删除背景以及艺术效果设置。

4. 插入文本框

所谓文本框，就是用来输入文字的一个矩形方框，也是一种特殊的图形对象。插入文本框的好处在于文本框可以放在任意位置，还可以随时移动。插入文本框的步骤如下。

① 单击功能区的【插入】→【文本】→【文本框】按钮，将弹出如图 3-60 所示的下拉框。

② 如果要使用已有的文本框样式，直接在“内置”栏中选择所需的文本框样式即可。

③ 如果要手工绘制文本框，选择“绘制文本框”项；如果要使用竖排文本框，选择“绘制竖排文本框”项。进行选择后，鼠标光标在文档中变成“十”字形状，将鼠标移动到要插入文本框的位置，按下鼠标左键并拖动至合适大小后松开即可形成一个文本框。

④ 在插入的文本框中输入文字。

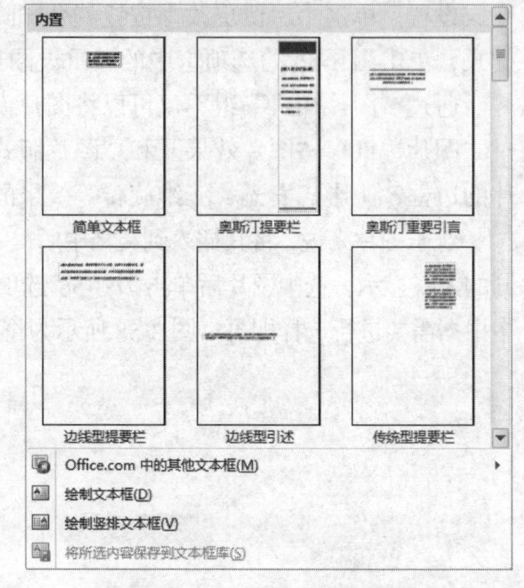

图 3-60 “文本框”按钮下拉框

文本框插入文档后，在功能区中会显示出绘图工具“格式”选项卡，可对文本框及其上文字设置边框、填充色、阴影、发光、三维旋转等。若想更改文本框中的文字方向，单击“文本”组中的【文字方向】按钮，在弹出的下拉框中进行选择即可。

5. 插入艺术字

艺术字是具有特殊效果的文字，可以使观者产生一种立体感的视觉效果，因此插入艺术字在优化版面方面起到了非常重要的作用。

在文档中插入艺术字的步骤如下。

① 将光标定位到文档中要显示艺术字的位置。

② 单击功能区的【插入】→【文本】→【艺术字】按钮，在弹出的艺术字样式框中选择一种样式。

③ 在文本编辑区中“请在此放置您的文字”框中键入文字即可。

艺术字插入文档中后，功能区中会出现用于艺术字编辑的绘图工具“格式”选项卡，如图 3-61 所示，利用“形状样式”组中的命令按钮可以对显示的艺术字的形状进行边框、填充、阴影、发光、三维效果等设置。利用“艺术字样式”组中的命令按钮可以对艺术字进行边框、填充、阴影、发光、三维效果和转换等设置。与图片一样，也可以通过“排列”组中的“自动换行”按钮下拉框对其进行环绕方式的设置。

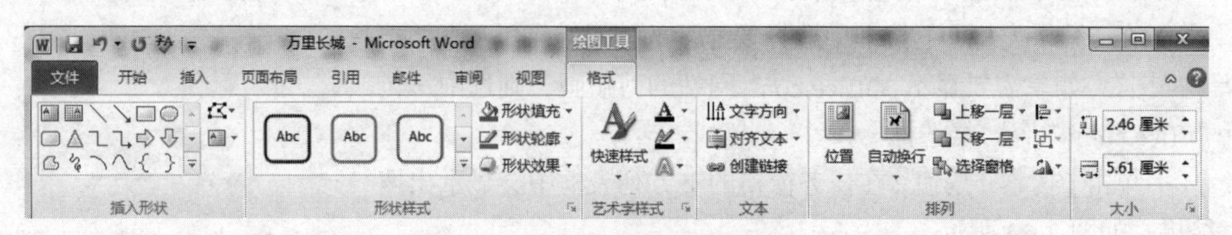

图 3-61 绘图工具“格式”选项卡

6. 插入 Smart Art 图形

Word 2010 中的“Smart Art”工具提供了更丰富多彩的各种图表绘制功能，能帮助用户制作出精美的文档图表对象。使用“Smart Art”工具，可以非常方便地在文档中插入用于演示流程、层次结构、循环或者关系的 Smart Art 图形。

在文档中插入 Smart Art 图形的步骤如下。

① 将光标定位到文档中要显示图形的位置。

② 单击功能区的【插入】→【插图】→【Smart Art】按钮，打开“选择 Smart Art 图形”对话框，如图 3-62 所示。

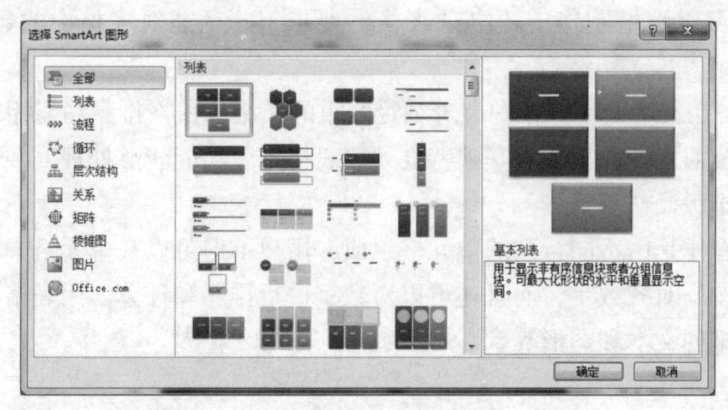

图 3-62　“选择 Smart Art 图形”对话框

③ 图中左侧列表中显示的是 Word 2010 提供的 Smart Art 图形分类列表，有列表、流程、循环、层次结构、关系等，单击某一种类别，会在对话框中间显示出该类别下的所有 Smart Art 图形的图例，单击某一图例，在右侧可以预览到该种 Smart Art 图形，并在预览图的下方显示该图的文字介绍，在此选择“层次结构”分类下的组织结构图。

④ 单击【确定】按钮，即可在文档中插入如图 3-63 所示的显示文本窗格的组织结构图。

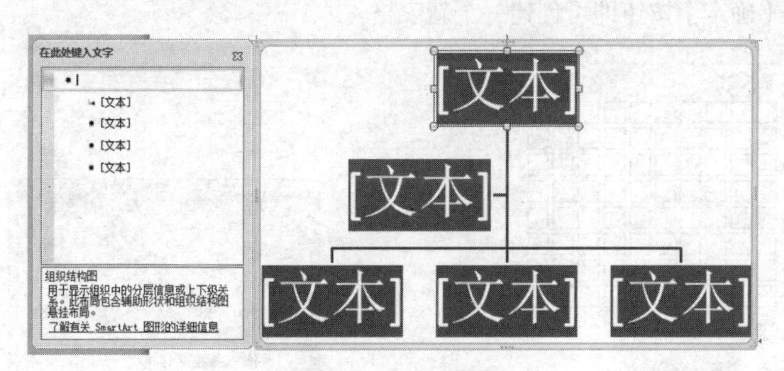

图 3-63　组织结构图

插入组织结构图后，就可以在图 3-63 中显示“文本”的位置输入任意文字，也可在图左侧的“在此处输入文字”文本窗格中输入。输入文字的格式按照预先设计的格式显示，当然用户也可以根据自己的需要进行更改。

当文档中插入组织结构图后，在功能区会显示用于编辑 Smart Art 图形的“设计”和“格式”选项卡，如图 3-64 所示。通过 Smart Art 工具可以为 Smart Art 图形进行添加新形状、更改布局、更改颜色、更改形状样式（包括填充、轮廓以及阴影、发光等效果设置），还能为文字更改边框、填充色，以及设置发光、阴影、三维旋转和转换等效果。

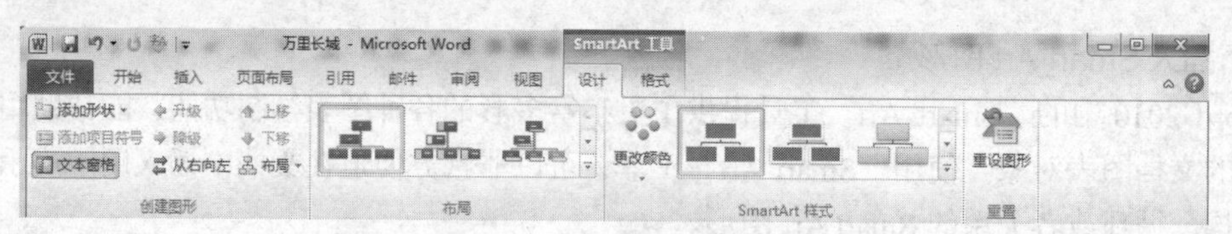

图 3-64 Smart Art 工具

3.3.4 表格

Word 具有功能强大的表格制作功能。其“所见即所得”的工作方式使表格制作更加方便、快捷、安全，可以满足制作中式复杂表格的要求，并且能对表格中的数据进行较为复杂的计算。

Word 中的表格在文字处理操作中有着举足轻重的作用，表格排版功能相对于文本排版功能来说，两者有许多相似之处，也各有其独特之处，表格排版功能能够处理复杂的、有规则的文本排版，大大简化了排版操作。

因为表格可以看作是由不同行列的单元格组成，用户不但可以在单元格中填写文字和插入图片，还可以用表格按列对齐数字，而且还可以对数字进行排序和计算。用表格可以创建出引人入胜的页面版式以及排列文本和图形等。

1. 创建表格

（1）插入表格

要在文档中插入表格，先将光标定位到要插入表格的位置，单击功能区【插入】→【表格】→【表格】按钮，弹出如图 3-65 所示的下拉框，其中显示一个示意网格，沿网格右下方移动鼠标，当达到需要的行列位置后单击鼠标即可。

除上述方法外，也可选择下拉框中的【插入表格】项，弹出如图 3-66 所示对话框，在“列数”文本框中输入列数，“行数”文本框中输入行数，在“自动调整操作”选项中根据需要进行选择，设置完成后单击【确定】按钮即可创建一个新表格。

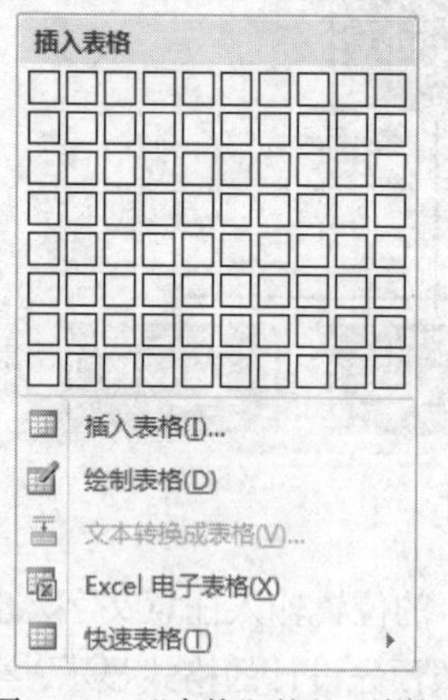

图 3-65 “表格”按钮下拉框

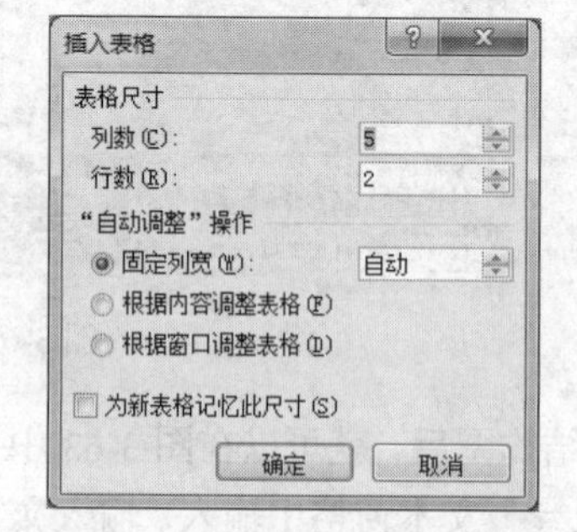

图 3-66 “插入表格”对话框

（2）绘制表格

插入表格的方法只能创建规则的表格，对于一些复杂的不规则表格，则可以通过绘制表格的方法来实现。要绘制表格，需单击图 3-65 所示的【绘制表格】选项，之后将鼠标移到文本编辑区，会看到鼠标已变成一个笔状图标，此时就可以像自己拿了画笔一样通过鼠标拖动画出所需的任意表格。需要注意的是，首次通过鼠标拖动绘制出的是表格的外围边框，之后才可以绘制表格的内部框线。要结束绘制表格，双击鼠标或者按【Esc】键即可。

（3）快速制表

要快速创建具有一定样式的表格，可选择图 3-65 所示的【快速表格】选项，在弹出的子菜单中根据需要单击某种样式的表格选项即可。

2. 表格内容输入

表格中的每一个小格叫做单元格，在每一个单元格中都有一个段落标记，可以把每一个单元格当做一个小的段落来处理。要在单元格中输入内容，需要先将光标定位到单元格中，可以通过在单元格上单击鼠标左键或者使用方向键将光标移至单元格中实现。例如，可以对新创建的空表进行内容的填充，得到如表 3-3 所示的表格。

当然，也可以修改录入内容的字体、字号、颜色等，这与文档的字符格式设置方法相同，都需要先选中内容再设置。

表 3-3　第一季度加班工时表

姓名	一月份	二月份	三月份
朱国英	124	103	112
张晓胜	98	117	120
孙家辉	116	99	110
李海生	115	97	106

3. 编辑表格

（1）选定表格

在对表格进行编辑之前，需要学会如何选中表格中的不同元素，如单元格、行、列或整个表格等。Word 2010 中有如下一些选中的技巧。

① 选定一个单元格：将鼠标移动到该单元格左边，当鼠标变成实心右上方向的箭头时单击鼠标左键，该单元格即被选中。

② 选定一行：将鼠标移到表格外该行的左侧，当鼠标变成空心右上方向的箭头时单击鼠标左键，该行即被选中。

③ 选定一列：将鼠标移到表格外该列的最上方，当鼠标变成实心向下方向的黑色箭头时单击鼠标左键，该列即被选中。

④ 选定整个表格：可以拖动鼠标选取，也可以通过单击表格左上角的被方框框起来的四向箭头图标⊞来选中整个表格。

（2）调整行高和列宽

调整行高是指改变本行中所有单元格的高度，将鼠标指向此行的下边框线，鼠标会变成垂直分离的双向箭头，直接拖动即可调整本行的高度。

调整列宽是指改变本列中所有单元格的宽度，将鼠标指向此列的右边框线，鼠标会变成水平分离的双向箭头，直接拖动即可调整本列的宽度。要调整某个单元格的宽度，则要先选中该单元格，再执行上述操作，此时的改变仅限于选中的单元格。

也可以先将光标定位到要改变行高或列宽的那一行或列中的任一单元格，此时，功能区中会出现用于表格操作的两个选项卡“设计”和“布局”，再单击“布局”选项卡中的“单元格大小”组中显示当前单元格行高和列宽的两个文本框右侧的上下微调按钮，即可精确调整行高和列宽。

（3）合并和拆分

在创建一些不规则表格的过程中，可能经常会遇到要将某一个单元格拆分成若干个小的单元格，或者要将某些相邻的单元格合并成一个的情况，此时就需要使用表格的合并与拆分功能。

要合并某些相邻的单元格，首先要将其选中，然后单击功能区的“布局”选项卡中“合并”组中的【合并单元格】按钮，或者单击鼠标右键，在弹出的快捷菜单中选择【合并单元格】命令，就可以将选中的多个单元格合并成一个，合并前各单元格中的内容将以一列的形式显示在新单元格中。

要将一个单元格拆分，先将光标放到该单元格中，然后单击功能区的“布局”选项卡中“合并”组中的【拆分单元格】按钮，在弹出的“拆分单元格”对话框中设置要拆分的行数和列数，最后单击【确定】按钮即可。原有单元格中的内容将显示在拆分后的首个单元格中。

如果要将一个表格拆分成两个，先将光标定位到拆分分界处（即第二个表格的首行上），再单击功能区的【布局】→【合并】→【拆分表格】按钮，即完成了表格的拆分。

（4）插入行或列

要在表格中插入新行或新列，只需先将光标定位到要在其周围加入新行或新列的那个单元格，再根据需要选择功能区的“布局”→“行和列”组中的命令按钮，单击【在上方插入】或【在下方插入】可以在单元格的上方或下方插入一个新行，单击【在左侧插入】或【在右侧插入】可以在单元格的左侧或右侧插入一个新列。

在此，对表3-3进行修改，为其插入一个“平均”行和一个“总计”列，得到表3-4。

表3-4　第一季度加班工时表（插入行和列）

姓名	一月份	二月份	三月份	总计
朱国英	124	103	112	
张晓胜	98	117	120	
孙家辉	116	99	110	
李海生	115	97	106	
平均				

（5）删除行或列

要删除表格中的某一列或某一行，先将光标定位到此行或此列中的任一单元格中，再单击功能区的【布局】→【行和列】→【删除】按钮，在弹出的下拉框中根据需要单击相应选项即可。若要一次删除多行或多列，则需将其都选中，再执行上述操作。需要注意的是，选中行或列后直接按【Delete】键只能删除其中的内容而不能删除行或列。

（6）更改单元格对齐方式

单元格中文字的对齐方式一共有9种，默认的对齐方式是靠上左对齐。要更改某些单元格的文字对齐方式，先选中这些单元格，再单击功能区的【布局】选项卡，在“对齐方式”组中可以看到9个小的图例按钮，根据需要的对齐方式单击某个按钮即可；也可以选中后单击鼠标右键，在弹出的快捷菜单中单击【单元格对齐方式】项下的某个图例选项。在此，将表3-4中的所有内容都设置为水平和垂直方向上都居中，得到表3-5。

表 3-5 第一季度加班工时表（设置对齐）

姓名	一月份	二月份	三月份	总计
朱国英	124	103	112	
张晓胜	98	117	120	
孙家辉	116	99	110	
李海生	115	97	106	
平均				

（7）绘制斜线表头

在创建一些表格时，需要在首行的第一个单元格中分别显示出行标题和列标题，有时还需要显示出数据标题，这就需要通过绘制斜线表头来进行制作。

要为表 3-5 创建斜线表头，可以通过以下步骤来实现。

① 将光标定位在表格首行的第一个单元格当中，并将此单元格的尺寸调大。

② 单击功能区的【设计】→【表格样式】→【边框】按钮下拉框中选择【斜下框线】选项即可在单元格中出现一条斜线。

③ 在单元格中的“姓名”文字前输入“月份”后按回车键。

④ 调整两行文字在单元格中的对齐方式分别为“右对齐”、“左对齐”，完成设置后如表 3-6 所示。

表 3-6 第一季度加班工时表（插入斜线表头）

月份 姓名	一月份	二月份	三月份	总计
朱国英	124	103	112	
张晓胜	98	117	120	
孙家辉	116	99	110	
李海生	115	97	106	
平均				

4. 美化表格

（1）修改表格框线

如果要对已创建表格的框线颜色或线型等进行修改，先选中要更改的单元格，若是对整个表格进行更改，将光标定位在任一单元格均可，之后切换到功能区的【设计】→【表格样式】→【边框】按钮下拉框中的【边框和底纹】项，在弹出的“边框和底纹”对话框中分别选择边框的样式、颜色和宽度，根据需要在该对话框的右侧“预览”区中选择上、下、左、右等图示按钮将该种设置应用于不同边框，设置完成后单击【确定】按钮。

（2）添加底纹

为表格添加底纹，先选中要添加底纹的单元格，若是为整个表格添加，则需选中整个表格，之后切换到功能区的【设计】→【表格样式】→【底纹】按钮下拉框中的颜色即可。

将表 3-6 进行边框和底纹修饰后的效果如表 3-7 所示。

表 3-7　　　　第一季度加班工时表（设置边框和底纹）

月份 姓名	一月份	二月份	三月份	总计
朱国英	124	103	112	
张晓胜	98	117	120	
孙家辉	116	99	110	
李海生	115	97	106	
平均				

5. 转换文本

要把一个表格转换为文本，先选择整个表格或将光标定位到表格中，再单击功能区的【布局】→【数据】→【转换为文本】按钮，在弹出的“表格转换成文本”对话框中选择分隔单元格中文字的分隔符，之后单击【确定】即可将表格转换成文本。

6. 排序和计算

（1）表格中数据的计算

在 Word 2010 中，可以通过在表格中插入公式的方法来对表格中的数据进行计算。例如，要计算表 3-6 中朱国英的总工时，首先将光标定位到要插入公式的单元格中，然后单击功能区的【布局】→【数据】→【公式】按钮，弹出如图 3-67 所示的“公式”对话框。

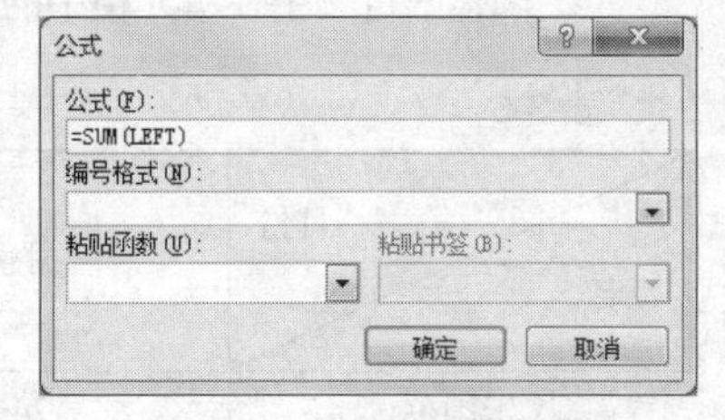

图 3-67　“公式”对话框

在对话框的“公式”框中已经显示出了公式“=SUM（LEFT）”，由于要计算的正是公式所在单元格左侧数据之和，所以此时不需更改，直接单击【确定】按钮就会计算出朱国英的总工时并显示。若要计算一月份 4 位员工加工的平均工时，将光标定位到要插入公式的单元格中之后，再重复以上操作，也会弹出“公式”对话框，只是此时“公式”框中显示的公式是“=SUM（ABOVE）”，由于要计算的是平均工时，所以此时要使用的计算函数是“AVERAGE”，将“公式”框中的“SUM”修改为“AVERAGE”或者通过“粘贴函数”下拉框选择“AVERAGE”函数，在“编号格式”下拉框中选择数据显示格式为保留两位小数“0.00”，然后单击【确定】按钮就可计算并显示一月份的平均工时。以相同方式计算其余数据，结果如表 3-8 所示。

表 3-8　　　　第一季度加班工时表（使用公式计算）

月份 姓名	一月份	二月份	三月份	总计
朱国英	124	103	112	339
张晓胜	98	117	120	335
孙家辉	116	99	110	325
李海生	115	97	106	318
平均	113.25	104.00	112.00	

（2）表格中数据的排序

要对表格排序，首先要选择排序区域，如果不选择，则默认是对整个表格进行排序。如果要将表 3-8 按“总计”进行升序排序，则要选择表中除“平均”以外的所有行，之后单击功能区的【布局】→【数据】→【排序】按钮，打开如图 3-68 所示的“排序”对话框。

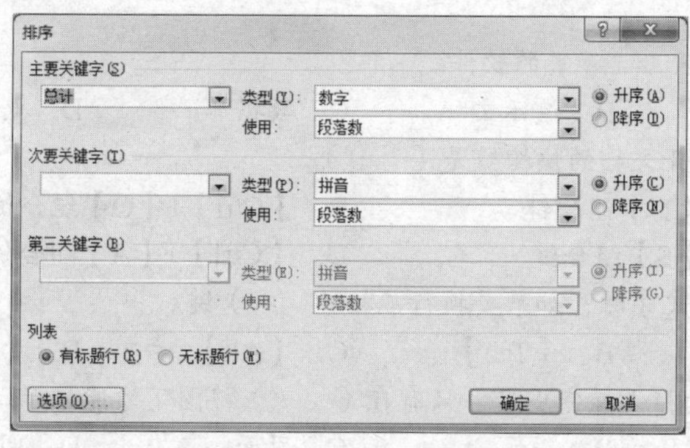

图 3-68 “排序”对话框

在“主要关键字”下拉框中选择【总计】，则“类型”框的排序方式自动变为“数字”，再选择【升序】排序，根据需要用同样的方式设置“次要关键字”以及“第三关键字”。在对话框底部，选择表格是否有标题行。如果选择【有标题行】，那么顶行条目就不参与排序，并且这些数据列将用相应标题行中的条目来表示，而不是用“列 1”、“列 2”等方式表示；选择【无标题行】则顶行条目将参与排序。此例的情况要选择【有标题行】，再单击【选项】按钮微调排序命令，如排序时是否区分大小写等，设置完成后单击【确定】按钮就完成了排序，结果如表 3-9 所示。

表 3-9　　第一季度加班工时表（按总计升序排列）

月份 / 姓名	一月份	二月份	三月份	总计
李海生	115	97	106	318
孙家辉	116	99	110	325
张晓胜	98	117	120	335
朱国英	124	103	112	339
平均	113.25	104.00	112.00	

小　　结

Word 是 Microsoft 公司推出的大型办公软件 Office 中重要而独立的组成部分——文字处理。Word 2010 具有强大的文字处理、图片处理和表格处理功能。本章详细讲解了输入文字、排出精美的版面、制作表格、插入图片等功能。使用 Word 2010，用户能够更加轻松、方便地完成工作。

习　题

一、选择题

1. Word是用来处理（　　）的软件。
   A. 文字　B. 演示文稿　C. 数据库　D. 电子表格
2. 在Word中，打开文档的快捷键是（　　）。
   A. 【Ctrl】+【N】组合键　B. 【Ctrl】+【O】组合键
   C. 【Ctrl】+【S】组合键　D. 【Ctrl】+【A】组合键
3. 在Word中输入文字时，如果要换行应按（　　）键。
   A. 【Ctrl】　B. 【Tab】　C. 【Alt】　D. 【Enter】
4. 将文档进行分两栏设置完成后，只有在（　　）视图下才能显示。
   A. 大纲　B. 普通　C. 页面　D. 阅读版式
5. 通过Word 2010打开了一个文档并做了修改，之后执行关闭文档操作，则（　　）。
   A. 文档被关闭，并自动保存修改后的内容
   B. 文档被关闭，修改后的内容不能保存
   C. 弹出对话框，询问是否保存对文档的修改
   D. 文档不能关闭，并提示出错
6. 在Word中，视图方式包括（　　）。（多选）
   A. 普通视图　B. 大纲视图　C. 草稿　D. 页面视图
7. 在Word中，如果要选定文档中的一块文本，需要按住键盘上的（　　）键。
   A. 【Ctrl】　B. 【Shift】　C. 【Alt】　D. 【Enter】
8. 在（　　）视图方式下，可以看到与打印结果相同的效果。
   A. 普通　B. 页面　C. 大纲　D. Web版式
9. Word 2010文档默认的扩展名为（　　）。
   A. DOC　B. DOCX　C. DOT　D. DOTX
10. 在Word中，按下键盘上的【Shift】+【Home】组合键，可以选定（　　）。
    A. 从插入点到行末的文本　B. 从插入点到行首的文本
    C. 插入点所在的整句话　D. 插入点所在的整个段落

二、问答题

1. 简述Word 2010有哪些排版功能。
2. 简述使用Word 2010可以对表格作哪些具体操作。

第 4 章 Excel 电子表格

学习目标：

- 了解 Excel 的主要功能及基本概念
- 熟练掌握 Excel 的数据输入和工作表格式化方法
- 掌握 Excel 的数据排序、数据筛选、分类汇总等操作方法
- 掌握 Excel 中创建数据透视表的操作方法
- 掌握 Excel 图表的创建及编辑方法

4.1 Excel 2010 概述

电子表格软件是一种专门用于数据计算、数据图表化、数据统计分析的软件，它能解决人们在日常生活、工作中遇到的各种计算问题，使人们从烦琐复杂的数据计算中解脱出来，专注于计算结果的分析评价，提高了工作效率。电子表格软件应用范围很广，如商业上进行销售统计，会计人员对工资、报表进行统计分析，教师记录、分析学生成绩，家庭理财、计算贷款偿还表等。

Excel 是 Office 办公系列软件中的一个重要组成部分，是一个出色的电子表格软件，用于管理和显示数据。Excel 能对数据进行各种复杂的运算、统计等操作处理，并能够以各种统计报表或统计图的形式将数据打印出来。相比 Excel 2003，新版本 Excel 2010 的界面更加直观、操作更加灵活，功能更加强大，如增加了“迷你图”数据可视化功能，增强了数据筛选功能、数据透视表功能和图片编辑功能，甚至支持在 Web 浏览器中直接创建、编辑、保存和共享 Excel 文件。

4.1.1 Excel 2010 的功能及概念

1. Excel 2010 的主要功能

（1）工作表管理

Excel 具有强大的电子表格操作功能，用户可以在系统提供的巨大表格上，随意设计、修改自己的报表，并且可以方便地一次打开多个文件和快速存取它们。

（2）数据库的管理

Excel 作为一种电子表格工具，对数据库进行管理是其最有特色的功能之一。工作表中的数据是按照相应行和列保存的，加上 Excel 提供的相关处理数据库的命令和函数，使 Excel 具备了组织和管理大量数据的能力。

（3）数据清单管理和数据分析

Excel 可创建数据清单、对清单中的数据进行查找和排序，并对查找到的数据自动进行分类汇总。除了可以做一般的计算工作之外，Excel 还以丰富的格式设置选项、强大而直观化的数据分析功能为用户解决大量的分析与决策方面的工作，对用户的数据优化和资源的更好配置提供帮助。

（4）数据图表管理

Excel 可以根据工作表中的数据源迅速生成二维或三维的统计图表，并对图表中的文字、图案、色彩、位置、尺寸等进行编辑和修改；还可以使用“迷你图”功能绘制简洁直观的嵌入式小图表。

2. Excel 2010 的基本概念

Excel 中，工作簿、工作表和单元格是数据存放及操作的基本单位，也是最重要的基本概念。

（1）工作簿

工作簿是用于处理和存储数据的文件（用户一开始打开的 Excel 窗口即为工作簿窗口）。一个 Excel 2010 文档对应一个工作簿，其文件扩展名为.xlsx。Excel 2010 能兼容前期版本的工作簿，Excel 2007 文件扩展名也为.xlsx 。Excel 97 ~ Excel 2003 文件扩展名为.xls。

（2）工作表

工作表是工作簿中一张张的表格。一个工作簿中可以包含多个工作表，工作表之间可由工作表标签进行切换。Excel 2010 默认的工作表有 3 个：Sheet1，Sheet2，Sheet3。工作表可以由用户增添、删除、重命名及更换存放顺序。在 Excel 2010 的每一张工作表可容纳多达 1 0485 76 行、16 384 列数据，行号自上而下为 1~1 048 576，列号从左到右为 A、B、C、……Y、Z、AA、AB……ZZ、AAA……XFD。当打开的文档工作表只能容纳不大于 65 536 行 256 列的数据时，则该文档属于 Excel 2003 或更早版本的 Excel 文档。

（3）单元格

单元格就是工作表中用来输入数据或公式的矩形小格子，是存放数据的最小单元。每个单元格可由列号和行号唯一标识其地址，如 C5 指的是第 3 列第 5 行位置上的单元格。为区分不同工作表的单元格，可在地址前加工作表名，如 Sheet1!C5 表示“Sheet1”工作表的“C5”单元格。单元格地址的列号用大小写字母表示均可。

4.1.2 启动 Excel 2010

Excel 2010 可通过双击桌面上的 图标启动，或单击【开始】→【所有程序】→【Microsoft Office2010】→【Excel 2010】命令启动。

4.1.3 Excel 2010 工作界面介绍

Excel 2010 的工作界面如图 4-1 所示，该窗口的组成部分主要有快速访问工具栏、标题栏、选项卡、功能区、编辑栏、编辑窗口、状态栏等。

① 快速访问工具栏：显示多个常用的工具按钮，默认状态下包括“保存”、“撤销”、“恢复”按钮。用户也可以根据需要添加或更改该栏工具按钮。

② 标题栏：显示正在编辑的工作表的文件名以及所使用的软件名。

③ 选项卡：默认分为“开始”、“插入”、“页面布局”、“公式”、“数据”、“审阅”和“视图”等选项卡。单击某个选项卡，功能区则提供相应的操作设置选项。

④ 功能区：提供相应选项卡的操作设置选项，各种选项卡的功能区集合了 Excel 2010 绝大部分的操作功能，通常功能区的功能又按“选项组”进行划分。如“开始”选项卡的功能区就分

“剪贴板”、“字体”、“对齐方式”、“数字”、“单元格”、“编辑”等选项组。

⑤ 编辑栏：可直接在该栏处向活动单元格输入数据内容；在单元格输入数据时也会同时在此显示。

⑥ 编辑窗口：显示正在编辑的工作表；Excel 2010 中对数据的编辑操作也在该窗口进行。

⑦ 状态栏：显示当前 Excel 文档的状态。

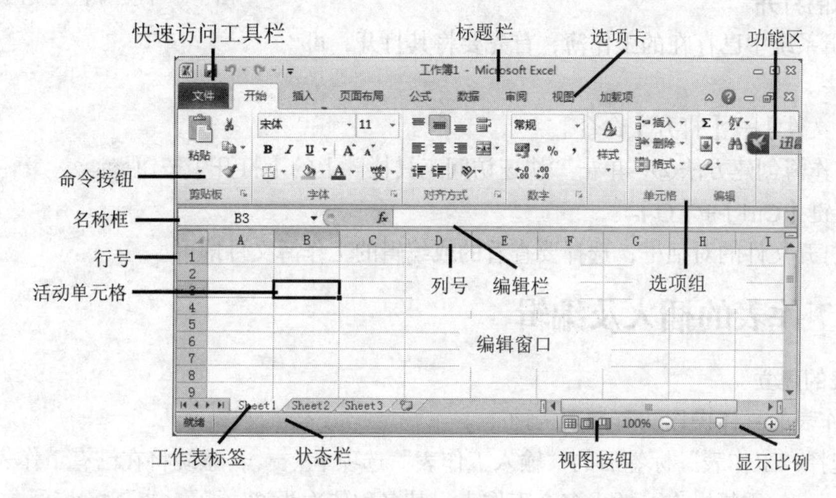

图 4-1 Excel 2010 的工作界面

4.2 工作簿及工作表的基本操作

4.2.1 工作簿的创建及打开

1. 工作簿的创建

在 Excel 2010 中，创建工作簿的方法有多种，通常启动 Excel 后，会立即创建一个新的空白工作簿，此外还有以下三种方法。

① 利用菜单命令新建工作簿，选择【文件】→【新建】命令，在“可用模板”栏中选择【空白工作簿】，单击窗口右下角【创建】按钮创建新的工作簿文档。如图 4-2 所示。

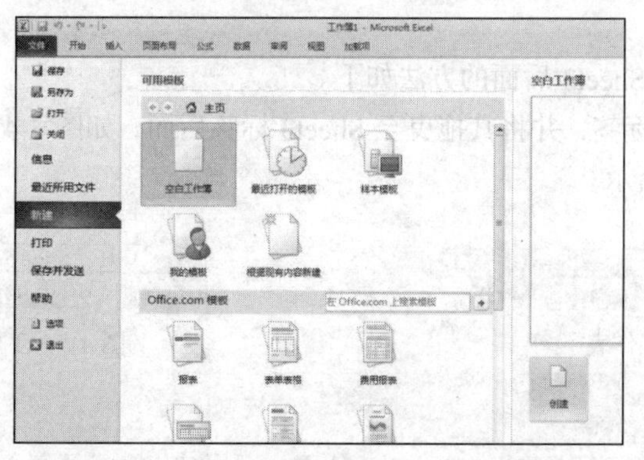

图 4-2 创建 Excel 2010 新工作簿

② 利用快捷键创建工作簿，按快捷键【Ctrl】+【N】，也可以创建新的工作簿。

③ 在“快速访问工具栏”上打开【自定义快速访问工具栏】下拉列表并选择【新建】项，如图 4-3 所示，在“快速访问工具栏”上显示“新建”按钮，单击该按钮。

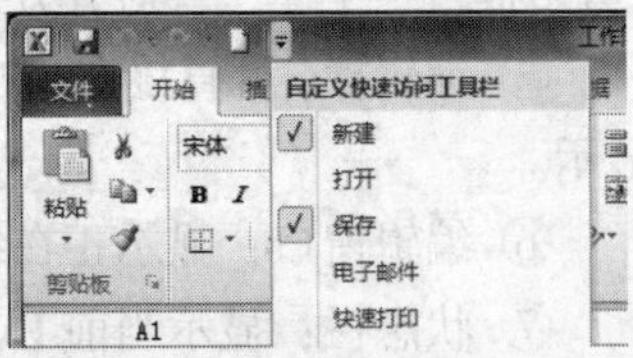

图 4-3　自定义快速访问工具栏

2．工作簿的打开

如果要编辑系统中已存在的工作簿，首先要将其打开，可用如下三种方法。

① 选择【文件】→【打开】命令。

② 参照工作簿创建方法②，单击“快速访问工具栏”上的【打开】按钮。

③ 按快捷键【Ctrl】+【O】。

系统弹出打开文件的对话框，选择要查看的或编辑的工作簿文件即可。

4.2.2　工作表的插入及编辑

1．工作表的建立

插入新工作表的具体操作法有如下三种。

① 直接选择“工作表”标签后的“输入工作表”选项卡，系统将在已有工作表后面自动插入新工作表，如重复操作可插入多个工作表，其名称依次为 Sheet4，Sheet5……

② 按快捷键【Shift】+【F11】，在当前工作表前插入新工作表。

③ 在工作表标签上单击鼠标右键，在快捷菜单中单击【插入】命令，打开“插入”对话框，选定“常用”选项卡上的【工作表】选项并单击【确定】按钮。

2．工作表的删除

删除工作表的具体操作方法有如下两种。

① 选定一个或多个工作表标签（多个可通过按住【Shift】或【Ctrl】键辅助选定），单击鼠标右键，在快捷菜单中选择【删除】命令。

② 在【开始】→【单元格】→【删除】下拉列表中选择【删除工作表】命令可删除当前工作表。

3．工作表重命名

用户可以为工作表重新命名。操作方法有如下两种。

① 在工作表标签上单击鼠标右键，选择【重命名】命令，输入新名称。

② 双击工作表标签，直接输入新名称。

4．工作表的移动

如将 Sheet1 移动至 Sheet3 后面的方法如下。

单击 Sheet1 工作表标签，并将其拖曳至 Sheet3 标签后面，如图 4-4 所示，释放鼠标，工作表移动后的效果如图 4-5 所示。

图 4-4　移动工作表

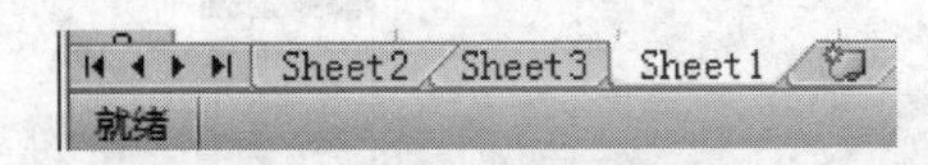

图 4-5　工作表移动后的效果

4.2.3　单元格的编辑

1. 单元格的选定

对单元格进行操作（如移动、删除、复制单元格）时，首先要选定单元格。用户可以选定一个单元格、选择多个单元格，也可以一次选定一整行或整列，还可以一次将所有的单元格都选中。熟练地掌握选择不同范围内的单元格，可以加快编辑的速度，从而提高效率。

（1）选定一个单元格

鼠标单击需编辑的单元格，该单元格以黑框显示，为活动单元格。当选定了某个单元格后，该单元格名称（对应的行列号）将会在名称框中显示。

当选定当前位置的邻近单元格时，可通过箭头键（↑、↓、←、→）向上、下、左、右移动选定一个单元格。

（2）选定整个工作表

要选定整个工作表，单击行标签及列标签交汇处的“全选”按钮即可，如图 4-6 所示。

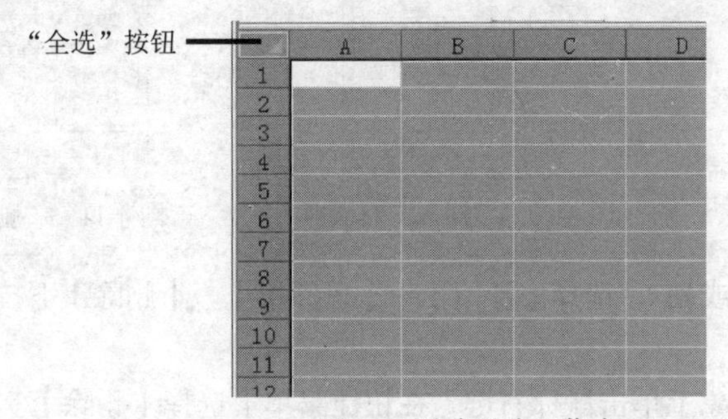

图 4-6　选定整个工作表

（3）选定整行、整列

选定整行单元格可以通过单击行首的行号实现，如图 4-7 所示；选定整列单元格可以单击列首的列号实现，如图 4-8 所示。

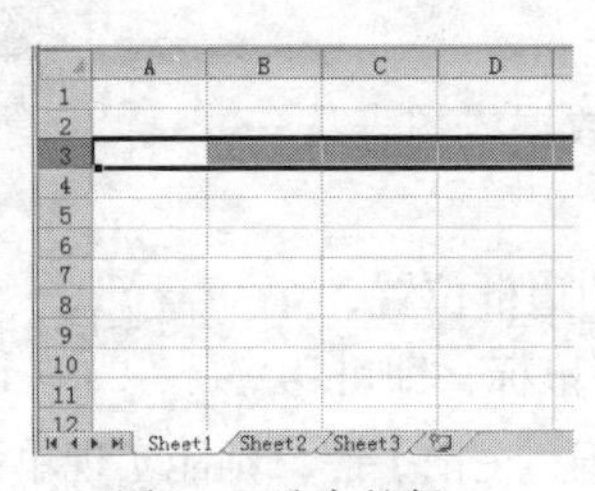

图 4-7　选定整行

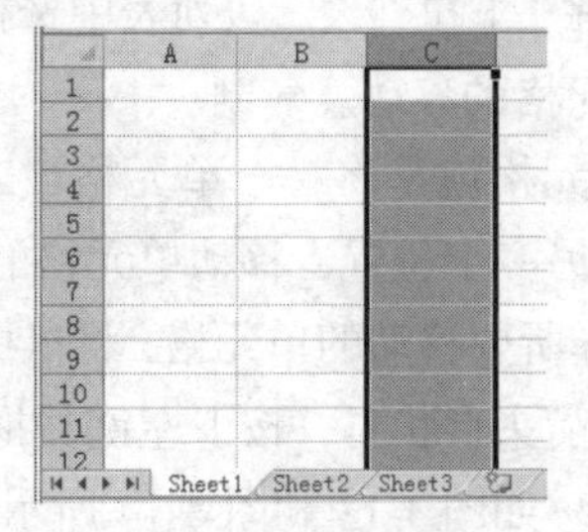

图 4-8　选定整列

（4）选定多个相邻的单元格

如果用户想选定连续的单元格，可通过单击起始单元格，按住鼠标左键不放，然后再将鼠标拖至需连续选定单元格的终点即可，这时所选区域反白显示。

（5）选定多个不相邻的单元格

用户不但可以选择连续的单元格，还可选择间断的单元格。方法是：先选定一个单元格，然后按住【Ctrl】键，再选定其他单元格即可。

2. 单元格、行或列的插入

插入单元格、行或列的具体操作方法如下。

选定单元格区域（选定的单元格的数量即是插入单元格的数量，例如选择 7 个，则会插入 7 个单元格），在【开始】→【单元格】→【插入】下拉列表中选择命令。如图 4-9 所示。

如果选择了【插入单元格】命令，则打开如图 4-10 所示的“插入”对话框。选择【活动单元格右移】或【活动单元格下移】单选框，单击【确定】按钮，即可插入单元格。

如果在图 4-9 所示列表中选择了【插入工作表行】或【插入工作表列】命令，则会直接插入一行或一列。

3. 单元格、行或列的删除

操作方法如下。

选定要删除的单元格或区域，选择【开始】→【单元格】→【删除】下拉列表→【删除单元格】，出现“删除”对话框，如图 4-11 所示，选定相应的单选框，单击【确定】按钮。

图 4-9 插入单元格

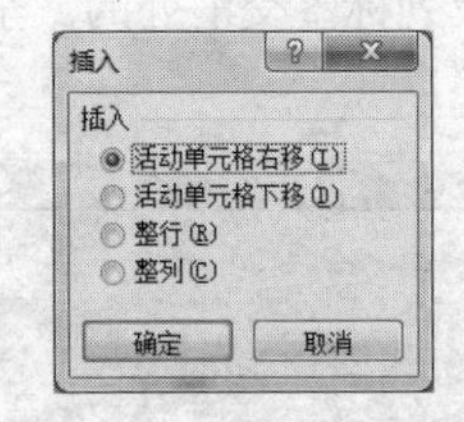

图 4-10 “插入”对话框

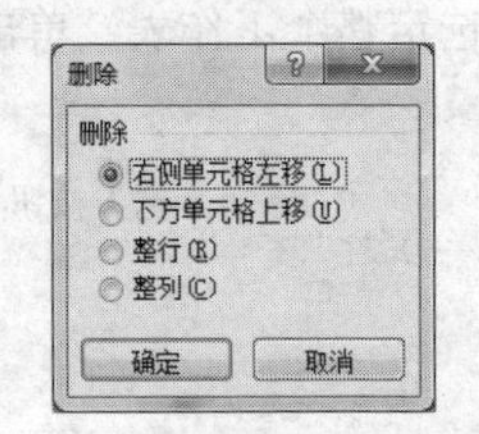

图 4-11 “删除”对话框

选定要删除的工作表行（或列），选择【开始】→【单元格】→【删除】下拉列表→【删除工作表行】或【删除工作表列】。

以上操作也可以在选定对象上单击鼠标右键，在快捷菜单上选择【删除】实现。

4. 清除单元格格式或内容

清除单元格的操作，只是删除了单元格中的内容（公式和数据）、格式或批注，但空白单元格仍然保留在工作表中。操作方法如下。

选定需要清除其格式或内容的单元格或区域，选择【开始】→【编辑】→【清除】下拉列表，从列表中选择相应命令即可，如图 4-12 所示。

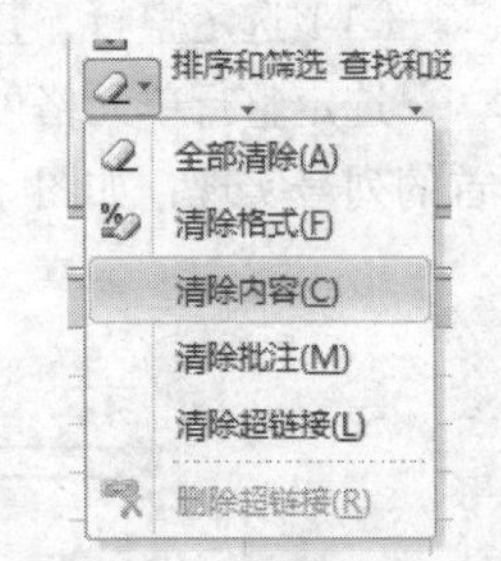

图 4-12 清除单元格内容

5. 单元格的移动及复制

移动单元格就是将一个单元格或若干个单元格中的数据或图表从一个位置移至另一个位置，移动单元格的操作方法如下。

① 选择所要移动的单元格，将鼠标放置到该单元格的边框位置，当鼠标变成 4 箭头形状时，按下左键并拖动到目标位置松开鼠标，即可移动单元格了。如图 4-13 和图 4-14 所示。在移动的同时按住【Ctrl】键，则能实现单元格的复制。

	A	B	C	D	E	F	G	H
1	所得税税率参考表							
2	低于500	500至2000	高于2000					
3	5%	10%	15%					
4								
5								
6								
7								
8								
9								

图 4-13 移动单元格

	A	B	C	D	E	F	G	H
1								
2								
3								
4								
5					所得税税率参考表			
6					低于500	500至2000	高于2000	
7					5%	10%	15%	
8								
9								

图 4-14　单元格移动效果

② 也可以通过命令按钮来移动或复制单元格，选择要移动的单元格，然后单击【开始】→【剪贴板】→【剪切】命令按钮，执行完毕后，所选区域的单元格边框就会出现滚动的虚线。鼠标单击所要移至的位置，单击【开始】→【剪贴板】→【粘贴】命令按钮，即可达到移动单元格的目的。

③ 使用快捷键【Ctrl】+【X】及【Ctrl】+【V】实现选定内容移动。

④ 在选定区上单击鼠标右键，在快捷菜单上选择【剪切】→【粘贴选项】或【粘贴】命令。

单元格的复制的方法与移动方式相似，主要通过“复制”(【Ctrl】+【C】键) + “粘贴”(【Ctrl】+【V】键)命令实现。

Excel 2010 粘贴选项可实现“值”、“公式”、“置换”、“格式”等粘贴方式。图 4-15 为功课表的“转置”粘贴的方法及效果。其操作方法是：选择整个功课表数据(A4：G10)，使用右键快捷菜单“复制”命令复制数据，选中目标单元格(A12)，再用右键快捷菜单“粘贴选项”的“转置”图标命令实现粘贴，得到如图 4-15 所示的行列置换功课表。

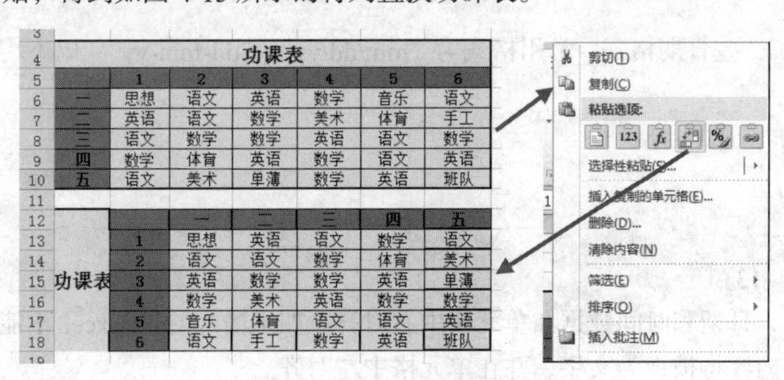

图 4-15　数据的“转置”粘贴

6. 行高和列宽的调整

系统默认的行高和列宽有时并不能满足需要，这时用户可以自定义调整行高和列宽。修改行高最方便快捷的方法就是利用鼠标拖动，具体操作方法如下。

① 将鼠标放到两个行标号之间，鼠标变成 ╪ 形状，此时按下鼠标左键并拖动，即可调整行高。

② 将鼠标放到两个列标签之间，鼠标变成 ╫ 形状，按下鼠标左键并拖动，即可调整列宽。

4.2.4　工作表数据的输入及格式化

Excel 中用户输入的内容都存放于单元格内。当用户选定某个单元格后，即可在该单元格内输入内容，可输入的内容包括文本、数字、日期和时间等。用户可以通过自己打字输入，也可以根据设置自动输入。

1. 数据的输入

（1）文本

在 Excel 中，系统将汉字、数字、英文字母、空格、连接符等字符的组合统称为文本。

输入文本的具体操作步骤如下。

① 选定单元格；

② 直接输入文本；

③ 输入完成后，按回车键，确认输入的内容。

（2）数字

输入数字与输入文字的方法相同。不过输入数字需要注意下面几点。

- 输入分数时，应先输入一个 0 和一个空格，之后再输入分数。否则系统会将其作为日期处理。例如：输入“8/10（十分之八）”，应输入“0 8/10”，不输入 0，则表示 10 月 8 日。
- 输入百分数时，先输入数字，再输入百分号即可。
- 在 Excel 中，可以输入以下数值。

“0~9”、“+”（加号）、“－”（减号）、“（　）”（圆括号）、“,”（逗号）、“/”（斜线）、“$”（货币符号）、“%”（百分号）、“.”（英文句号）、“E 和 e”（科学计数符）。

E 或 e 是乘方符号，En 表示 10 的 *n* 次方。例如“1.3E−2”表示“1.3×10^{-2}”，值为 0.013。

（3）日期

Excel 内置了一些日期格式，常用格式为“mm/dd/yy”、“dd-mm-yy”，以下均为有效的日期表达方式。

- 2013 年 5 月 12 日
- 2013/5/12
- 2013-5-12
- 12-May-13

默认情况下，日期和时间数据在单元格中右对齐。如果输入的是 Excel 不能识别的日期或时间格式，输入的内容将被视为文字，并在单元格中左对齐。

（4）时间

在 Excel 中，时间分 12 小时制和 24 小时制，如果要基于 12 小时制输入时间，首先在时间后输入一个空格，然后输入 AM 或 PM（也可输入 A 或 P），用来表示上午或下午。否则，Excel 将以 24 小时制计算时间。例如，如果输入 11:00 而不是 11:00 PM，将被视为 11:00AM。

如果要输入当天的日期，按【Ctrl】+【;】键；如果要输入当前的时间，按【Ctrl】+【Shift】+【;】键。

时间和日期还可以相加、相减，并可以包含到其他运算中。如果要在公式中使用日期或时间，可用带引号的文本形式输入日期或时间值。例如，=“2013/11/25” - “2013/10/5”的差值为 51 天。

2. 自动填充

Excel 为用户提供了强大的自动填充数据功能，通过这一功能，用户可以非常方便地填充数据。

自动填充数据是指在一个单元格内输入数据后，与其相邻的单元格可以自动地输入一定规则的数据，它们可以是相同的数据，也可以是一组序列（等差或等比）。自动填充数据的方法有两种：

鼠标拖动填充数据和菜单命令填充数据。

（1）鼠标拖动填充数据

用户可以通过拖动的方法来输入相同的数值（在只选定一个单元格的情况下），如果选定了多个单元格并且各单元格的值存在等差或等比的规则，则可以输入一组等差或等比数据。

例 4.1　在连续的 5 个单元格中输入相同数值“123”。

操作方法如下。

① 在第一个单元格中输入数值 123。

② 将鼠标放到单元格右下角的实心方块上（称为填充柄），鼠标变成实心十字形状。

③ 鼠标向下拖曳填充柄，即可在选定范围内的单元格内输入相同的数值，如图 4-16 所示。

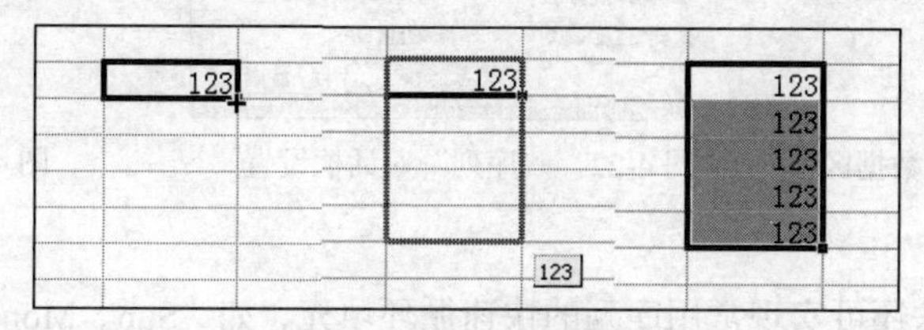

图 4-16　拖动输入相同数值

例 4.2　在连续的 5 个单元格中分别输入等差序列“1、3、5、7、9”。

操作方法如下。

① 在第一个单元格中输入数值 1，在第二个单元格中输入数值 3。

② 框选该两个单元格，鼠标向下拖曳填充柄，可在选定范围内的单元格内输入等差序列，如图 4-17 所示。

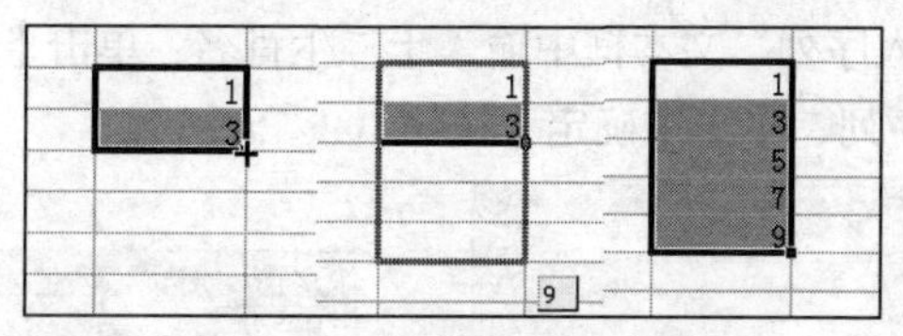

图 4-17　拖动输入等差序列

（2）菜单命令填充数据

例 4.3　在连续的单元格中分别输入不大于 200 的等比序列“2、4、8、16……”。

操作方法如下。

① 在第一个单元格中输入初始数值 2，单击单元格外框使单元格处于选中状态，如图 4-18（a）所示。

② 选择【开始】→【编辑】→【填充】下拉列表的【系列】命令，如图 4-18（b）所示。图 4-19 所示在“序列”对话框设置相应的填充信息，单击【确定】按钮。填充效果如图 4-20 所示。

（a）输入初值　（b）“等列”下拉列表

图 4-18

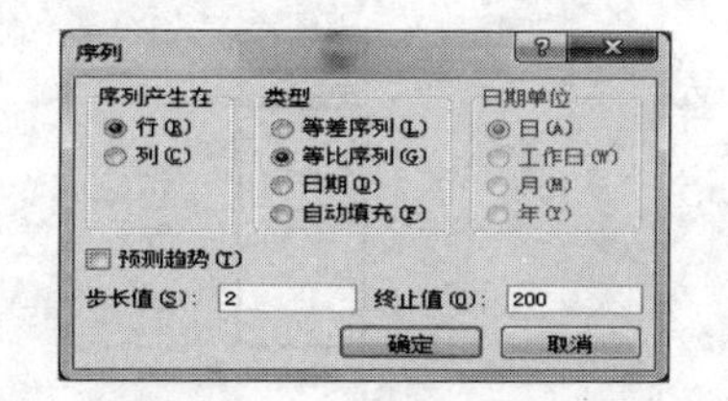

图 4-19　“序列”对话框设置

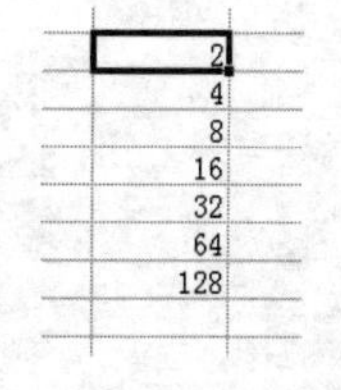

图 4-20　填充效果

例 4.4 在连续的 10 个单元格中输入等比序列“2、4、8、16……”。

操作方法如下。

① 在第一个单元格中输入初始数值 2，框选连续的 10 个单元格，如图 4-21 所示。

② 选择【开始】→【编辑】→【填充】下拉列表的【系列】，如图 4-22 所示在“序列”对话框设置相应的填充信息（其中“终止值”不用填写），单击【确定】按钮。填充效果如图 4-23 所示。

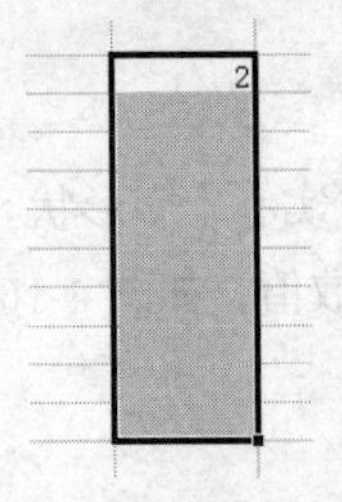

图 4-21 设置初值及数据区

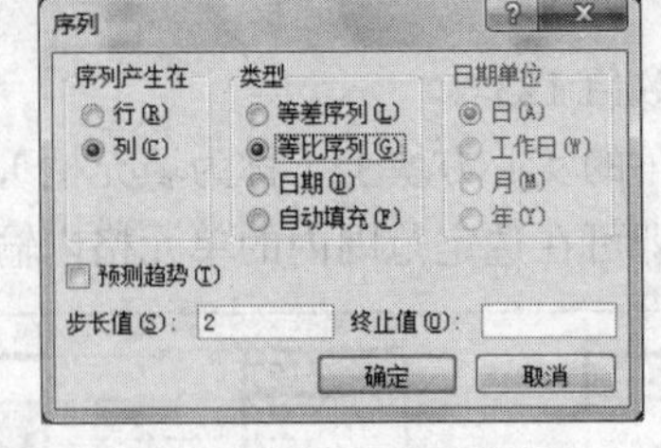

图 4-22 “序列”对话框设置

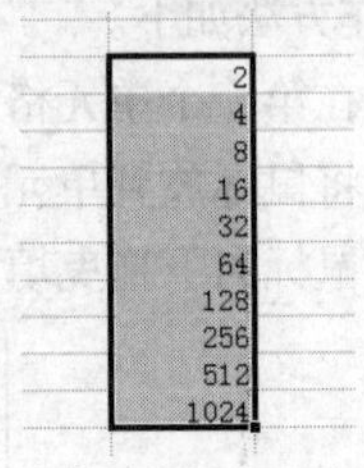

图 4-23 序列填充效果

3. 自定义序列

使用自动填充方法还可实现常用序列的快速循环填充，如“Sun、Mon、Tue……”，“甲、乙、丙……”等。除了系统提供的数据序列，用户还可以根据需要建立特定的序列，该功能通过”自定义序列”实现。

例 4.5 自定义十二生肖序列。

操作方法如下。

① 选择【文件】→【选项】命令，弹出如图 4-24 所示的“Excel 选项”对话框。左侧单击【高级】，在右侧找到【编辑自定义列表】按钮（滚动条拖至最下）并单击，在“自定义序列”对话框中，如图 4-25 所示的“输入序列”文本框中输入十二生肖名，单击【添加】按钮，左侧“自定义序列”下方可显示新增的序列，单击【确定】按钮。

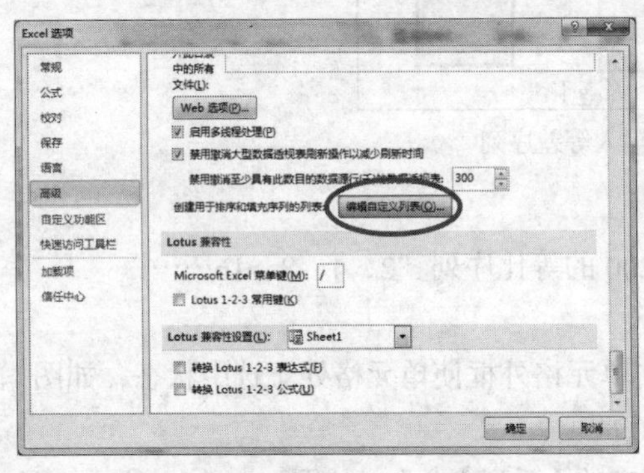

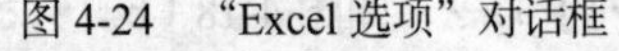

图 4-24 “Excel 选项”对话框

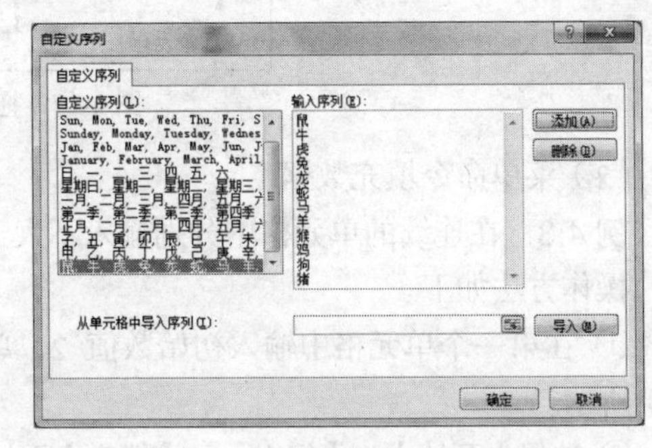

图 4-25 “自定义序列”对话框

② 新增了自定义序列后，可采用例 4-2 的自动填充方法在工作表中生成自定义序列，如图 4-26 所示。

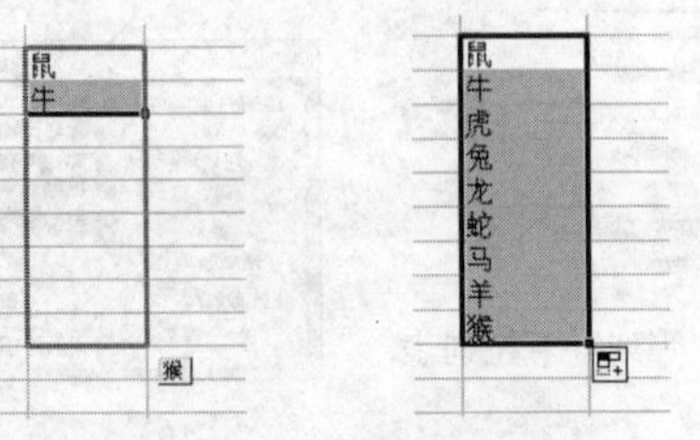

图 4-26 “自定义序列”填充

4. 单元格格式化

在工作表中设置单元格格式可使工作表显得整齐和美观，便于数据的阅读。常用的单元格格式化主要通过“开始”选项卡上的“字体”、“对齐方式”、“数字”等选项组的功能区进行设置，如图 4-27 所示。

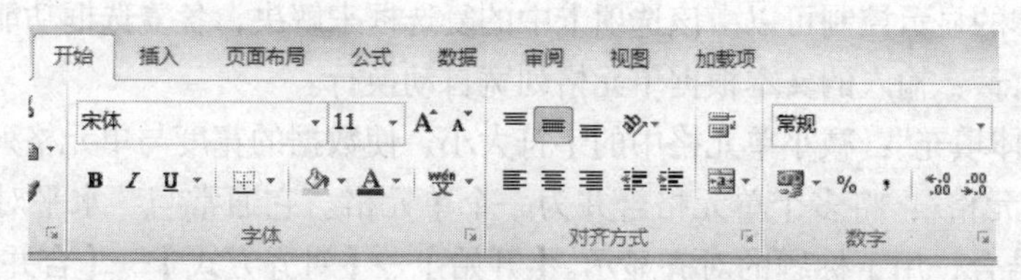

图 4-27　“字体”、“对齐方式”、“数字”等选项组

此外，用户也可以通过单击选项组右下角的按钮或通过鼠标右键快捷菜单的【设置单元格格式】命令来实现更详细的格式设置。这两种方法都会打开“设置单元格格式”对话框，如图 4-28 所示，其中有 6 个选项卡：数字、对齐、字体、边框、填充和保护。

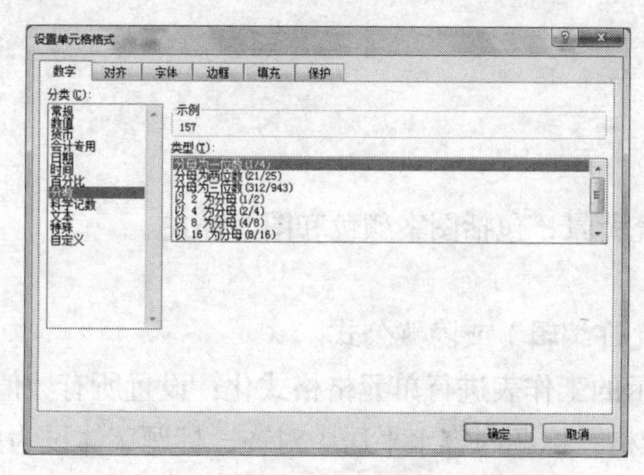

图 4-28　“设置单元格格式”对话框

（1）“数字”选项卡

用来设置单元格式中数字的格式。可以设置不同的小数位数、百分比、货币符号以及是否使用千位分隔符等来表示同一个数（如 6123.45、612 345%、￥6123.45、6,123.45），这时窗口编辑区上的单元格表现的是格式化后的数字，编辑栏显示的是系统实际存储的数据。

（2）“对齐”选项卡

用来设置单元格内数据的对齐方式，以及解决单元格中文字较长，被截断显示的情况。“对齐”选项卡及其示例如图 4-29 所示。

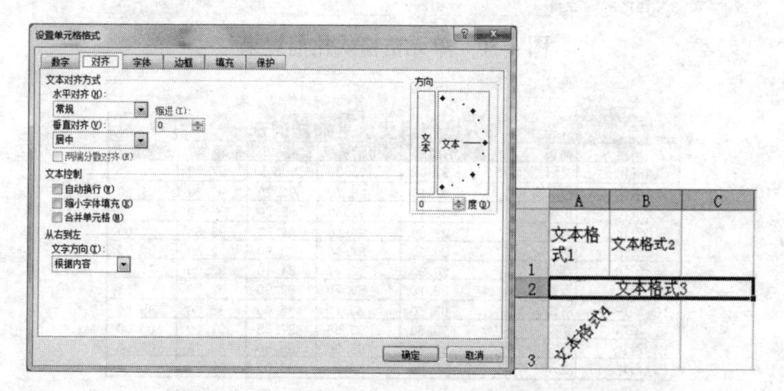

图 4-29　“对齐”选项卡及文本的显示控制

单元格数据的对齐方法有以下两类。

① “水平对齐”：包括常规、靠左（缩进）、居中、靠右（缩进）、填充、两端对齐、跨列居中、分散对齐（缩进）等。

② “垂直对齐”：包括靠上、居中、靠下、两端对齐和分散对齐。

单元格中文本的显示控制可以由该选项卡中的复选框来解决，各复选框功能分别如下。

① “自动换行”：输入的文本根据单元格列宽自动换行。

② “缩小字体填充”：减小单元格中的字符大小，使数据的宽度与单元格列宽相同。

③ “合并单元格”：将多个单元格合并为一个单元格。它通常与“水平对齐”下拉列表中的“居中”选项结合，用于标题的对齐显示。【开始】→【对齐方式】→【合并后居中】按钮直接提供了此功能。

④ “文字方向”：用来指定阅读顺序和对齐方式。

⑤ “方向”栏：用来改变单元格文本旋转的角度，角度范围是-90°～90°。

（3）“字体”选项卡

用于设置字符格式。

（4）“边框”选项卡

用于设置边框样式。

（5）“填充”选项卡

用于设置单元格的填充背景，包括图案颜色和图案样式。

（6）“保护”选项卡

用于锁定单元格（不允许编辑）或隐藏公式。

例 4.6 对图 4-30 所示的工作表进行单元格格式化：设置所有数值为小数位 2 位；将 A1 到 G1 单元格合并为一个单元格，标题内容水平居中对齐，标题字体设为黑体、16 号、加粗；工作表边框外框为黑色粗线，内框为黑色细线；标题及字段名所在行（第 1、2 行）底纹为淡蓝色（颜色样式为：深蓝，文字 2，淡色 60%）。其效果如图 4-31 所示。

	A	B	C	D	E	F	G
1	部分城市消费水平抽样调查						
2	地区	城市	日常生活用品	耐用消费品	食品	服装	应急支出
3	东北	沈阳	91	93.3	89.5	97.7	\
4	东北	哈尔滨	92.1	95.7	90.2	98.3	99
5	东北	长春	91.4	93.3	85.2	96.7	\
6	华北	天津	89.3	90.1	84.3	93.3	97
7	华北	唐山	89.2	87.3	82.7	92.3	80
8	华北	郑州	90.9	90.07	84.4	93	71
9	华北	石家庄	89.1	89.7	82.9	92.7	\
10	华东	济南	93.6	90.1	85	93.3	85
11	华东	南京	95.5	93.55	87.35	97	85
12	西北	西安	88.8	89.9	85.5	89.76	80
13	西北	兰州	87260	85	83	87.7	\

图 4-30　单元格格式化前效果

	A	B	C	D	E	F	G
1	部分城市消费水平抽样调查						
2	地区	城市	日常生活用品	耐用消费品	食品	服装	应急支出
3	东北	沈阳	91.00	93.30	89.50	97.70	\
4	东北	哈尔滨	92.10	95.70	90.20	98.30	99.00
5	东北	长春	91.40	93.30	85.20	96.70	\
6	华北	天津	89.30	90.10	84.30	93.30	97.00
7	华北	唐山	89.20	87.30	82.70	92.30	80.00
8	华北	郑州	90.90	90.07	84.40	93.00	71.00
9	华北	石家庄	89.10	89.70	82.90	92.70	\
10	华东	济南	93.60	90.10	85.00	93.30	85.00
11	华东	南京	95.50	93.55	87.35	97.00	85.00
12	西北	西安	88.80	89.90	85.50	89.76	80.00
13	西北	兰州	87260.00	85.00	83.00	87.70	\

图 4-31　单元格格式化后效果

具体的操作方法如下。

① 框选 C3 ~ G13 区域，单击鼠标右键并在快捷菜单中选择【设置单元格格式】命令，打开“设置单元格格式”对话框，在“数字”选项卡中选择【数值】选项，小数位数选择【2】，如图 4-32 所示，然后单击【确定】按钮。

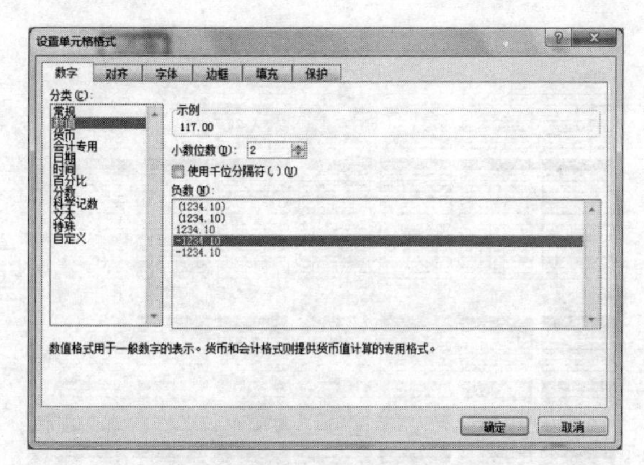

图 4-32　设置单元格数值的小数位数

② 选择 A1~G1 单元格，单击【开始】→【对齐方式】→【合并后居中】按钮，再在【开始】→【字体】选项组中设置该合并后单元格的字体为“黑体”，字形为“加粗”，字号为“16”。

③ 选中整个表格（A1~G13），在“设置单元格格式”对话框“边框”选项卡中先选择线条颜色为“黑色”，样式为“粗线”，单击【外边框】按钮，完成工作表外框的设置，再选择线条样式为“细线”，单击【内部】按钮，完成工作表内框的设置，如图 4-33 所示，最后单击【确定】按钮（该操作也可以利用【开始】→【字体】选项组上的“边框”下拉列表完成）。

④ 选择标题及字段名所在行（A1~G2），如图 4-34 所示，在【开始】→【对齐方式】→【填充颜色】下拉列表中选择颜色样式（该操作也可以在“设置单元格格式”对话框“填充”选项卡中完成）。

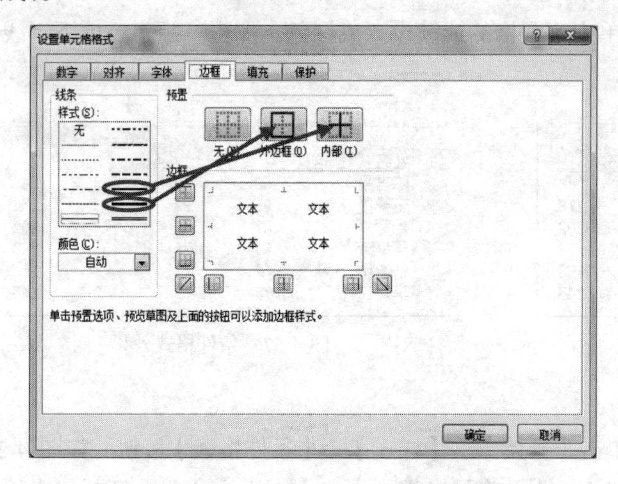

图 4-33　设置工作表外边框和内边框

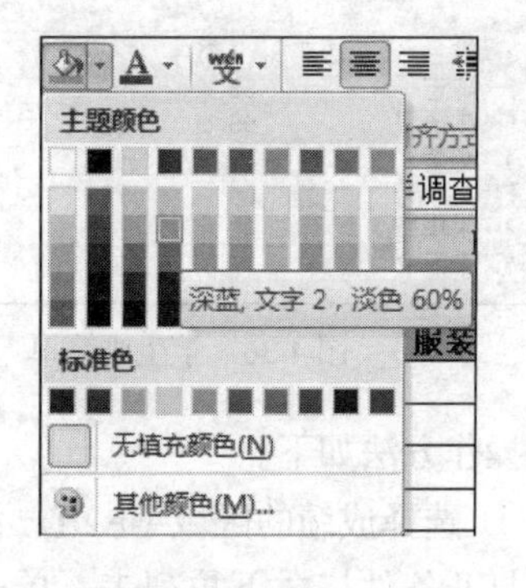

图 4-34　选择颜色样式

5. 套用表格样式

利用系统的“套用表格样式”功能，用户可以快速地对工作表进行格式化，使表格变得美观大方。系统预定义了60种表格的格式。操作方法如下。

① 选中要设置格式的单元格区域。

② 打开【开始】→【样式】→【套用表格样式】下拉列表，如图4-35所示，在其中选择一种表格样式选项，使该样式应用于所选区域。

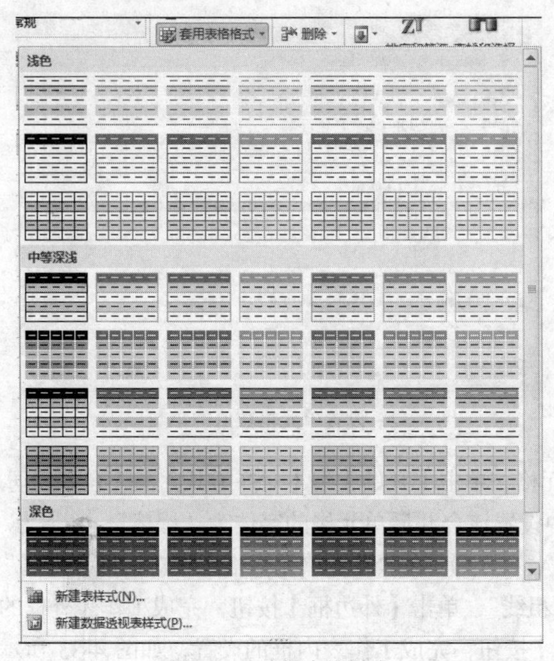

图4-35 选择表格样式

6. 条件格式

条件格式可以使数据在满足不同的条件时，显示不同的格式。如处理学生成绩时，可以对不及格、优等不同分数段的成绩以不同的格式显示。

例4.7 对图4-36所示学生成绩单中不及格的成绩设置成红色、加粗、倾斜、单下划线字体及黄色底纹表示。效果如图4-37所示。

	A	B	C	D	E
1	姓名	语文	数学	英语	总分
2	陈志平	68	90	88	246
3	庄子墨	95	92	89	276
4	杨莹	87	45	70	202
5	吴小芳	64	78	86	228
6	张华坚	40	67	51	158
7	李习文	78	85	82	245

图4-36 学生成绩单

	A	B	C	D	E
1	姓名	语文	数学	英语	总分
2	陈志平	68	90	88	246
3	庄子墨	95	92	89	276
4	杨莹	87	***45***	70	202
5	吴小芳	64	78	86	228
6	张华坚	***40***	67	***51***	158
7	李习文	78	85	82	245

图4-37 条件格式效果

操作方法如下。

① 选择成绩的区域（B2:D7），单击【开始】→【样式】→【条件格式】按钮，如图4-38所示，打开条件格式下拉列表，单击【突出显示单元格规则】→【小于】命令，打开“小于”对话框。

② 如图4-39所示，在“小于”输入框中输入“60”，在“设置为”下拉列表中选择“自定义格式”。

图 4-38　选择条件格式

图 4-39　在“小于”对话框中设置

③ 如图 4-40 所示，在弹出的“设置单元格格式”对话框中将符合条件的单元格设置成“红色、加粗、倾斜、单下划线字体及黄色底纹”格式，单击【确定】按钮后小于 60 分的成绩即以该设定的格式显示。

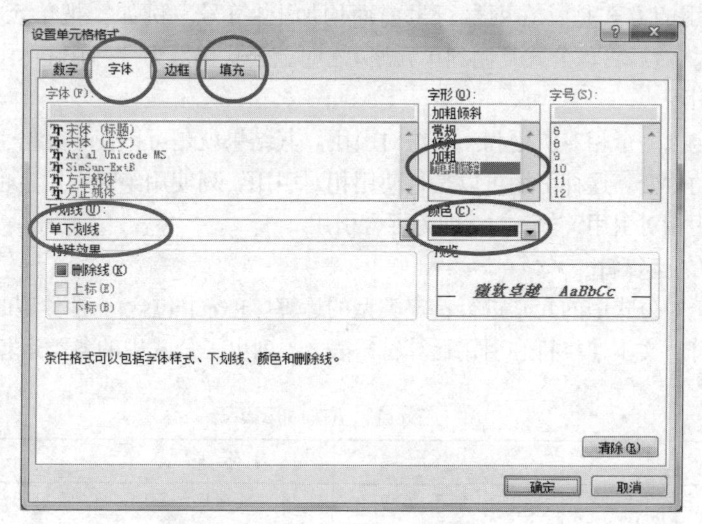

图 4-40　“条件格式”对话框

4.2.5　公式与函数的使用

Excel 工作表的核心是公式与函数。使用公式有助于分析工作表中的数据，公式可以用来运算，如加、减、乘和除法等。当改变了工作表内与公式有关的数据时，Excel 会自动更新计算结果。

函数是预定义的内置公式。它使用被称为参数的特定数值，按照语法的特定顺序计算。一个函数包括两个部分：函数名称和函数的参数。例如，SUM 是求和的函数，AVERAGE 是求平均值的函数，MAX 是求最大值的函数。函数的名称表明函数的功能，函数参数可以是数字、文本、逻辑值、数组等。

注意

输入公式或函数时要以等号“=”开头。

1. 单元格引用

单元格引用用于表示单元格在工作表所处位置的坐标值。例如，显示在第B列和第3行交叉处的单元格，其引用形式为“B3”。

通过引用，用户可以在公式中使用工作表不同部分的数据，或在多个公式中使用同一个单元格的数值。为了便于区别和应用，Excel 把单元格的引用分成了3种类型：相对引用、绝对引用和混合引用。

（1）相对引用

单元格相对引用是指引用相对于公式所在单元格相应位置的单元格。

当此公式被复制到别处时，Excel 能够根据移动的位置调节引用单元格。例如，将D7这一单元格中的公式——“=D3+D4+D5+D6”填充到（即将公式复制到）G7中，则其公式内容也将自动改变为“=G3+G4+G5+G6”。

（2）绝对引用

绝对引用是指向工作表中固定位置的单元格，它的位置与包含公式的单元格无关。例如，在复制单元格时，如果不想使某些单元格的引用随着公式位置的改变而改变，则需要使用绝对引用。单元格绝对引用的方式是：在列号行号前面均加上$符号。例如，把单元格B3的公式改为“=$B$1+$B$2”，然后将该公式复制到单元格C3时，公式仍然为“=$B$1+$B$2”。

（3）混合引用

混合引用包含一个相对引用和一个绝对引用。其结果就是可以使单元格引用的一部分固定不变，一部分自动改变。这种引用可以是行使用相对引用，列使用绝对引用，也可以是行使用绝对引用，而列使用相对引用，如Y$32即为混合引用。

2. 公式中的运算符

运算符用于对公式中的元素进行特定类型的运算。Excel 包含4种类型的运算符：算术运算符、关系运算符、文本连接符和引用运算符。表4-1列出了公式中的各类运算符。

表4-1　Excel 公式中的运算符

运算符名称	表示形式
算法运算符	“+”（加号）、“−”（减号）、“*”（乘号）、“/”（除号）、“%”（百分号）和“^”（乘幂）
关系运算符	“=”（等号）、“>”（大于号）、“<”（小于号）、“>=”（大于等于号）、“<=”（小于等于号）和“<>”（不等于号）
文本连接符	“&”（字符串连接）
引用运算符	“：”（冒号）、“，”（逗号）、“ ”（空格）

其中，引用运算符用于表示引用单元格的位置。冒号为区域运算符，例如，A1:A15是对单元格A1至A15之间（包括A1和A15）的所有单元格的引用。逗号为联合运算符，可以将多个引用合并为一个引用，如SUM(A1:A15，B1)是对A1至A15之间（包括A1和A15）及B1的所有单元格求和。空格为交叉运算符，产生对同时属于两个引用的单元格区域的引用，例如，SUM(A1:A15 A1:F1)中，单元格A1同时属于两个区域。

在Excel公式及函数的运用上，不正确的处理方法可能产生错误的值，常出现的错误的值如下。

#DIV/0!：被除数为0。

#N/A：数值对函数或公式不可用。

#NAME?：不能识别公式中的文本。

#NULL!：使用了并不相交的两个区域的交叉引用。

#NUM!：公式或函数中使用了无效数字值。

#REF!：无效的单元格引用。

#VALUE!：使用了错误的参数或操作类型。

#####：列不够宽，或者使用了负的日期或负的时间。

例 4.8　根据图 4-41 所示的部分职工数据，计算奖金。奖金的计算公式是工龄乘以 5 加上工资的 15%。

操作方法如下。

① 选择 E2 单元格，在编辑栏中输入："=C2*5+D2*0.15"，按回车键得到第一名职工奖金，如图 4-41 所示。

② 单击 E2 单元格，向下拖曳填充柄至 E6，自动复制公式到 E3 ~ E6 中，生成其他各职工奖金，如图 4-42 所示。

E2　fx =C2*5+D2*0.15

	A	B	C	D	E	F
1	姓名	性别	工龄	工资	奖金	
2	李华	女	12	1548.00	292.2	
3	吴小明	男	3	835.00		
4	林亚东	男	8	1600.00		
5	张丽	女	5	1240.00		
6	赵国河	男	20	1850.00		
7						

图 4-41　用公式计算职工奖金

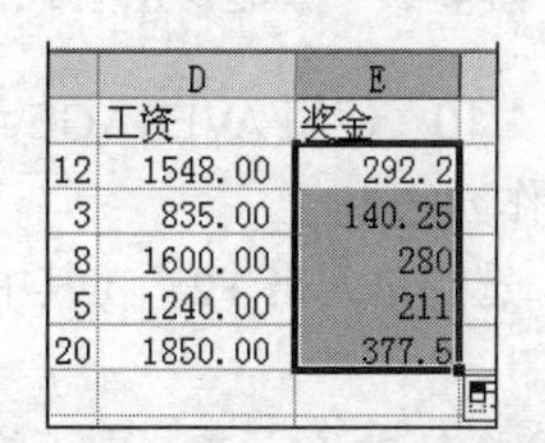

D		E
工资		奖金
12	1548.00	292.2
3	835.00	140.25
8	1600.00	280
5	1240.00	211
20	1850.00	377.5

图 4-42　拖曳填充柄生成所有职工奖金

3. 自动求和

求和是 Excel 经常用到的计算方式，为此 Excel 提供了一个强有力的工具——自动求和。

例 4.9　对图 4-43 所示的学生三门课程成绩求总分。

操作方法如下。

① 如图 4-43 所示选定区域 B2 ~ E2，其中 E2 为空的单元格，用于存放求和结果。

② 单击【开始】→【编辑】→【自动求和】按钮 Σ ，则在 E2 中自动生成前三个单元格数据的总和，如图 4-44 所示。

	A	B	C	D	E	
1	姓名	语文	数学	英语	总分	平均
2	陈志平	68	90	88		
3	庄子墨	95	92	89		
4	杨莹	87	45	70		
5	吴小芳	64	78	86		
6	张华坚	40	67	51		
7	李习文	78	85	82		
8						

图 4-43　求学生三门课程成绩总分

	A	B	C	D	E	
1	姓名	语文	数学	英语	总分	平均
2	陈志平	68	90	88	246	
3	庄子墨	95	92	89		
4	杨莹	87	45	70		
5	吴小芳	64	78	86		
6	张华坚	40	67	51		
7	李习文	78	85	82		
8						

图 4-44　自动求和

③ 单击 E2 单元格，向下拖曳填充柄至 E7，生成其他学生课程总分。

4. 函数

Excel 含有大量的函数，可以帮助进行数学、文本、逻辑、在工作表内查找信息等计算工作，使用函数可以加快数据的录入和计算速度。

函数的一般格式为

函数名(参数 1,参数 2,参数 3,…)

在活动单元格中使用函数有三种方法。

① 以“=”开头，直接输入相应的函数，函数名的写法不分大小写。

② 通过【开始】→【编辑】→【自动求和】下拉列表选择插入的函数（求和、平均值、计数、最大值、最小值函数可直接选取，其他函数通过“其他函数”命令进行选择），如图 4-45 所示。

③ 通过【公式】→【函数库】选项组选择插入的函数，如图 4-46 所示，再对所插入的函数进行参数设定。

图 4-45 “其他函数”命令

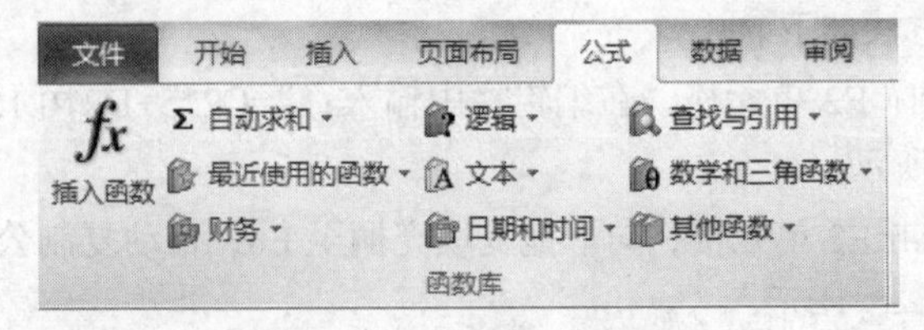

图 4-46 “函数库”选项组

例 4.10 使用 AVERAGE 函数计算例 4.9 中各学生三门课的平均分。

操作方法 1。

① 选择单元格 F2，在其中输入“=AVERAGE(B2:D2)”，按回车键得到第一个学生三门课平均分。

② 单击 F2 单元格，向下拖曳填充柄至 F7，生成其他学生课程平均分。

操作方法 2。

① 选择单元格 F2，单击【编辑】→【自动求和】下拉列表的【平均值】命令，此时在单元格中插入 AVERAGE 函数，其中函数自变量处于待编辑状态。

② 框选 B2:D2 单元格区域，此时自变量自动设定成“B2:D2”，如图 4-47 所示，按回车键确定该设置，得到第一个学生三门课平均分。

姓名	语文	数学	英语	总分	平均分
陈志平	68	90	88	246	=AVERAGE(B2:D2)
庄子墨	95	92	89	276	AVERAGE(**number1**, [number2], ...)

图 4-47 框选自变量数据区域

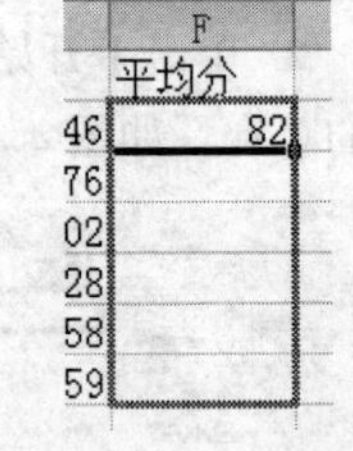

图 4-48 拖曳填充柄至 F7

③ 如图 4-48 所示，单击单元格 F2 向下拖曳填充柄至 F7，生成其他学生课程总分。

表 4-2 列出了常用的 Excel 函数名及功能介绍。

表 4-2 Excel 常用函数及功能

函 数 名	功 能
ABS	求出参数的绝对值
AND	“与”运算，返回逻辑值，仅当有参数的结果均为逻辑“真(TRUE)”时返回逻辑“真(TRUE)”，反之返回逻辑“假（FALSE）”

续表

函 数 名	功　能
AVERAGE	求出所有参数的算术平均值
COUNTIF	统计某个单元格区域中符合指定条件的单元格数目
DCOUNT	返回数据库或列表的列中满足指定条件并且包含数字的单元格数目
IF	根据对指定条件的逻辑判断的真假结果，返回相对应条件触发的计算结果
INT	将数值向下取整为最接近的整数
LEFT	从一个文本字符串的第一个字符开始，截取指定数目的字符
LEN	统计文本字符串中字符数目
MATCH	返回在指定方式下与指定数值匹配的数组中元素的相应位置
MAX	求出一组数中的最大值
MID	从一个文本字符串的指定位置开始，截取指定数目的字符
MIN	求出一组数中的最小值
MOD	求出两数相除的余数
MONTH	求出指定日期或引用单元格中的日期的月份
NOW	给出当前系统日期和时间
OR	仅当所有参数值均为逻辑“假（FALSE）”时返回结果逻辑“假（FALSE）”，否则都返回逻辑“真（TRUE）”
RIGHT	从一个文本字符串的最后一个字符开始，截取指定数目的字符
SUM	求出一组数值的和
SUMIF	计算符合指定条件的单元格区域内的数值和
TEXT	根据指定的数值格式将相应的数字转换为文本形式
TODAY	给出系统日期
VALUE	将一个代表数值的文本型字符串转换为数值型
WEEKDAY	给出指定日期的对应的星期数

5. 逻辑函数 IF

Excel 中逻辑函数有很多，最常用的是 IF 函数。其语法形式为：

IF(logical_test,value_if_true,value_if_false)

IF 函数的作用是根据 logical_test 逻辑计算的真假值，返回不同结果，logical_test 为真时返回第二个参数项 value_if_true 的值，否则返回第三个参数项 value_if_false 的值。其中，value_if_true 及 value_if_false 参数也可以是一个 IF 函数，Excel 支持多层的 IF 嵌套，Excel 2010 最多能支持 64 层，可构造复杂的检测条件。

例 4.11　在例 4.10 中的 G1 单元格中增设“是否及格”项，使用 IF 函数判断各学生平均分是否及格，并将结果显示于 G2～G7 中。

操作方法如下。

① 选择单元格 G2，在其中输入“=IF(F2>=60,"是","否")”，按回车键得到第一个学生判断结果。

② 单击单元格 G2，向下拖曳填充柄至 G7，生成其他学生平均分的判断结果。如图 4-49 所示。

G2 =IF(F2>=60,"是","否")

	A	B	C	D	E	F	G
1	姓名	语文	数学	英语	总分	平均分	是否及格
2	陈志平	68	90	88	246	82	是
3	庄子墨	95	92	89	276	92	是
4	杨莹	87	45	70	202	67.33333	是
5	吴小芳	64	78	86	228	76	是
6	张华坚	40	67	51	158	52.66667	否
7	李习文	78	85	82	245	81.66667	是

图 4-49　使用 IF 函数判断学生平均分是否及格

例 4.12　在例 4.11 中的 H1 单元格中增设“等级”项，使用 IF 函数的嵌套形式判断各学生平均分的等级，并将结果显示于 H2 ~ H7 中，其中等级的划分规则如下。

平均分≥90：　优

80≤平均分<90：良

60≤平均分<80：中

平均分<60：　差

操作方法如下。

① 选择单元格 H2，在其中输入“=IF(F2>=90,"优",IF(F2>=80,"良",IF(F2>=60,"中","差")))”，按回车键得到第一个学生的等级判断结果。

② 单击单元格 H2，向下拖曳填充柄至 H7，生成其他学生平均分的判断结果，如图 4-50 所示。

H2 =IF(F2>=90,"优",IF(F2>=80,"良",IF(F2>=60,"中","差")))

	A	B	C	D	E	F	G	H
1	姓名	语文	数学	英语	总分	平均分	是否及格	等级
2	陈志平	68	90	88	246	82	是	良
3	庄子墨	95	92	89	276	92	是	优
4	杨莹	87	45	70	202	67.33333	是	中
5	吴小芳	64	78	86	228	76	是	中
6	张华坚	40	67	51	158	52.66667	否	差
7	李习文	78	85	82	245	81.66667	是	良

图 4-50　使用 IF 函数的嵌套形式判断学生平均分等级

4.3　数据管理和分析

Excel 不仅具有数据计算处理的能力，还具有数据库管理的一些功能。使用 Excel 电子表格可方便、快捷地对数据进行排序、筛选、分类汇总、创建数据透视表等统计分析工作。

4.3.1　数据清单

数据清单，也称为数据列表，是一张二维表，即 Excel 工作表中单元格构成的矩形区域。它与前面介绍的工作表有所不同，其特点如下。

① 与数据库相对应，数据清单中的每一行称为“记录”，每一列称为“字段”，第一行为表头，由若干个字段名构成。

② 数据清单中不允许有空行或空列，否则会影响 Excel 检测和选定数据列表；不能有完全相同的两行记录；字段名必须唯一，每一字段的数据类型必须相同，如字段名是“学号”，则该列存放的必须全部是学号数据。

4.3.2 数据排序

用户可以根据数据清单中的数值对数据清单的行列数据进行排序。排序时，Excel 将利用指定的排序顺序重新排列行、列或各单元格。可以根据一列或多列的内容按升序（1~9，A~Z）或降序（9~1，Z~A）对数据清单排序。

1. 按升序或降序排序

如果以前在同一工作表上对数据清单进行过排序，那么除非修改排序选项，否则 Excel 将按同样的排序选项进行排序。

① 在要排序数据列中单击任一单元格。

② 如对清单进行从小到大排序，单击【数据】→【排序和筛选】→【升序】按钮；如进行从大到小排序，则单击【降序】按钮。

例 4.13 对图 4-50 的成绩表按总分由大到小进行排序。

操作方法如下。

在总分列中单击任一单元格，单击【降序】按钮，结果如图 4-51 所示。

	A	B	C	D	E	F	G	H
1	姓名	语文	数学	英语	总分	平均分	是否及格	等级
2	庄子墨	95	92	89	276	92	是	优
3	陈志平	68	90	88	246	82	是	良
4	李习文	78	85	82	245	81.66667	是	良
5	吴小芳	64	78	86	228	76	是	中
6	杨莹	87	45	70	202	67.33333	是	中
7	张华坚	40	67	51	158	52.66667	否	差

图 4-51 对总分进行降序排序结果

2. 按关键字排序

按关键字排序可对 1 个以上的关键字进行排序。当参与排序的字段出现相同值时，可以按另一个关键字继续排序，这必须通过【数据】→【排序和筛选】→【排序】命令实现。如上例中，如要先依据"英语"分数降序排序，英语分数相同时按"数学"分数降序排序，操作如下。

① 在需要排序的数据清单中，单击任一单元格。

② 单击【数据】→【排序和筛选】→【排序】命令，打开"排序"对话框，如图 4-52 所示。"主要关键字"选择"英语"，"次序"选择"降序"。

③ 在"排序"对话框中单击【添加条件】按钮，增加"次要关键字"，选定"次要关键字"为"数学"，其"次序"为"降序"，单击【确定】按钮。

Excel 中对文本的默认排序是按字母顺序。如果想要改变排序的方法，可在图 4-52 的"排序"对话框中单击【选项】按钮，弹出如图 4-53 所示的"排序选项"对话框，设定成"笔划排序"。

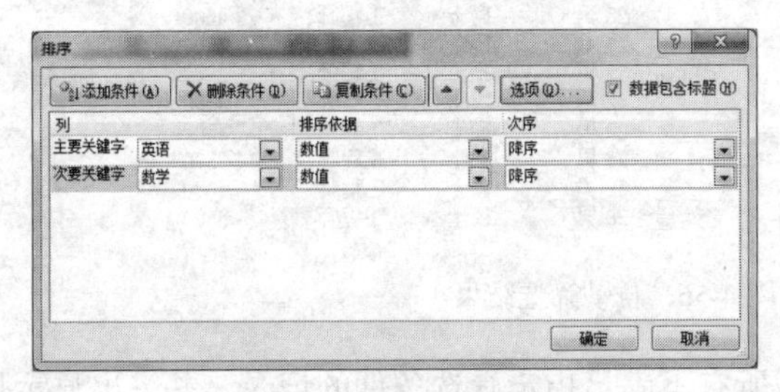

图 4-52 "排序"对话框

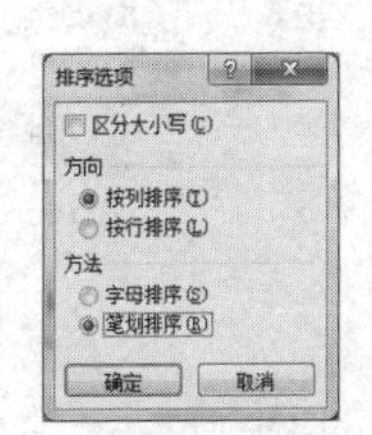

图 4-53 "排序选项"对话框

4.3.3 数据筛选

数据筛选是指将不符合某些条件的记录暂时隐藏起来，在数据库中只显示符合条件的记录，供用户使用和查询。Excel 提供了“自动筛选”和“高级筛选”两种工作方式。“自动筛选”是按简单条件进行查询；“高级筛选”是按多种条件组合进行查询。

1. 自动筛选

“自动筛选”通过对指定的一种或几种字段设置简单条件实现筛选。【数据】→【排序和筛选】→【自动筛选】按钮实现。

例 4.14 在某 IT 公司某年人力资源情况表中筛选出学历为硕士，年龄小于 35 岁的人员。

操作方法如下。

① 单击数据清单中任一单元格。

② 单击【数据】→【排序和筛选】→【自动筛选】命令，在各个字段名的右边会出现筛选箭头，单击“学历”字段的筛选箭头，如图 4-54 所示，在下拉列表中设置学历选项，即只选取“硕士”，单击【确定】按钮。完成“学历为硕士”条件的筛选。

③ 单击“年龄”列的筛选箭头，在下拉列表中选择【数字筛选】→【小于】，打开“自定义自动筛选方式”对话框，如图 4-55 所示，在“小于”右侧文本框中输入“35”，单击【确定】按钮，完成“年龄小于 35 岁”条件的筛选。图 4-56 所示为自动筛选结果。

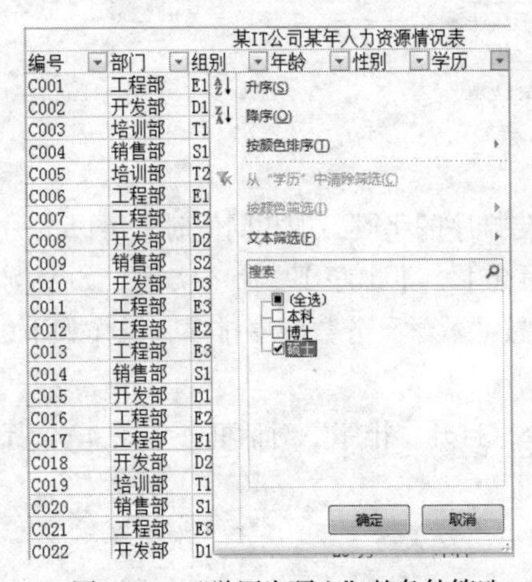

图 4-54 “学历为硕士”的条件筛选

图 4-55 “自定义自动筛选方式”对话框设置

	A	B	C	D	E	F	G	H
1	某IT公司某年人力资源情况表							
2	编号	部门	组别	年龄	性别	学历	职称	工资
3	C001	工程部	E1	28	男	硕士	工程师	4000
4	C002	开发部	D1	26	女	硕士	工程师	3500
6	C004	销售部	S1	32	男	硕士	工程师	3500
26	C024	培训部	T2	32	男	硕士	工程师	3500
30	C028	开发部	D2	29	男	硕士	工程师	3500
31	C029	培训部	T1	28	男	硕士	工程师	3500
37	C035	工程部	E3	32	男	硕士	工程师	4000
40	C038	开发部	D2	28	男	硕士	工程师	3500
43								

图 4-56 自动筛选结果

在“自动筛选”中，Excel 将隐藏所有不满足指定筛选条件的记录，并突出显示那些提供有筛选条件的箭头。自动筛选后，也可以按条件恢复原有数据显示，如选择“年龄”字段筛选箭头下拉菜单的“从‘年龄’中清除筛选”命令可撤销“小于 35 岁”年龄的筛选，而单击【排序和筛选】→【清除】按钮 清除 则恢复所有记录的显示。若再次单击【自动筛选】命令，将退出筛选状态。

2. 高级筛选

高级筛选是以用户设定条件的方式实现数据表筛选，该方式可以筛选出同时满足两种或多种条件的数据。“高级筛选”操作分为三步：一是指定条件区域设置筛选条件；二是指定受筛选数据区；三是指定存放筛选结果的数据区。

其中，条件区域用于输入条件。条件区域应建立在数据表以外，至少有一空行或一空列分隔。输入筛选条件时，首行输入条件字段名，从第 2 行起输入筛选条件，输入在同一行上的条件为“逻辑与”，输入在不同行上的条件为“逻辑或”，然后选择【数据】→【排序和筛选】→【高级筛选】命令 高级 ，在其对话框内进行列表区域和条件区域的选择，筛选的结果可在原数据表位置上显示，也可以在数据表以外的指定位置显示。

例 4.15　在图 4-57 上方的数据清单中选出 PC 机价格小于平均额 6901 或显示器价格小于平均值 6311 的记录。要求数据区域为 A2:F8；条件区域为 C12:D14；将筛选结果放在 A16 开始的区域中。筛选结果如图 4-58 所示。

操作方法如下。

① 建立条件区域：输入如图 4-57 中的 C12:D14 区域内容，表示筛选条件为“PC 机<6901 或显示器<6311”。

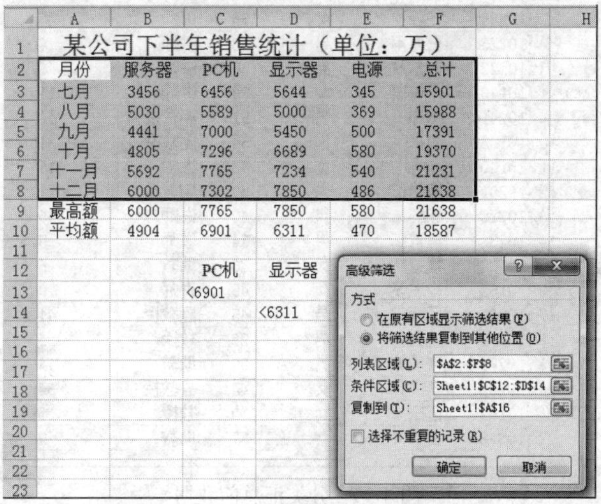

	A	B	C	D	E	F	G	H
1	某公司下半年销售统计（单位：万）							
2	月份	服务器	PC机	显示器	电源	总计		
3	七月	3456	6456	5644	345	15901		
4	八月	5030	5589	5000	369	15988		
5	九月	4441	7000	5450	500	17391		
6	十月	4805	7296	6689	580	19370		
7	十一月	5692	7765	7234	540	21231		
8	十二月	6000	7302	7850	486	21638		
9	最高额	6000	7765	7850	580	21638		
10	平均额	4904	6901	6311	470	18587		
11								
12			PC机	显示器				
13			<6901					
14				<6311				

高级筛选
方式
在原有区域显示筛选结果(F)
将筛选结果复制到其他位置(O)
列表区域(L): $A$2:$F$8
条件区域(C): Sheet1!$C$12:$D$14
复制到(T): Sheet1!$A$16
选择不重复的记录(R)
确定　取消

图 4-57　“高级筛选”对话框设置

② 框选数据清单 A2:F8 区域。

③ 选择【数据】→【排序和筛选】→【高级筛选】命令 高级 ，打开“高级筛选”对话框，如图 4-57 右下所示，列表区域自动设置为$A$2:$F$8（如果不正确，将删除该输入框内容并在数据清单中重新框选）；单击【条件区域】输入框，在数据清单中框选 C12:D14 区，则输入框中自动填入条件区域位置；单击“方式”选项【将筛选结果复制到其他位置】，激活“复制到”输入框，单击【复制到】输入框，再单击 A16 单元格，输入框自动填入 A16 地址，最后单击【确定】按钮。得到如图 4-58 所示的筛选结果。

15						
16	月份	服务器	PC机	显示器	电源	总计
17	七月	3456	6456	5644	345	15901
18	八月	5030	5589	5000	369	15988
19	九月	4441	7000	5450	500	17391
20						

图 4-58　高级筛选结果

4.3.4　分类汇总

分类汇总就是对数据清单按某个字段进行分类，将字段值相同的连续记录作为一类，进行求和、求平均、计数等汇总运算。针对同一个分类字段，可进行多种方式的汇总。

分类汇总命令按钮为【数据】→【分级显示】→【分类汇总】。

在分类汇总前，必须对分类字段排序，否则将得不到正确的分类汇总结果；在分类汇总时要清楚对哪个字段分类，对哪些字段汇总以及汇总的方式，这些都需要在"分类汇总"对话框中设置。

例 4.16　对图 4-59 中的数据清单使用"分类汇总"，求出教授、副教授、讲师、助教发表论文的最多篇数。汇总结果如图 4-61 所示。

	A	B	C	D	E	F
1	教师发表论文基本情况					
2	编号	姓名	性别	年龄	职称	篇数
3	10322	郑含因	女	57	教授	46
4	10341	李海儿	男	36	副教授	12
5	10283	陈静	女	33	讲师	25
6	10123	王克南	男	38	讲师	8
7	10222	钟尔慧	男	36	讲师	6
8	10146	卢植茵	女	34	讲师	11
9	10241	林寻	男	51	副教授	42
10	10163	李禄	男	54	副教授	31
11	10140	吴心	女	35	讲师	16
12	10291	李伯仁	男	53	副教授	21
13	10375	陈醉	男	40	讲师	36
14	10238	马甫仁	男	34	讲师	8
15	10117	夏雪	女	36	助教	6
16	10162	钟成梦	女	45	讲师	10
17	10309	王晓宁	男	45	副教授	41
18	10312	魏文鼎	男	29	教授	55
19	10271	宋成城	男	39	助教	14
20	10282	李文如	女	44	副教授	64
21	10159	伍宁	女	30	教授	5
22	10398	古琴	女	37	助教	2
23						

图 4-59　分类汇总前数据

操作方法如下。

① 单击数据清单中"职称"列任一单元格。单击【数据】→【排序和筛选】→【升序】按钮或【降序】按钮，令相同职称的教师记录放在一起。

② 选择【数据】→【分级显示】→【分类汇总】，打开"分类汇总"对话框。如图 4-60 所示，选择"分类字段"为"职称"，"汇总方式"为"最大值"，"选定汇总项"为"篇数"，然后单击【确定】按钮，得到图 4-61 所示的分类汇总结果。在该对话框中，"替换当前分类汇总"的含义是用此次分类汇总的结果替换已存在的分类汇总结果。

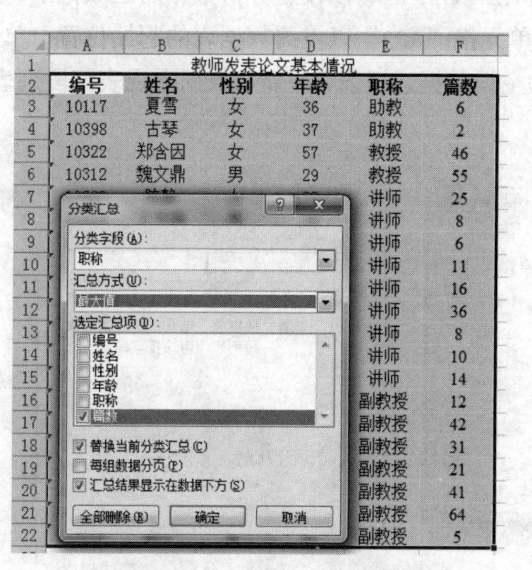

图 4-60　“分类汇总”对话框设置

	A	B	C	D	E	F
1	教师发表论文基本情况					
2	编号	姓名	性别	年龄	职称	篇数
3	10117	夏雪	女	36	助教	6
4	10271	宋成城	男	39	助教	14
5	10398	古琴	女	37	助教	2
6					**助教 最大值**	14
7	10322	郑含因	女	57	教授	46
8	10312	魏文鼎	男	29	教授	55
9	10159	伍宁	女	30	教授	5
10					**教授 最大值**	55
11	10283	陈静	女	33	讲师	25
12	10123	王克南	男	38	讲师	8
13	10222	钟尔慧	男	36	讲师	6
14	10146	卢植茵	女	34	讲师	11
15	10140	吴心	女	35	讲师	16
16	10375	陈醉	男	40	讲师	36
17	10238	马甫仁	男	34	讲师	8
18	10162	钟成梦	女	45	讲师	10
19					**讲师 最大值**	36
20	10341	李海儿	男	36	副教授	12
21	10241	林寻	男	51	副教授	42
22	10163	李禄	男	54	副教授	31
23	10291	李伯仁	男	53	副教授	21
24	10309	王晓宁	男	45	副教授	41
25	10282	李文如	女	44	副教授	64
26					**副教授 最大值**	64
27					**总计最大值**	64

图 4-61　分类汇总结果

若要取消分类汇总，在“分类汇总”对话框中单击【全部删除】按钮即可。

4.3.5　数据透视表

数据透视表用于对复杂数据表进行汇总和分析，它功能强大，是集排序、筛选、分类汇总及合并计算为一体的综合性数据分析工具，也是一种交互式的、有选择的 Excel 报表生成方式。

例 4.17　图 4-62 为某商场第四季度日用电器销售表，运用数据透视表方法统计该季度各月份各类电器（电器类型）的销售数量，并提供对具体某种产品（产品代号）的销售数量报表筛选，即：列标签为“月份”、行标签为“产品类型”、汇总方式为“求和”、求和项为“数量”、报表筛选为“产品代号”。操作结果如图 4-66 所示。

	A	B	C	D	E	F	G
1	**某商场第四季度日用电器销售表**						
2	销售编号	月份	产品代号	产品类型	数量	单价	金额
3	A20130101	10月	W900-A	洗衣机	1	1600	1600
4	A20130102	10月	T2042_C	电视机	1	2500	2500
5	A20130103	10月	W830_C	洗衣机	2	1300	2600
6	A20130104	10月	I3301_B	冰箱	1	1800	1800
7	A20130201	11月	I5202_B	冰箱	1	3300	3300
8	A20130202	11月	W900-A	洗衣机	8	1600	12800
9	A20130203	11月	W830-C	洗衣机	2	1300	2600
10	A20130204	11月	T2052_C	电视机	1	3900	3900
11	A20130205	11月	W830-C	洗衣机	4	1300	5200
12	A20130206	11月	T2042_C	电视机	1	2500	2500
13	A20130201	12月	I5202_B	冰箱	2	3300	6600
14	A20130202	12月	T2042_C	电视机	5	2500	12500
15	A20130203	12月	T2052_C	电视机	1	3900	3900
16	A20130204	12月	W830-C	洗衣机	1	1300	1300
17	A20130205	12月	W900-A	洗衣机	3	1600	4800
18	A20130206	12月	I3301_B	冰箱	1	1800	1800
19	A20130207	12月	W830-C	洗衣机	1	1300	1300
20	A20130208	12月	T2042_C	电视机	2	2500	5000

图 4-62　某商场第四季度日用电器销售表

操作方法如下。

① 单击【插入】→【表格】→【数据透视表】按钮，弹出如图 4-63 所示的对话框。

② 单击【表/区域】输入框，在工作表中框选 A2 ~ G20 区域以设置分析数据的区域范围，选择放置数据透视表的位置为【现有工作表】，单击单元格“A23”以设置数据表的起始位置。单击【确定】按钮，在 A23 处生成一个如图 4-64 所示的空设数据透视表，并显示数据透视表字段列表，如图 4-65 所示。

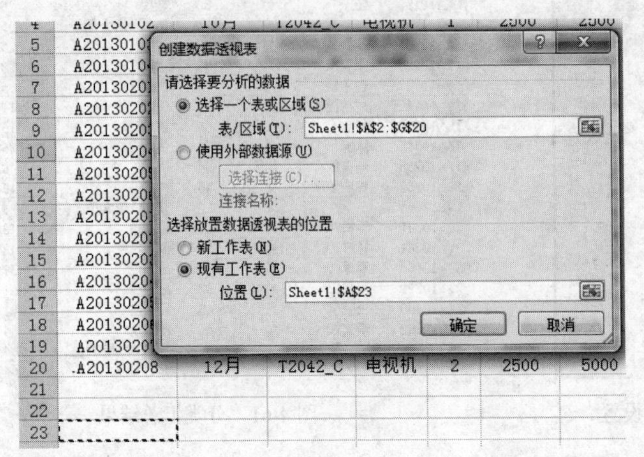

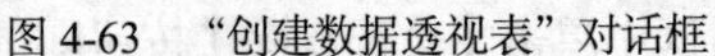

图 4-63 “创建数据透视表”对话框

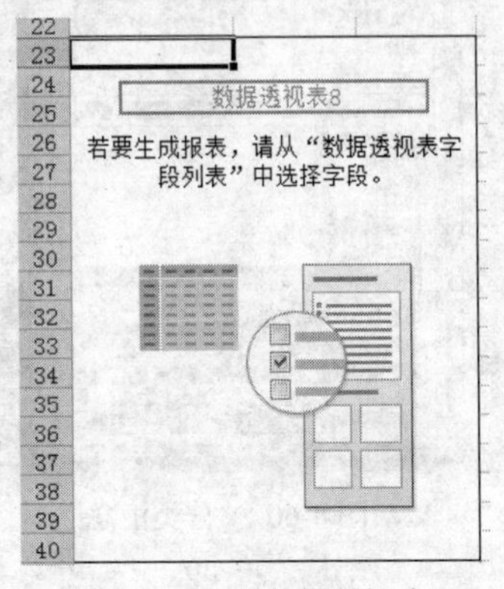

图 4-64 空设数据透视表

③ 在“数据透视表字段列表”对话框中，拖曳 “月份”字段名至“列标签”下方框内，拖曳“产品类型”字段名至“行标签”下方框内，拖曳“数量”字段名至“Σ 数值”下方框内，此时空设数据透视表生成如图 4-66 所示数据表。

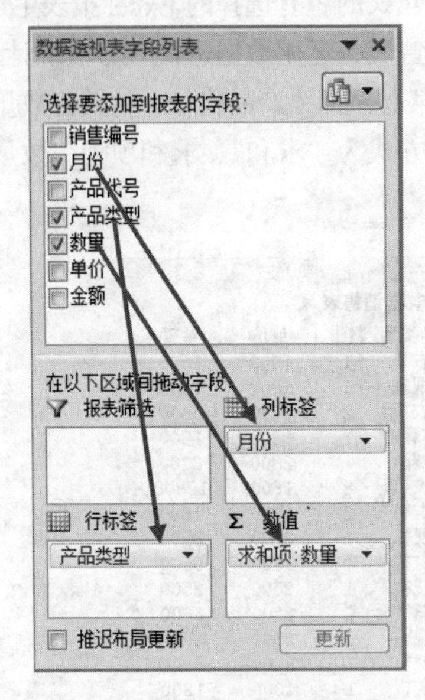

图 4-65 数据透视表字段列表

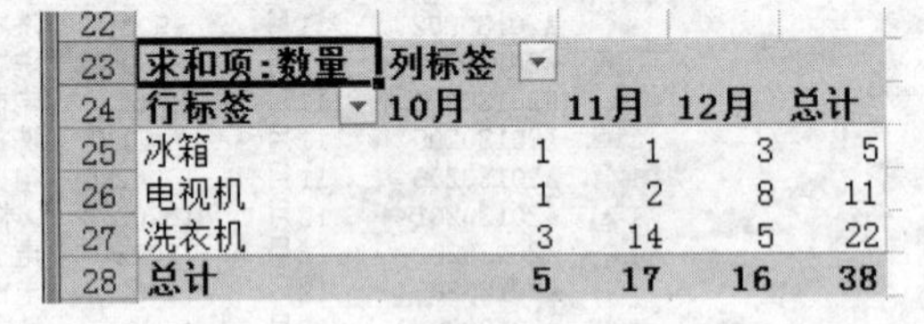

求和项:数量	列标签			
行标签	10月	11月	12月	总计
冰箱	1	1	3	5
电视机	1	2	8	11
洗衣机	3	14	5	22
总计	5	17	16	38

图 4-66 生成的数据透视表结果

④ 在该基础上，拖曳“数据透视表字段列表”对话框中“产品代号”字段名至“报表筛选”下方框内，如图 4-67 所示，为数据透视表添加“筛选”功能，在 A21 单元格处生成“产品代号”筛选项。如图 4-68 所示，单击右侧【筛选】按钮，在下拉列表中选择一种（或多种）产品代号，将生成如图 4-69 所示的筛选结果。

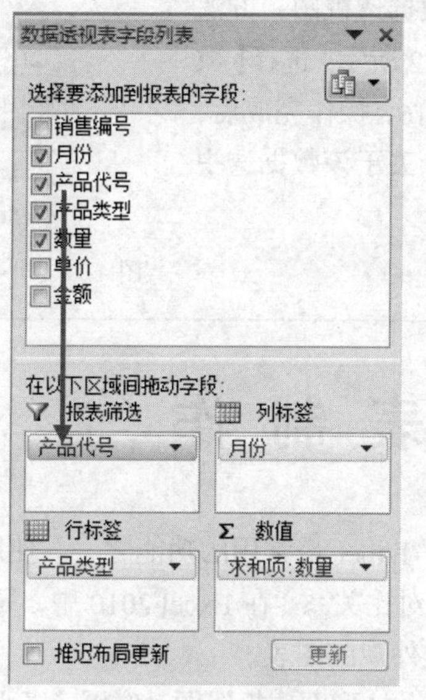

图 4-67 报表筛选设置

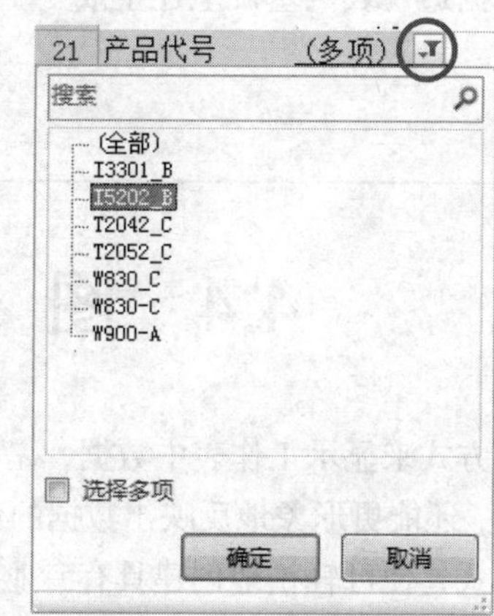

图 4-68 选择筛选对象

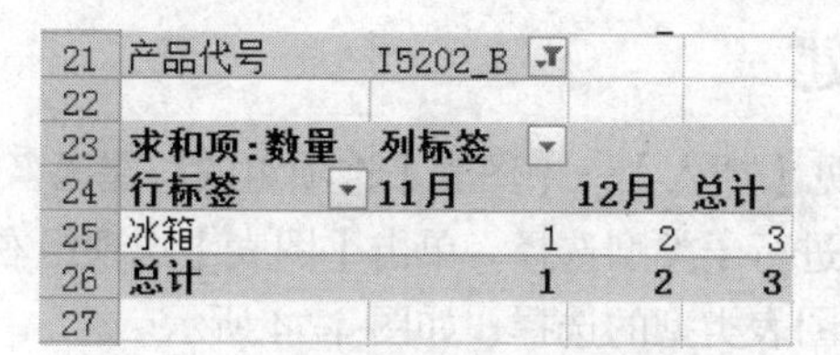

21	产品代号	I5202_B		
22				
23	求和项:数量	列标签		
24	行标签	11月	12月	总计
25	冰箱	1	2	3
26	总计	1	2	3
27				

图 4-69 数据透视表筛选结果

① Excel 数据透视表默认的数据汇总方式是"求和",当用户需要用其他汇总方式(如"平均值")来统计数据时，在"数据透视表字段列表"对话框的"Σ 数值"选框中打开"求和项：数量"下拉列表，如图 4-70 所示，打开【值字段设置】对话框，在其中"值汇总方式"下拉列表中选择其他计算类型，如图 4-71 所示。

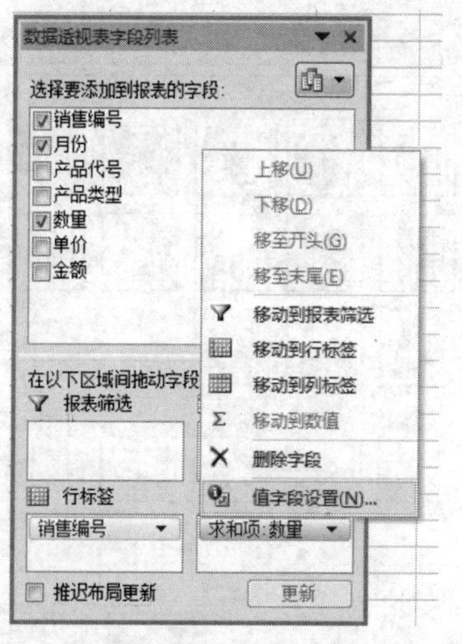

图 4-70 其他汇总方式

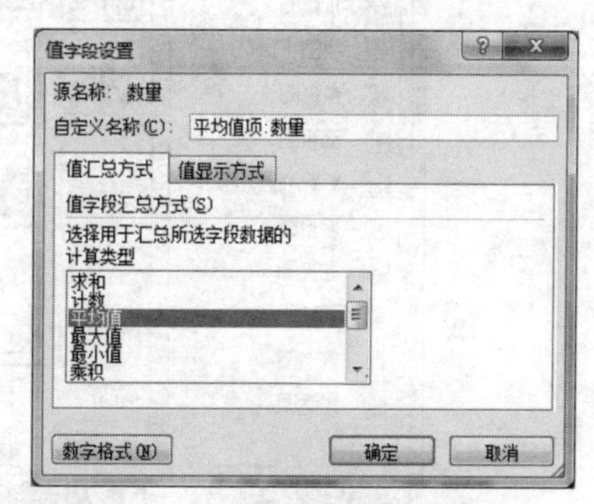

图 4-71 "值字段设置"对话框

② Excel 数据透视表还可以生成数据透视图，方法为：打开数据透视表下拉列表，如图 4-72 所示，选择【数据透视图】命令，其他操作过程同例 4.16，操作完成后，在生成数据透视表的基础上还生成一个关于该数据透视表的图表。

图 4-72 “数据透视图”命令

4.4 图 表 制 作

图表以图形的方式来显示工作表中数据，是 Excel 最常用的功能之一。使用图表不仅能够直观地表现出数据值，还能更形象地反映出数据的对比关系。在 Excel 2010 中，只需选择图表类型、图表布局和图表样式，便可轻松地创建具有专业外观的图表。

图表的类型有多种，其中主要的有以下几种：柱形图、折线图、饼图、条形图、面积图、XY 散点图、股价图、曲面图、圆环图、气泡图以及雷达图。Excel 2010 的默认图表类型为柱形图。

4.4.1 图表的创建

Excel 2010 的图表功能见【插入】→【图表】选项组的功能区，如图 4-73 所示，用户可以打开其中某类图表的下拉列表进行子类型选择。单击【图表】选项组右下角按钮可弹出“更改图表类型”对话框，提供更多图表类型的选择，如图 4-74 所示。

图 4-73 “图表”选项组

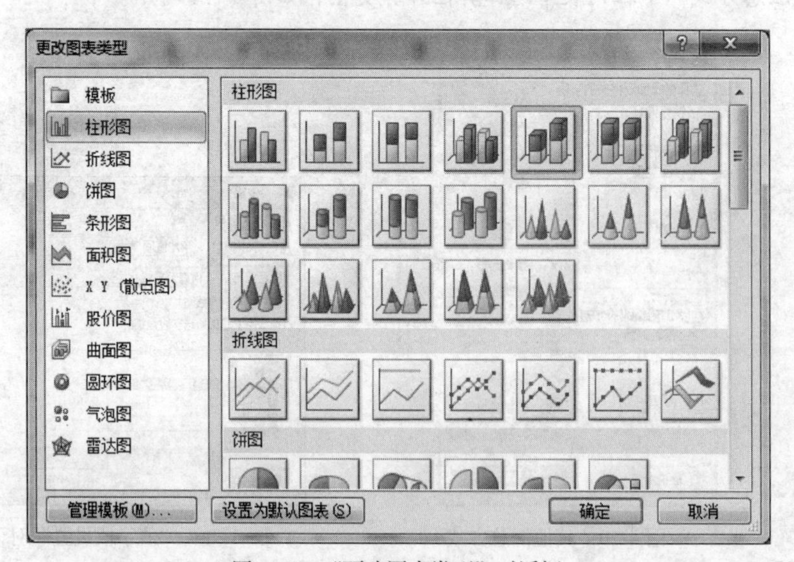

图 4-74 “更改图表类型”对话框

用户通常可按以下 5 个步骤来创建图表。

① 选择图表类型及其子类型。

② 选定图表的数据源区域和显示方式（按列或行方式）。

③ 选定图表布局：设置关于图表上说明性文字及图例，以便更直观地反映图表情况。

④ 选定图表样式：选择图表颜色样式。

⑤ 选定图表插入位置，有嵌入式（与数据源在同一工作表）和新工作表两种。

当选择了图表类型后，Excel 操作界面上会自动增加“图表工具”选项卡组，如图 4-75 所示，其中“设计”选项组为默认选项组，包括了“类型”、“数据”、“图表布局”、“图表样式”和“位置”5 个选项组，这 5 个选项组的功能用于进行上述创建图表 5 个步骤的设置。

图 4-75　“图表工具”选项卡组

4.4.2　图表的编辑

例 4.18　为图 4-76 所示的某高校学生毕业去向统计表制作一个三维饼图，数据源为 A2:B7，设计方式为“布局 2”（有标题、图例和数据标签）、“样式 3”，并以新工作表“图表 1”插入到工作簿中，图表标题为“某高校学生毕业去向统计图”。

操作方法如下。

① 如图 4-77 所示，在【插入】→【图表】选项组中选择【饼图】下拉列表的【三维饼图】按钮，在当前工作表中插入一个空白图表区。

	A	B	C	D
1	某高校学生毕业去向统计表			
2	毕业去向	人数	男	女
3	公司企业	2435	1359	1076
4	事业单位	478	251	227
5	出国留学	67	33	34
6	国内读研	670	286	384
7	其它	30	24	6
8	总计	3680	1953	1727

图 4-76　某高校学生毕业去向统计表

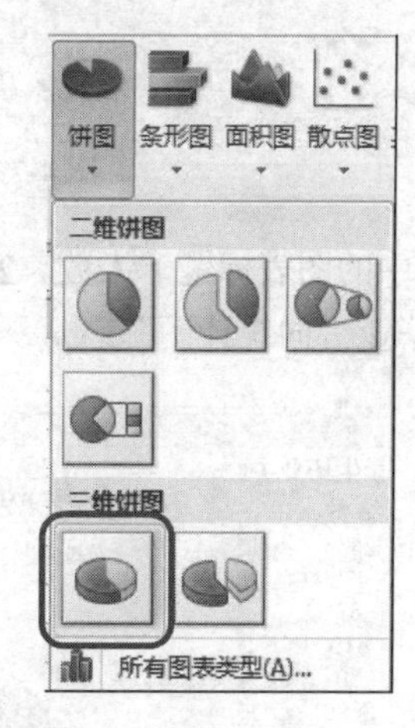

图 4-77　选择“三维饼图”

② 单击【设计】→【数据】→【选择数据】按钮，弹出“选择数据源”对话框，鼠标框选工作表中 A2:B7 区域以设置“图表数据区域”输入框内容，如图 4-78 所示。单击【确定】按钮，在工作表中插入该数据源图表模型。

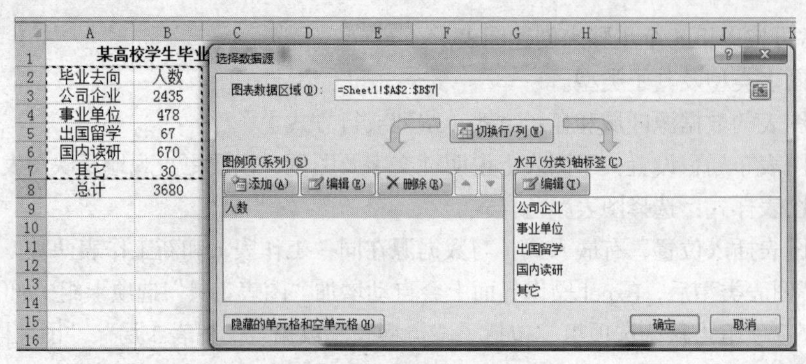

图 4-78　选择数据源

③ 选择【设计】→【图表布局】→【布局 2】选项，在【图表样式】选项组中选择【样式 3】选项，如图 4-79 所示。

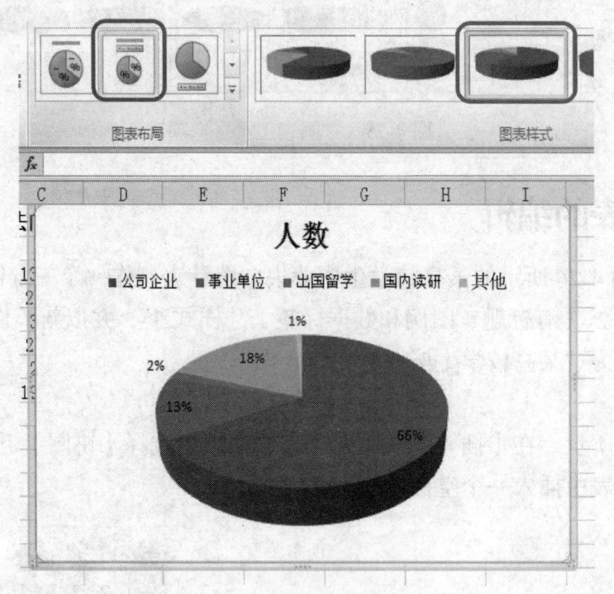

图 4-79　选择图表布局及样式

④ 单击图表中的图表标题“人数”2 次，使之为编辑状态，如图 4-80 所示，重新输入标题为“某高校学生毕业去向统计图”。

图 4-80　编辑图表标题

⑤ Excel 默认的插入位置方式为嵌入型，单击【设计】→【位置】→【移动图表】按钮，弹出如图 4-81 所示的对话框，选择【新工作表】单选项，并在其后输入框中输入“图表 1”作为新工作表名。单击【确定】按钮，在数据源工作表前生成如图 4-82 所示的新工作表。

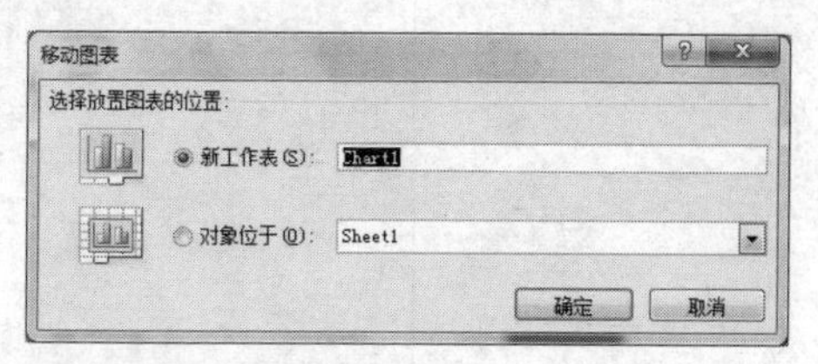

图 4-81　选择放置图表的位置

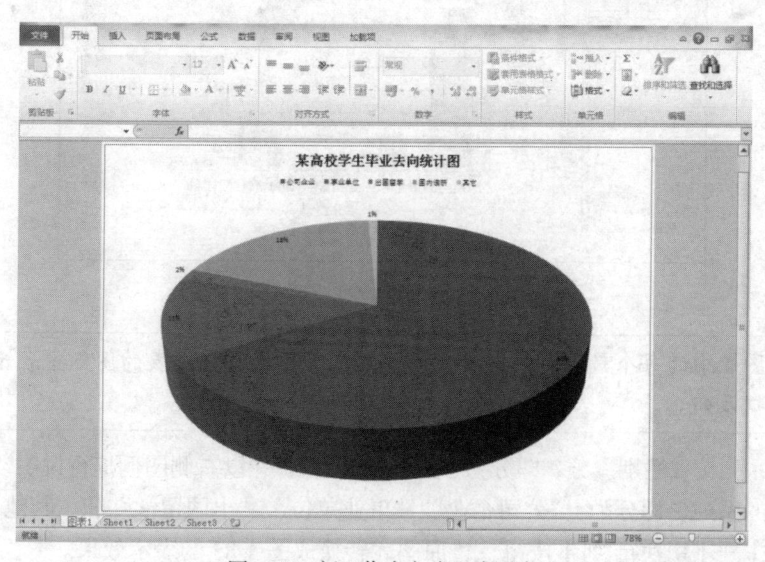

图 4-82　新工作表方式生成图表

在上例操作中，也可以选择先在工作表中选择数据源区域再选择图表类型。

例 4.19　为图 4-76 所示的某高校学生毕业去向统计表制作一个三维簇状柱形图，数据源为 A2:A7,C2:D7，系列（即图例）分为“男”和“女”，以“布局 9”、“样式 4”版式嵌入到当前工作表中，图表标题为“毕业生就业去向性别统计图”，x 坐标轴标题为“就业类型”，y 坐标轴标题为“人数”，生成的柱形图如图 4-84 所示。

操作方法如下。

① 框选工作表 A2:A7 区域，按住【Ctrl】键同时框选 C2:D7 区域，如图 4-83 所示，在【插入】→【图表】→【柱形图】下拉列表中选择【三维簇状柱形图】，在当前工作表中生成了初始数据图表。

② 直接设置图表布局及样式：在【设计】→【图表布局】选项组中选择【布局 9】，在【图表样式】选项组中选择【样式 4】，如图 4-84 所示。

③ 用与例 4.18 相同的方法，修改图表标题文本为“毕业生就业去向性别统计图”，x 坐标轴标题为“就业类型”，y 坐标轴标题为“人数”。

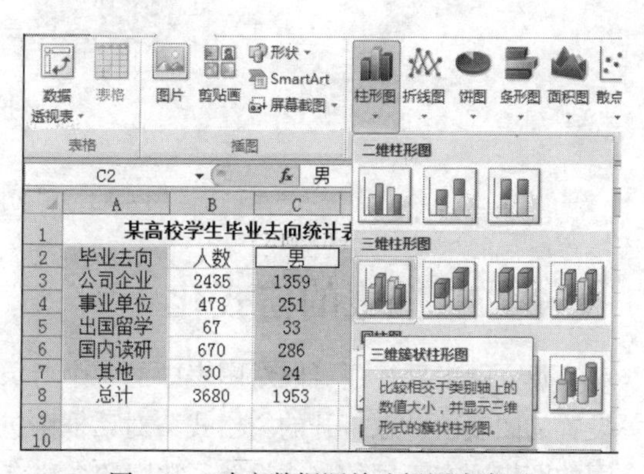

图 4-83　确定数据源并选择图表类型

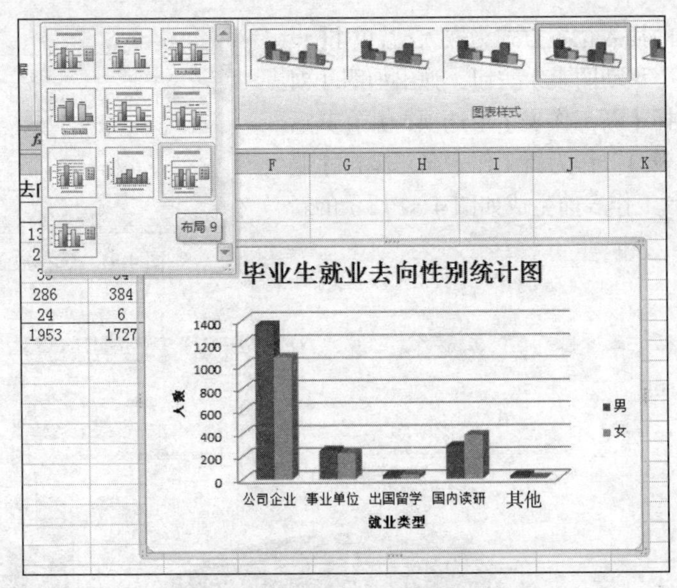

图 4-84　选择图表布局及样式

图表中的每个数据系列具有唯一的颜色或图案并在图表的图例中表示。饼图只有一个数据系列。

上例中，系列按“性别”分，即分为“男”和“女”，并以右侧图例进行说明。如按“就业类型”设置该例的系列，即分为：“公司企业”、“事业单位”、“出国留学”和“其他”，则单击【设计】→【数据】→【切换行/列】按钮，原图表转换成图 4-85 的表示效果。

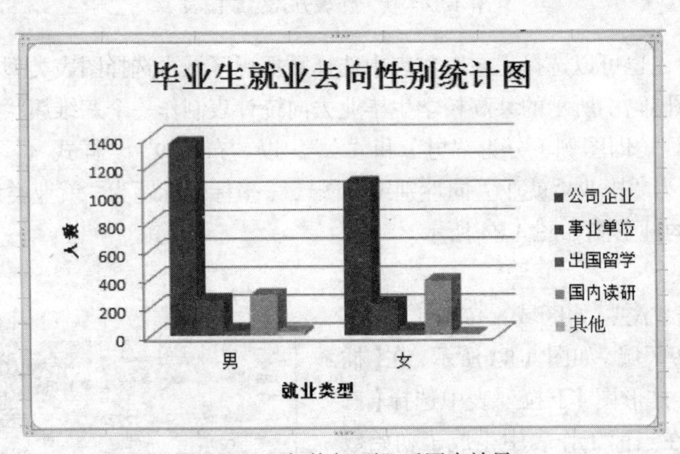

图 4-85　“切换行/列”后图表效果

4.4.3　图表的格式化

建立图表后，还可以对图表中的各个对象进行格式修改。最常用的方法是，双击要进行格式设置的图表项，在打开的“格式”对话框中进行设置，如双击图例可进行图例格式的重设置。不同的图表项有不同的格式设置，常用的方法有图表背景、边框和图案、标题、图例等的格式设置。

此外，在创建了数据图表的基础上，也可以运用【图表工具】选项卡组的【布局】选项卡和【格式】选项卡上的功能，如图 4-86 和图 4-87 所示，实现图表中各种对象的格式修改。

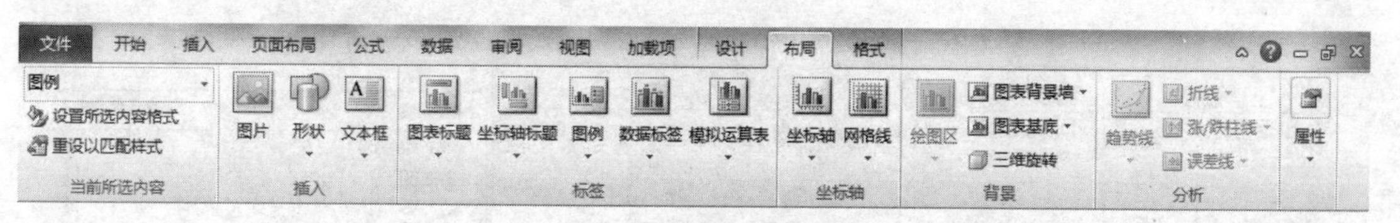

图 4-86 “布局”选项卡

图 4-87 “格式”选项卡

4.4.4 迷你图创建

Excel 2010 提供了全新的“迷你图”功能，利用它，仅在一个单元格中便可绘制出简洁、漂亮的小图表，从而清晰地显示局部数据的变化趋势。

例 4.20 某小学 301 班第一学期数学成绩如图 4-88 所示，现要为每个学生各单元成绩增添一个趋势图，趋势图用“迷你图”的“折线图”创建，并标出每个学生 5 单元中最高分及最低分的位置。操作效果如图 4-92 所示。

	A	B	C	D	E	F	G	H
1	某小学301班第一学期数学成绩							
2	编号	姓名	第一单元	第二单元	第三单元	第四单元	第五单元	趋势图
3	1	陈术辉	85	78	86	84	91	
4	2	李红	90	89	91	95	100	
5	3	张一阳	87	90	97	93	95	
6	4	赵艳	75	78	83	80	82	
7	5	周萌萌	89	88	89	91	90	
8	6	朱卫桦	86	81	90	85	92	
9	7	王明乐	84	57	78	63	80	
10	8	李群数	77	78	75	81	86	
11	9	苏美叶	98	100	97	100	95	
12	10	钱小明	85	83	89	90	82	

图 4-88 某小学 301 班第一学期数学成绩

操作方法如下。

① 框选第一个学生各单元分数区域 B3:G3，选择【插入】→【迷你图】→【折线图】命令按钮，如图 4-89 所示。

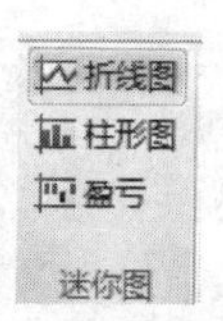

图 4-89 “折线图”命令按钮

② 弹出如图 4-90 所示的“创建迷你图”对话框，其中“数据范围”已设定成所选区域 C3:G3，鼠标在工作表中单击单元格 H3，以确定其为迷你图放置位置，单击【确定】按钮。

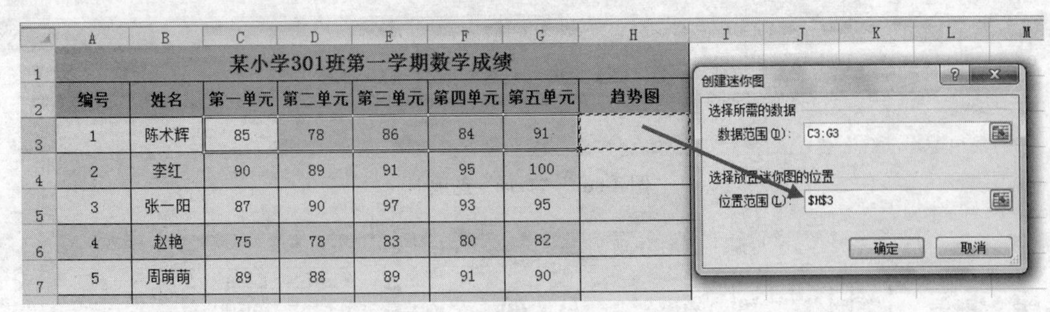

编号	姓名	第一单元	第二单元	第三单元	第四单元	第五单元	趋势图
1	陈术辉	85	78	86	84	91	
2	李红	90	89	91	95	100	
3	张一阳	87	90	97	93	95	
4	赵艳	75	78	83	80	82	
5	周萌萌	89	88	89	91	90	

图4-90　“创建迷你图”对话框

③ 单元格H3处生成了折线迷你图，Excel界面自动设定成【迷你图工具】/【设计】选项卡，在其中【显示】选项组中勾选【高点】和【低点】复选框，以显示最高值及最低值位置。如图4-91所示。

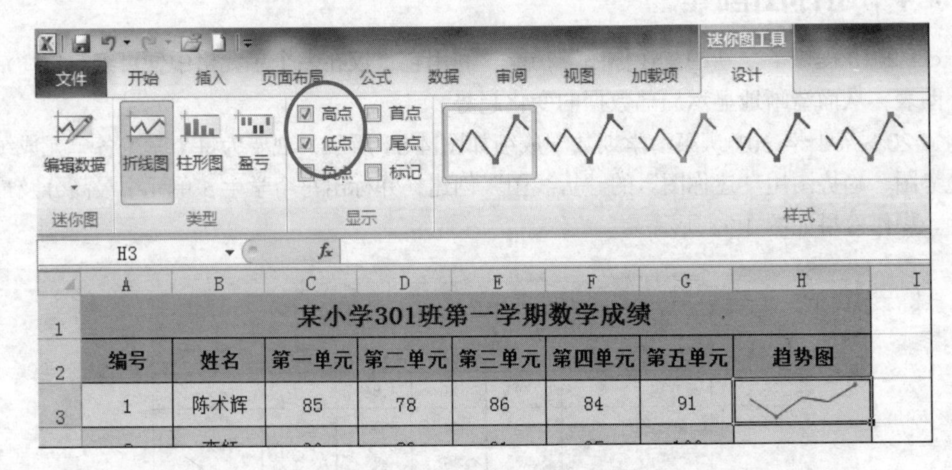

图4-91　显示“高点”和“低点”

④ 单击H3单元格，向下拖曳填充柄至H12，为2号至10号学生快速生成趋势图，如图4-92所示。

某小学301班第一学期数学成绩

编号	姓名	第一单元	第二单元	第三单元	第四单元	第五单元	趋势图
1	陈术辉	85	78	86	84	91	
2	李红	90	89	91	95	100	
3	张一阳	87	90	97	93	95	
4	赵艳	75	78	83	80	82	
5	周萌萌	89	88	89	91	90	
6	朱卫桦	86	81	90	85	92	
7	王明乐	84	57	78	63	80	
8	李群数	77	78	75	81	86	
9	苏美叶	98	100	97	100	95	
10	钱小明	85	83	89	90	82	

图4-92　迷你图效果

4.5　工作表打印

在 Excel 2010 文档打印前，可以通过“页面布局”选项卡的各功能组命令对页面布局进行快速设置，如图 4-93 所示。

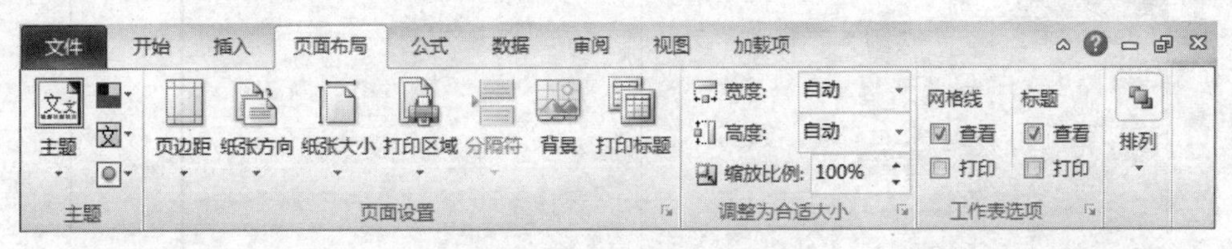

图 4-93　“页面布局”选项卡

单击【页面布局】→【页面设置】选项组右下角的 按钮，出现“页面设置”对话框，可实现对“页面”、“页边距”、“页眉/页脚”或“工作表”选项的更详细设置。如图 4-94 所示。

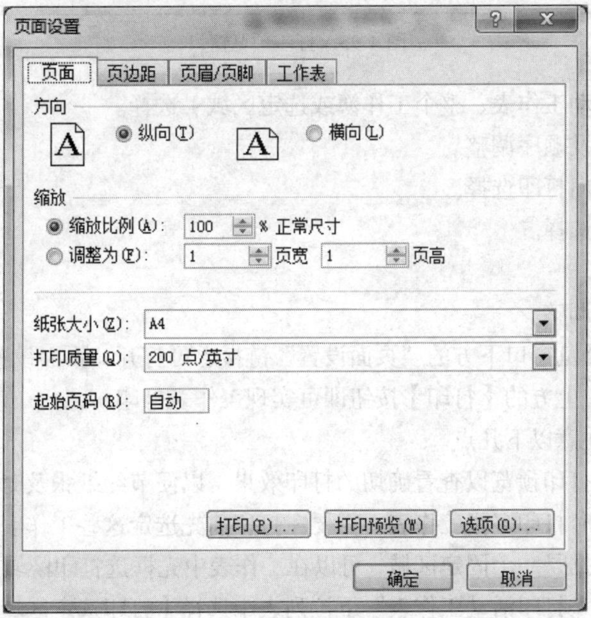

图 4-94　“页面设置”对话框

Excel 工作表的打印根据打印内容不同会有 3 种情况：选定区域、活动工作表和整个工作簿。其中活动工作表为默认打印方式。选择【文件】→【打印】命令，打开打印预览窗口，窗口中显示了当前打印内容的打印预览效果及打印相关的设置，如图 4-95 所示。用户可以在其中的“份数”输入框中选择打印的份数，单击【打印机】下拉列表可选择打印机类型。在“设置”栏可设置以下打印功能。

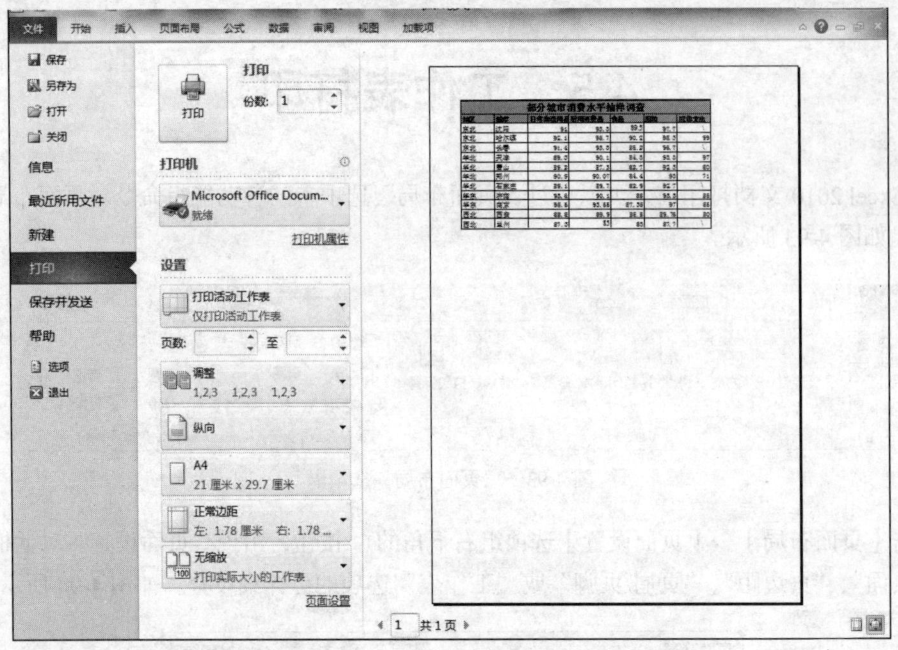

图4-95 打印预览窗口

① 打印范围（活动工作表、整个工作簿或选定区域）选择。

② 打印页码范围及顺序调整。

③ 页面纵向或横向打印选择。

④ 打印纸张大小选择。

⑤ 页面边距调整。

⑥ 页面缩放效果调整。

另外，单击打印预览窗口下方的“页面设置”链接也可打开“页面设置”对话框。

单击打印预览窗口上方的【打印】按钮即可实现工作表打印。

打印工作表时要注意以下几点。

① 打印前先进行打印预览以查看确切的打印效果，以便节约纸张及时间。

② 如果一次要同时打印多张工作表，需要在打印前先选定这些工作表标签。

③ 如果打印的数据是一个固定区域，可以在工作表中先框选打印区域，选择【文件】→【打印】，在“设置”栏下“打印活动工作表”下拉列表中选择【打印选定区域】命令。

小　结

本章从Excel 2010电子表格的功能和概念入手，详细讲解了Excel 2010的基本操作技术，包括工作簿、工作表及单元格的编辑方法，数据的管理和分析方法，图表的创建及编辑方法，重点叙述了公式与函数的使用及数据筛选、汇总、数据透视表等操作方法。Excel 2010把数据管理、图形显示及数据分析等功能都集成在了一起，只要掌握好Excel 2010的操作技能，用户不需要更换软件就可以解决日常生活中各种数据表格复杂的运算和分析问题。

习 题

一、选择题

1. 工作表列标号表示为（　　），行标号表示为（　　）。
   A. 1、2、3　　B. A、B、C　　C. 甲、乙、丙　　D. Ⅰ、Ⅱ、Ⅲ
2. 在 Excel 2010 中，公式的定义必须以（　　）符号开头。
   A. =　　B. ”　　C. :　　D. *
3. 在 Excel 2010 中指定 A2 至 A6 五个单元格的表示形式是（　　）。
   A. A2,A6　　B. A2&A6　　C. A2;A6　　D. A2:A6
4. 在 Excel 2010 单元格中输入字符型数据，当宽度大于单元格宽度时正确的叙述是（　　）。
   A. 多余部分会丢失　　B. 必须增加单元格宽度后才能录入
   C. 右侧单元格中的数据将丢失　　D. 右侧单元格中的数据不会丢失
5. 利用鼠标拖放移动数据时，若出现“是否替换目标单元格内容？”的提示框，则说明（　　）。
   A. 目标区域尚为空白　　B. 不能用鼠标拖放进行数据移动
   C. 目标区域已经有数据存在　　D. 数据不能移动
6. 在 Excel 2010 中，若单元格引用随公式所在单元格位置的变化而改变，则称之为（　　）。
   A. 相对引用　　B. 绝对引用　　C. 混合引用　　D. 直接引用
7. 单元格 D1 中有公式=A1+$C1，将 D1 中的公式复制到 E4 格中，E4 格中的公式为（　　）。
   A. =A4+$C4　　B. =B4+$D4　　C. =B4+$C4　　D. =A4+C4
8. 在 Excel 2010 操作中，选定单元格时，可选定连续区域或不连续区域单元格，其中有一个活动单元格，活动单元格的标识是（　　）。
   A. 黑底色　　B. 黑线框　　C. 高亮度条　　D. 白色
9. SUM(B1:B4)等价于（　　）。
   A. SUM(A1:B4 B1:C4)　　B. SUM(B1+B4)
   C. SUM(B1+B2,B3+B4)　　D. SUM(B1,B2,B3,B4)
10. 工作簿默认的扩展名是（　　）。
    A. XLCX　　B. DOCX　　C. XLSX　　D. EXE
11. 默认状态下，输入的字符数据在单元格中（　　）。
    A. 左对齐　　B. 右对齐　　C. 居中　　D. 不确定
12. 默认状态下，输入的数字数据在单元格中（　　）。
    A. 左对齐　　B. 右对齐　　C. 居中　　D. 不确定
13. 在 Excel 2010 中，输入分数三分之二的方法是（　　）。
    A. 直接输入 2/3
    B. 先输入一个 0，再输入 2/3
    C. 先输入一个 0，再输入一个空格，最后输入 2/3
    D. 以上方法都不对
14. Excel 2010 中，如 A4 单元格的值为 100，公式“=A4>100”的结果是（　　）。
    A. 200　　B. 0　　C. TRUE　　D. FALSE

15. 在Excel中，选定一个单元格后按DEL键，将被删除的是（　　）。

A. 单元格　　B. 单元格中的内容

C. 单元格中的内容及格式等　　D. 单元格所在的行

16. 在Excel 2010中，常用到“格式刷”按钮，以下对其作用描述正确的是（　　）。

A. 可以复制格式，不能复制内容　　B. 可以复制内容

C. 既可以复制格式，也可以复制内容　　D. 既不能复制格式，也不能复制内容

17. 在Excel 2010的活动单元格中要把“1234567”作为字符处理，应在“1234567”前加上（　　）。

A. 0和空格　　B. 单引号　　C. 0　　D. 分号

18. Excel 2010中，可使用组合键（　　）在活动单元格内输入当天日期。

A.【Ctrl】+【;】　　B.【Crtl】+【Shift】+【;】

C.【Alt】+【;】　　D.【Alt】+【Shift】+【;】

二、问答题

1. 什么是单元格、工作表、工作簿？简述它们之间的关系。
2. 如何进行单元格的移动和复制？
3. 简述图表的建立过程。
4. 单元格的引用有几种方式？

第 5 章 PowerPoint 演示文稿

学习目标：

- 了解 PowerPoint 的主要功能及基本概念
- 熟练掌握演示文稿的创建及编辑方法
- 熟练掌握幻灯片格式化方法及动画效果设置方法
- 掌握演示文稿放映、打包及打印的方法

5.1 PowerPoint 2010 概述

幻灯片演示文稿是办公自动化的工具之一，它广泛应用于会议报告、课程教学、广告宣传、产品演示等方面。PowerPoint 2010 就是一款集文字、图形、动画、声音于一体的专门制作演示文稿的多媒体软件。

PowerPoint 2010 是 Office 2010 的重要组件，它主要用来制作丰富多彩的幻灯片演示文稿，以便在计算机屏幕或者投影板上播放，或者用打印机打印出幻灯片或透明胶片。

5.1.1 PowerPoint 2010 的概念及功能

1. PowerPoint 2010 的基本概念

（1）演示文稿

PowerPoint 2010 创建的文件叫做演示文稿，演示文稿名就是文件名，其扩展名为.pptx（PowerPoint 2003 及以前版本的文件扩展名为.ppt）。一个演示文稿包含若干张幻灯片，每一张幻灯片都是由对象及其版式组成的。演示文稿可以通过普通视图、幻灯片浏览视图、幻灯片放映视图等来显示，关于这几种视图，稍后会详细介绍。

（2）对象

对象是 PowerPoint 幻灯片的重要组成元素。当向幻灯片中插入文字、图表、结构图、图形、Word 表格以及任何其他元素时，这些元素就是对象。每一个对象在幻灯片中都有一个占位符，根据提示单击或双击它可以填写、添加相应的内容。用户可以选择对象，修改对象的属性，还可以对对象进行移动、复制、删除等操作。

2. PowerPoint 2010 的基本功能

（1）建立演示文稿

常用的创建方式有：空演示文稿创建、样本模板创建、主题模板创建、最近打开的模板创建等。

（2）编辑演示文稿

包括在幻灯片上添加对象，如图片、声音、视频、表格等，实现对象的编辑处理及超级链接，动作按钮链接，幻灯片的移动、复制和删除，幻灯片的格式化，利用母版、模板设置幻灯片外观等。

（3）放映演示文稿

包括设计动画，设置放映方式，演示文稿打包、打印等。

PowerPoint 2010 在旧版本的基础上，功能有了进一步的增强，主要体现为：PowerPoint 2010 播放器具有高保真输出功能，支持 PointPoint 2010 图形、动画和媒体；新增了智能标记支持功能；增强了图片的颜色调整、艺术效果、背景消除等功能；改进了位图导出功能，导出时分辨率更高；提供了更精彩的幻灯片切换功能。

5.1.2 PowerPoint 2010 工作界面介绍

PowerPoint 2010 可通过双击桌面的 图标启动，或单击【开始】→【所有程序】→【Microsoft Office2010】→【PowerPoint 2010】命令启动，其工作界面如图 5-1 所示。

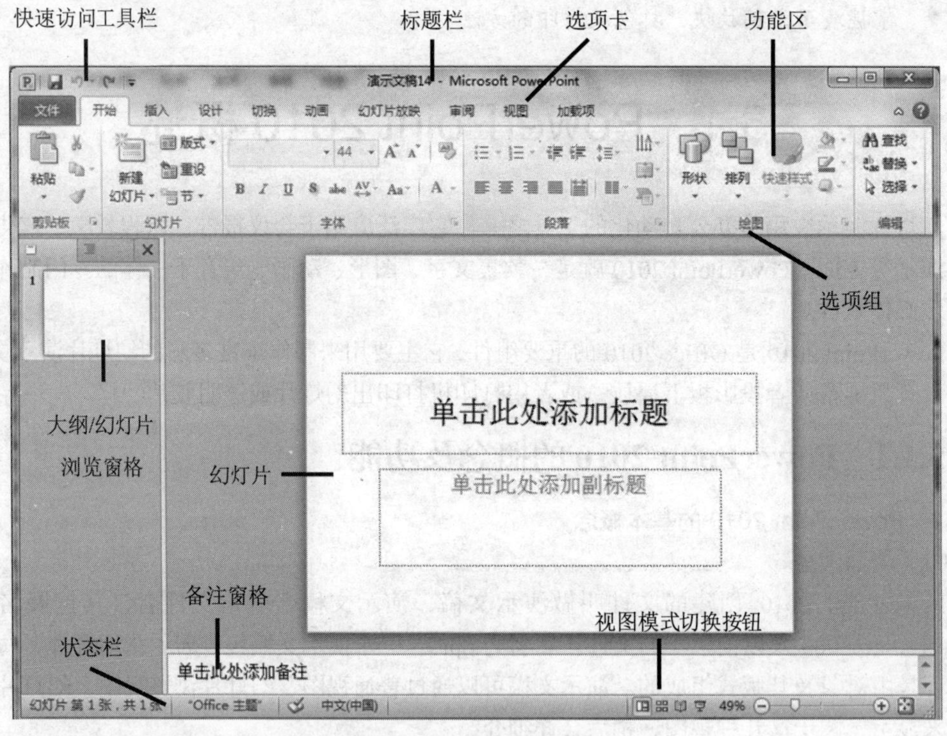

图 5-1　PowerPoint 2010 的工作界面

5.1.3 视图类型

PowerPoint 2010 根据用户编辑、浏览、放映幻灯片的需要，分别提供了 4 种视图模式：普通视图、幻灯片浏览视图、阅读视图和幻灯片放映视图。在不同视图中，演示文稿的显示方式是不同的，编辑处理方式也不尽相同。各个视图之间可通过工作窗口左下角的 按钮进行切换，也可以通过在“视图”选项卡中选择相应的视图模式命令按钮切换。

1. 普通视图

普通”视图是 PowerPoint 2010 默认的工作模式，也是最常用的工作模式。在此视图模式下可以编写或设计演示文稿，也可以同时显示幻灯片、大纲和备注内容，如图 5-1 所示。

“普通”视图中有 3 个工作区域，即大纲/幻灯片编辑窗格、演示文稿编辑窗格和备注窗格，可以通过拖动窗格的边框来调整不同窗格的大小。

2. 幻灯片浏览视图

幻灯片浏览视图用来进行演示文稿的宏观设置，在此模式下会同时显示多张幻灯片效果，不能对单张幻灯片进行内部编辑，但支持幻灯片的移动、复制、删除等操作。

3. 阅读视图

阅读视图可以将演示文稿作为适应窗口大小的幻灯片放映查看，在页面上单击，即可翻到下一页。

4. 幻灯片放映视图

幻灯片放映是制作演示文稿的最终目的，它以全屏方式显示演示文稿中的幻灯片。播放时，PowerPoint 的窗口、菜单、工具栏等会消失，所有的动画、声音、影片等效果都会出现。幻灯片放映时，按空格、回车或单击鼠标左键可显示下一张，按 Esc 键将中断放映。

5.2　演示文稿基本操作

5.2.1　演示文稿的创建

启动 PowerPoint 2010 后，系统会自动新建一个空白演示文稿，用户可以直接在此空白演示文稿上进行设计及编辑。此外，用户也可以通过选择模板和版式的方法自行创建演示文稿。

1. 应用模板

单击【文件】→【新建】命令，显示如图 5-2 所示的“新建演示文稿”设置窗口，在该窗口上，既可以创建空白演示文稿，也可以用“可用的模板和主题”或者“Office.com 模板”的选项来创建新演示文稿。

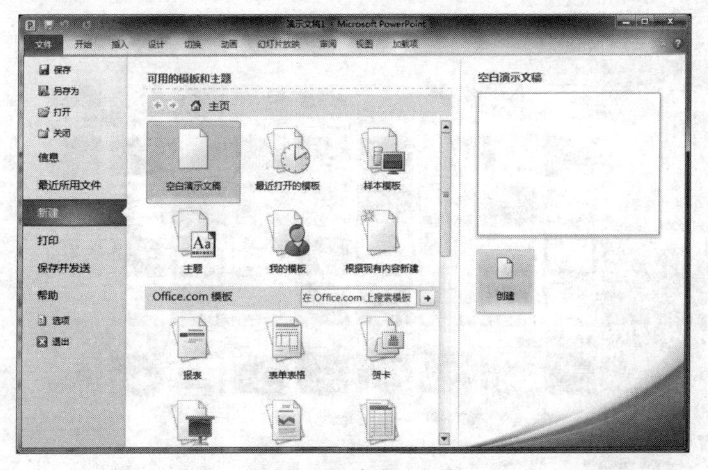

图 5-2　新建演示文稿

（1）可用的模板和主题

① 空白演示文稿。“空白演示文稿”是系统默认的创建方式。该方式可创建一个不包含任何内容的空白演示文稿。是初学者学习演示文稿编辑方法的推荐方式。

② 样本模板。选择该项，窗口中显示系统提供的模板样式供用户选择，常用样本模板有：都市相册、古典型相册、现代型相册、宣传手册、宽屏演示文稿、项目状态报告等。

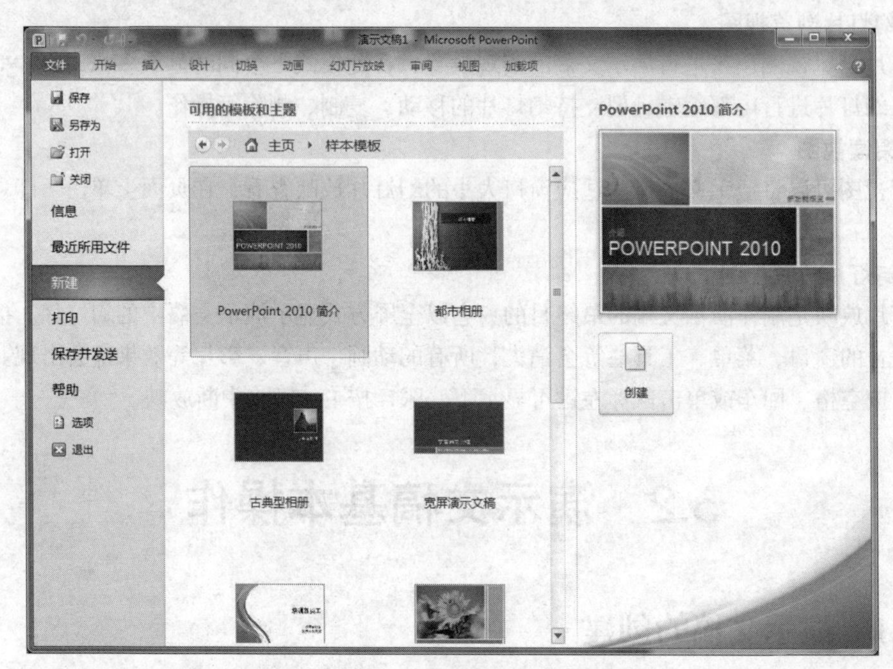

图 5-3　运用“样本模板”新建演示文稿

③ 主题。单击该项，窗口中显示系统自带的主题模板，如暗香扑鼻、跋涉、沉稳、穿越、顶峰等。主题模板既可以在“新建演示文稿”对话框（见图 5-2）中选择，也可以通过【设计】→【主题】选项组实现选择或更换，如图 5-4 所示。

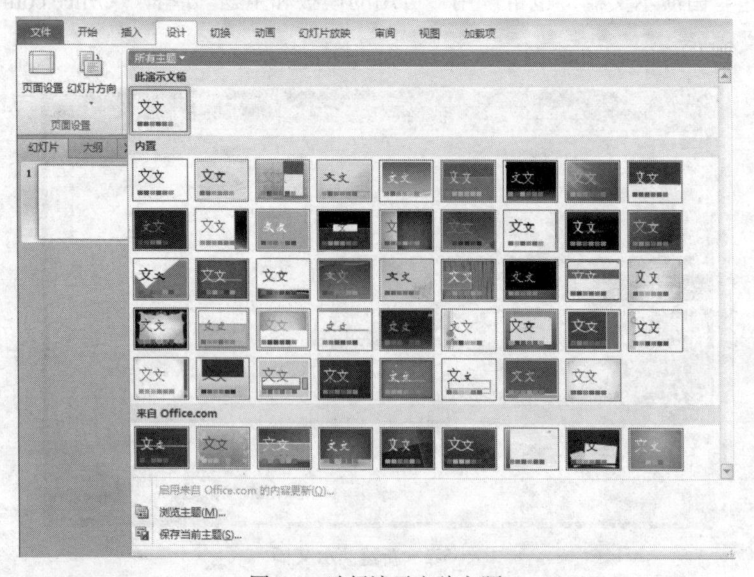

图 5-4　选择演示文稿主题

④ 我的模板。单击该项，用户可以通过对话框选择一个自己已经编辑好的模板文件。

⑤ 根据现有内容新建。单击该项，用户可以通过对话框选择一个已经做好的演示文稿文件作为参考。

（2）Office.com 模板

在该项中，包括表单表格、日历、贺卡、幻灯片背景、学术、日程表等。单击任意一项，然后从对话框列表中选择一项，将其下载并安装到用户的系统中，当下次再使用时，就可以直接单击【创建】按钮了。

2. 应用版式

版式就是对象的布局，它设定了某些幻灯片中占位符的位置、文本的格式、插图的规格等。占位符就是一种带有虚线或阴影线的边框。在这些边框内可以放置标题、正文、图表、表格、图片等对象。

创建新的幻灯片时，可以根据该幻灯片的用途及排版布局选择一种版式，这样可以提高演示文稿的制作效率。应用版式的方法是单击【开始】→【幻灯片】→【版式】命令按钮，在其下拉列表中进行版式选取，如图 5-5 所示。

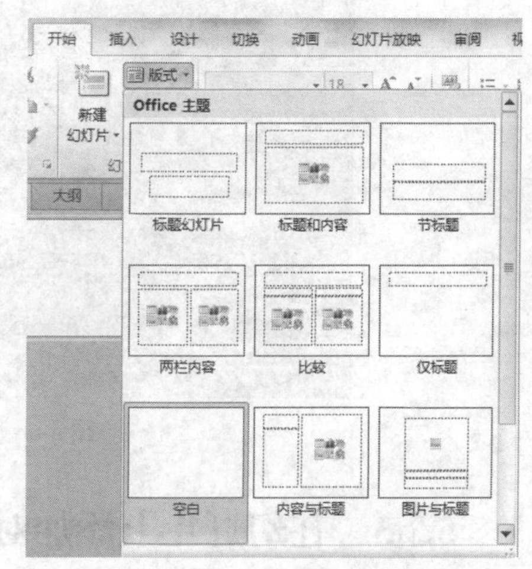

图 5-5　选择幻灯片版式

5.2.2　演示文稿的编辑

演示文稿的编辑主要包括新建幻灯片，幻灯片的复制、移动和删除等操作。

1. 新建幻灯片

在“普通”视图或者“幻灯片浏览”视图中均可以插入空白幻灯片。以下 4 种方法可以实现该操作。

① 单击【开始】→【幻灯片】→【新建幻灯片】命令按钮。

② 在“大纲/幻灯片浏览窗格”中选中一张幻灯片，按回车键。

③ 按快捷键【Ctrl】+【M】。

④ 在“大纲/幻灯片浏览窗格”中单击鼠标右键，在弹出的快捷菜单中选择“新建幻灯片”命令。

2. 幻灯片的复制、移动和删除

用户可以在“幻灯片浏览”视图（如图 5-6 所示）或“大纲/幻灯片”浏览窗格中进行相应的操作。这需要先选中目标幻灯片，然后再通过鼠标或编辑命令来实现。具体操作如下。

① 鼠标单击选择一张幻灯片，按【Delete】键实现幻灯片的删除。

② 选择一张幻灯片，鼠标拖曳至目标位置（某一张幻灯片前）松开，实现幻灯片的移动。

③ 在移动幻灯片的同时按住【Ctrl】键可实现幻灯片的复制。

以上操作中，也可以通过鼠标框选多张幻灯片、运用【Shift】或【Ctrl】键选择连续或不连续的多张幻灯片以实现多张幻灯片的复制、移动和删除。在“幻灯片浏览”视图中，对幻灯片的选择操作同 Windows 文件图标的选择操作相似。

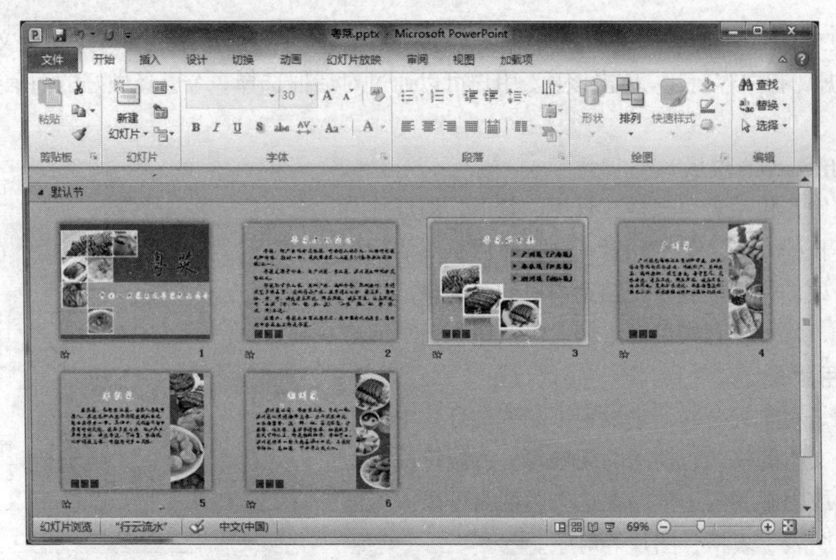

图 5-6　用幻灯片浏览视图编辑幻灯片

5.2.3　在幻灯片上添加对象

PowerPoint 幻灯片上可添加的对象有文本、图形、图片、艺术字、表格、声音、影片等，还可以根据实际需要，对插入的对象进行各种设置或处理，以制作出更出色漂亮的演示文稿。

1．添加文本对象

在幻灯片中添加文本的方法有很多，最简单的方式就是直接将文本输入到幻灯片的占位符和文本框中。

（1）在占位符中输入文本

当创建一个空演示文稿时，系统会自动插入一张“标题幻灯片”版式的幻灯片。在该幻灯片中，共有两个虚线框，这两个虚线框就是占位符，占位符中显示“单击此处添加标题”和“单击此处添加副标题”的字样，如图 5-7 所示。将光标移至占位符中，单击即可输入文字。

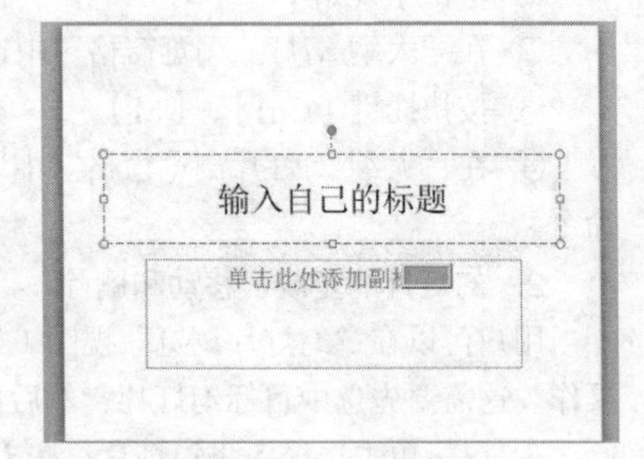

图 5-7　在占位符中输入文本

（2）使用文本框输入文本

如果要在占位符之外的其他位置输入文本，可以在幻灯片中插入文本框。

单击【插入】选项卡，选择其中的“文本框”命令，在幻灯片的适当位置单击并拖曳文本框区域，此时就可在文本框中输入文本了。在选择文本框时默认的是“横排文本框”，如果需要插入“竖排文本框”，可以单击“文本框”命令的下拉按钮，然后进行选择。

将鼠标指针指向文本框的边框，按住鼠标左键可以移动文本框到任意位置。

在 PowerPoint 2010 中涉及对文本框的复制、粘贴、删除、移动的操作，和对文字字体、字号、颜色等的设置，以及对段落的格式设置等操作，均与 Word 2010 中的相关操作类似，在此就不详细叙述了。

2. 插入图片、剪贴画、图形(形状)、SmartArt 图形和艺术字

在 PowerPoint2010 中插入图片、剪贴画、图形（形状）、SmartArt 图形和艺术字等的方法与 Word 2010 的相同，这些对象的编辑、格式设置方法也与 Word 2010 的相同，这里不再复述。

3. 插入音频和视频

制作多媒体演示文稿时，适当地插入音频或视频素材可营造良好的学习氛围，获得更好的演示效果。

（1）插入音频

单击【插入】→【媒体】→【音频】命令按钮，如图 5-8 所示，在其下拉列表中选择插入音频的方式。PowerPoint 2010 提供了三种音频插入方式。

① 文件中的音频。用于插入外部的音频文件（由制作者自备，文件类型可以为.mp3、.au、.mid、.wav、.mp4 等）。当插入一个音频文件后，在当前幻灯片上会出现一个“喇叭”图标，鼠标移近时出现“音频”工具实现播放、音量等设置，如图 5-9 所示。

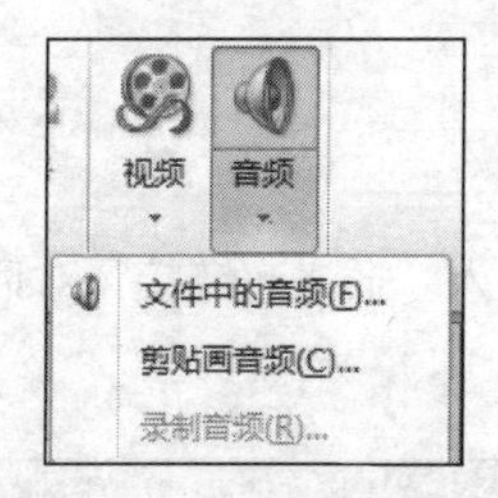

图 5-8 “音频”命令按钮

图 5-9 “音频”命令按钮

② 插入来自剪辑管理器的音频。用于插入 Office 2010 系统提供的剪贴画音频，如图 5-10 所示，在“剪贴画”任务窗格的“结果类型”下拉列表中选择【音频】，再单击【搜索】，即可在下方搜索到的图标中选择音频插入。

③ 录制音频。录制音频的前提条件是计算机已安装了音频录入设置，如麦克风。单击该选项将打开“录音”对话框，为用户实现声音录制，录制结束后该段音频将插入到当前幻灯片中。

插入音频后，PowerPoint 2010 将自动增设“音频工具”选项卡组，其中“播放”选项卡用于设置播放效果，如在“音频选项”选项组的“开始”下拉菜单中可将音频设置成“自动”播放方式，如图 5-11 所示。这样当演示文稿放映至该幻灯片时会自动播放设定的音频。

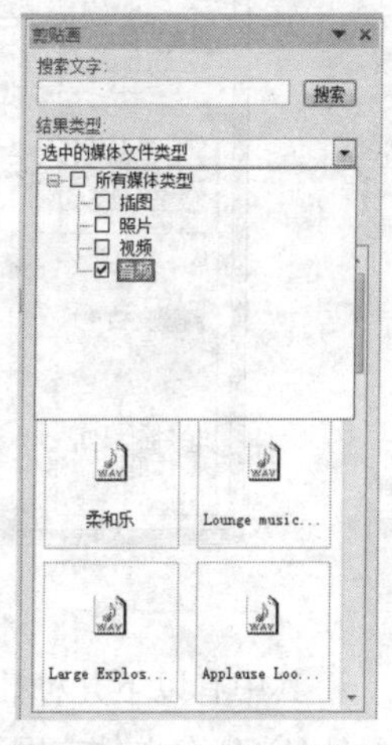

图 5-10 插入剪贴画音频

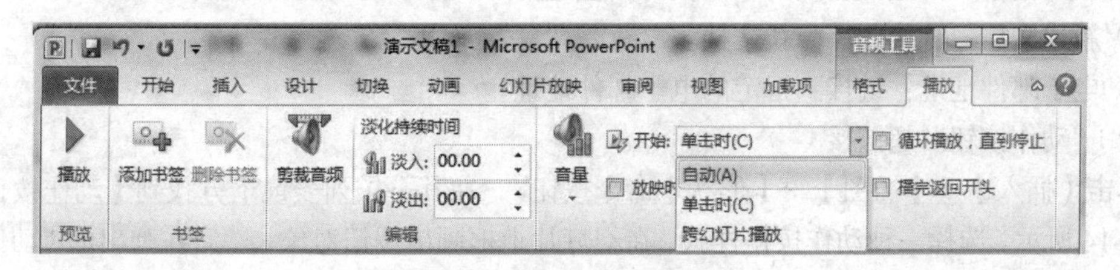

图 5-11 设置音频自动播放

（2）插入视频

单击【插入】→【媒体】→【视频】命令按钮，如图5-12所示，在其下拉列表中选择插入视频的方式。PowerPoint 2010提供了三种视频插入方式。

① 文件中的视频。

② 来自网站的视频。

③ 剪贴画视频。

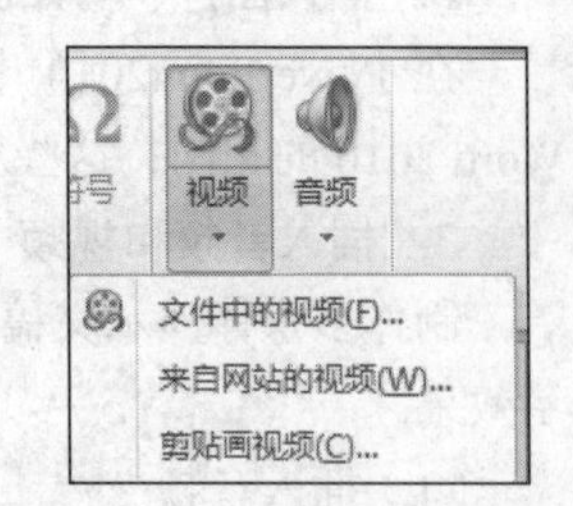

图5-12 “视频”命令按钮

其中“文件中的视频”和“剪贴画视频”插入方法和视频设置与音频的相似，插入“来自网站的视频”则要打开“从网站插入视频”对话框以实现与已上载到网站的视频的链接。

4. 插入超级链接

插入超级链接可以实现在同一文档的不同幻灯片中进行跳转，或者跳转到其他的演示文稿、Word文档、网页或电子邮件地址等。

实现超链接的方法如下。

（1）对象（如文本或图片）的超链接

选择【插入】→【链接】→【超链接】命令按钮，进入“插入超链接”对话框，如图5-13所示。

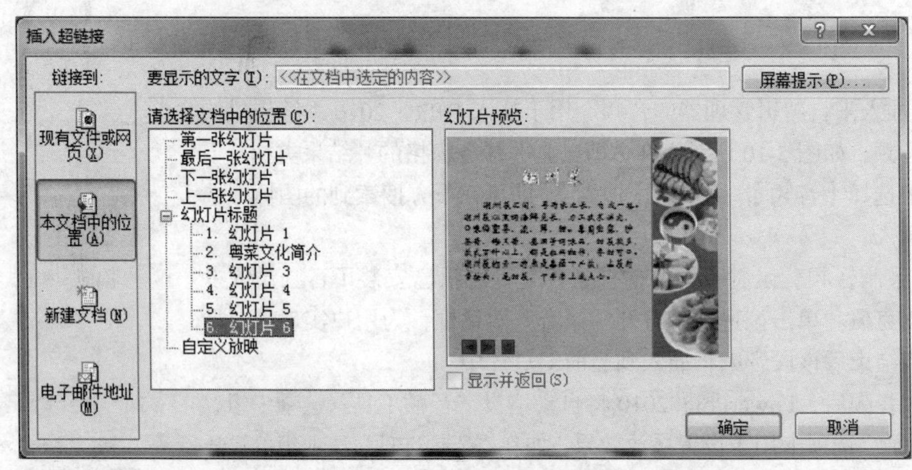

图5-13 “插入超连接”对话框

其中有以下几种插入方式。

① 现有文件或网页：链接到其他文档、应用程序或由网站地址决定的网页。

② 本文档中的位置：链接到本文档的其他幻灯片（图5-13所示方式）。

③ 新建文档：链接到一个新文档。

④ 电子邮件地址：链接到指定的电子邮件地址。

（2）“动作按钮”超链接

单击【插入】→【插图】→【形状】命令按钮，在其下拉列表最下方找到【动作按钮】组，如图5-14所示。选择一种动作按钮样式，在幻灯片上框画出按钮对象，然后在弹出的“动作设置”对话框中设置，以实现链接的动作功能，如图5-15所示。

图 5-14　动作按钮

图 5-15　“动作设置”对话框

① 如果想使每个幻灯片均有相同的动作按钮，不必对每一张幻灯片进行插入“动作按钮”操作，只需设置第一张幻灯片，选择按钮对象进行复制，然后在其他幻灯片上进行粘贴即可在相同的位置上得到相同的按钮对象。用户也可以在“幻灯片母版”视图上对幻灯片母版进行一次设置即可。

② 超级链接效果必须在幻灯片放映时才有效。

5.2.4　幻灯片格式化

演示文稿的最大优点之一就是可快速地设计格局统一且有特色的外观，这主要体现在演示软件提供了设置幻灯片外观的功能。PowerPoint 可通过母版、设计模板和主题颜色（配色方案）等方法实现幻灯片的格式化。

1. 母版

PowerPoint 2010 提供了 3 种母版：幻灯片母版、讲义母版和备注母版，利用它们可以分别控制演示文稿的每一个主要部分的外观和格式。母版编辑方法通过“视图”→“母版视图”选项组上的命令实现，如图 5-16 所示。

图 5-16　3 种母版

（1）幻灯片母版

幻灯片母版是一张包含格式占位符的幻灯片，这些占位符是为标题、主要文本和所有幻灯片中出现的背景项目而设置的。用户可以在幻灯片母版上为所有幻灯片设置默认版式和格式。换句话说，也就是如果更改幻灯片母版，会影响所有基于幻灯片母版的演示文稿幻灯片。在幻灯片母版视图下，可以设置每张幻灯片上都要出现的文字或图案，如公司的名称、徽标等。

通常一个完整的母版设计既要设置变标题幻灯片页的母版（首页），如背景、插图、字体格式等，又要设置普通幻灯片页（非首页）的母版。因此，幻灯片母版设置常按以下步骤操作。

① 单击【视图】→【母版视图】→【幻灯片母版】命令按钮，在窗口左侧窗格中选择第一张母版图标，编辑区显示幻灯片母版样式，该步骤用于设置普通幻灯片页母版，如图 5-17 所示。这里为该母版插入一剪贴画。

② 在窗口左侧窗格中选择第二张母版图标，编辑区显示为幻灯片母版标题样式，该步骤用于设置标题幻灯片页母版（该母版对应于首页幻灯片效果）。如图 5-18 所示，为该标题母版插入另一剪贴画。

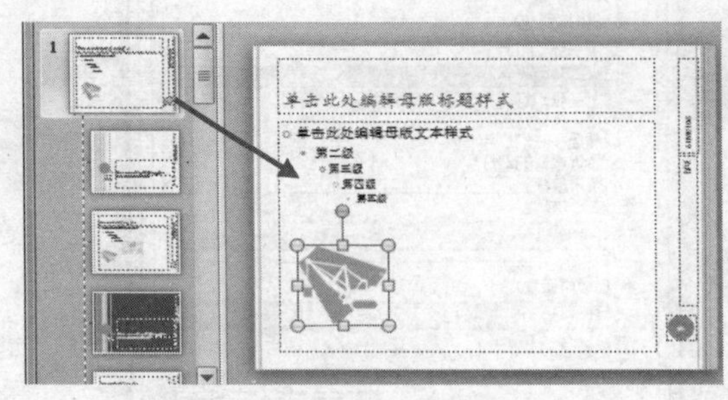

图 5-17　设置普通幻灯片页母版

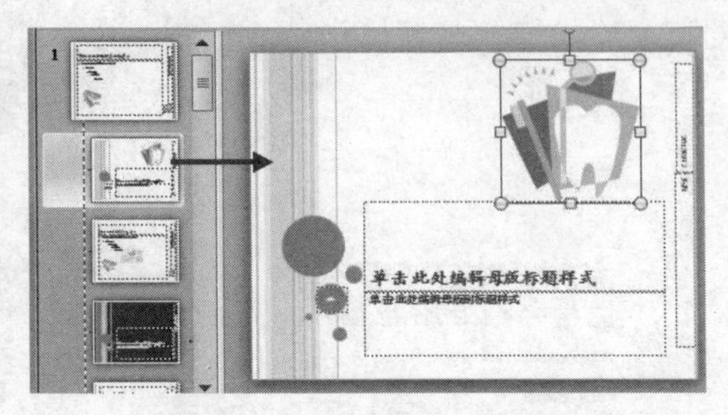

图 5-18　设置标题幻灯片页母版

③ 修改完母版后，单击【幻灯片母版】选项卡中的【关闭母版视图】按钮，切换回“普通视图”编辑模式，新建多张幻灯片并分别在各占位符中输入文本，如图 5-19 所示，母版所设置的样式已应用到标题幻灯片及普通幻灯片中。

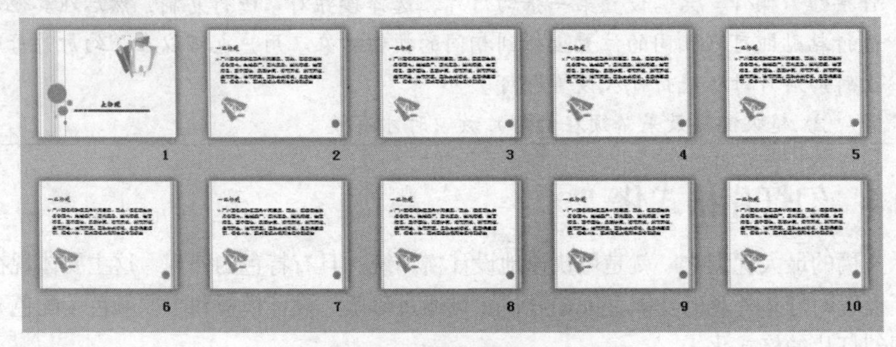

图 5-19　修改幻灯片母版后的应用效果

（2）讲义母版

讲义是演示文稿的打印版本，为了在打印出来的讲义中留有足够的注释空间，可以设定在每一页中打印幻灯片的数量。也就是说，讲义母版用于编排讲义的格式，它还包括设置页眉页脚、占位符格式等。

（3）备注母版

备注母版主要控制备注页的格式。备注页是用户输入的对幻灯片的注释内容。利用备注母版，可以控制备注页中输入的备注内容与外观。另外，备注母版还可以调整幻灯片的大小和位置。

2. 主题颜色

在设计模板中，幻灯片的各个对象的颜色已进行了协调的配色，用户也可通过修改“主题颜色”，对幻灯片中需要强调的部分进行重新配色。主题颜色指幻灯片模板中的各个对象（文本、背景、强调文字等）用不同的颜色组合表示。如图 5-20 所示，在【设计】→【主题】选项组中打开【颜色】下拉列表实现配色方案选择。

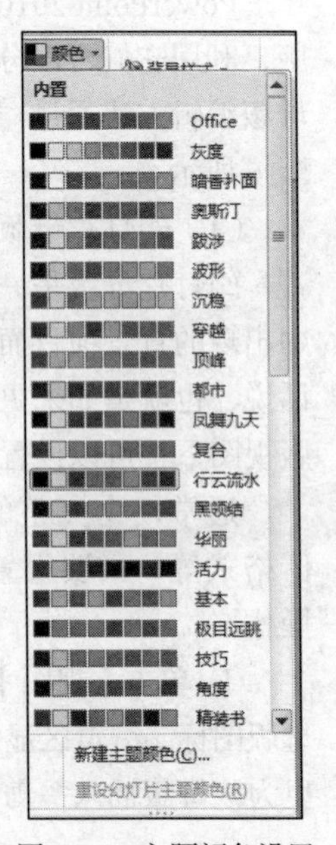

图 5-20　主题颜色设置

3. 幻灯片背景

打开【设计】→【背景】→【背景样式】命令也可更换幻灯片的背景

样式，如图 5-21 所示，单击“设置背景格式”项则打开“设置背景格式”对话框，如图 5-22 所示，其中提供了幻灯片背景的各种效果设置，这里，幻灯片背景可以是某种颜色、纹理效果或是某张图片。单击右下角【全部应用】按钮，即可将所设背景应用到当前演示文稿的所有幻灯片中。

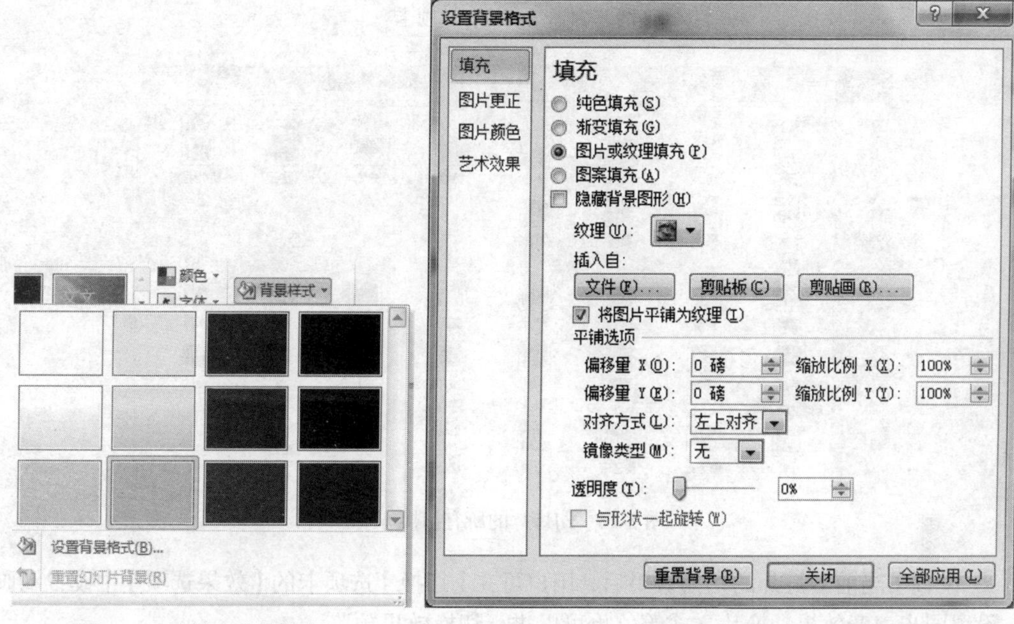

图 5-21 选择“背景样式”　　图 5-22 “设置背景格式”对话框

5.2.5 幻灯片切换及动画效果

PowerPoint 2010 的幻灯片切换效果与动画效果为幻灯片放映提供了动态演示效果，使幻灯片的放映显得动感十足，既增强了趣味性又突出了重点，有效地吸引住了观众的眼球。

1. 幻灯片切换效果

幻灯片的切换效果是指幻灯片放映时新幻灯片切入展现的动态效果，它使新页面的呈现更生动更有吸引力。PowerPoint 2010 增设了“涟漪”、“蜂巢”、“闪耀”、“涡流”等多种动感十足的幻灯片切换效果，适当地运用该项功将能大大地提升幻灯片的视感品质。图 5-23 所示为演示文稿首页的“闪耀”切换效果。

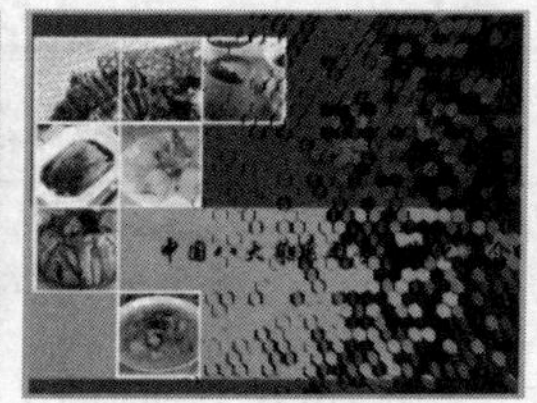

图 5-23 幻灯片“闪耀”切换效果

幻灯片切换效果制作方法如下。

① 打开如图 5-24 所示的【切换】选项卡，在【切换到此幻灯片】选项组上为当前幻灯片选择切换方式。PowerPoint 2010 的所有幻灯片切换方式如图 5-25 所示。

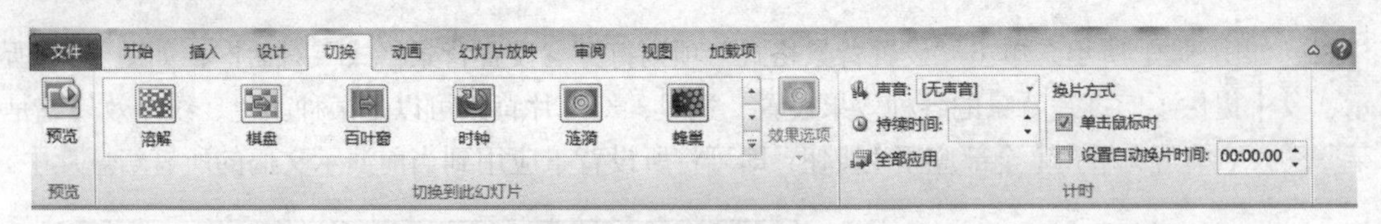

图 5-24 “切换”选项卡

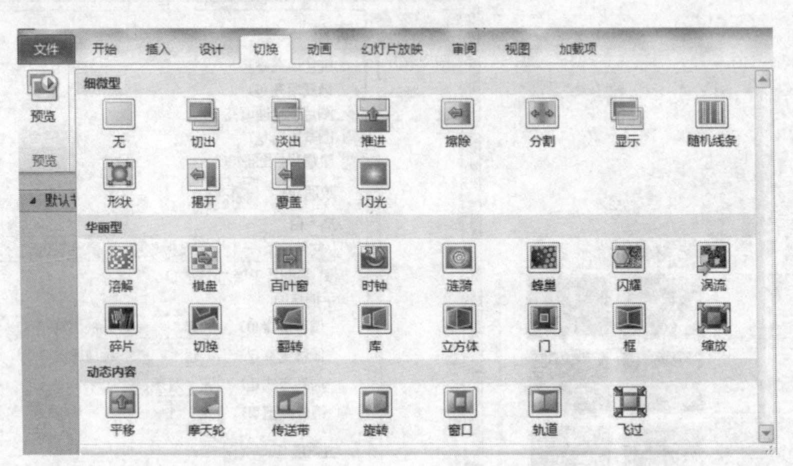

图 5-25 幻灯片的所有切换方式

② 设置了当前幻灯片的切换效果后，用户可在【切换】选项卡的【效果选项】中设置动画方案，设置同步声音效果，换片方式等，也可以进行切换效果预览。

当多张幻灯片设置成同一切换效果时，可以先切换至“幻灯片浏览”视图模式（单击工作窗口左下角田按钮），在该视图模式下同时选择多张幻灯片再进行切换效果设置。

2. 动画方案

PowerPoint 2010 中可以创建包括进入、强调、退出及动作路径等不同类型的动画效果。其操作方法如下。

① 选中要添加自定义动画的一个或多个对象，打开【动画】→【动画】选项组，从中可以直接选择动画类型，如图 5-26 所示。（也可通过【高级动画】→【添加动画】命令按钮，在其下拉列表中进行动画选择，如图 5-27 所示。如将下拉列表滚动条拉至最下方，可设置“退出”或“动作路径”动画，如图 5-28 所示）。

图 5-26 “动画”选项卡

② 添加了动画效果后，用户可在【动画】→【动画】选项组中通过【效果选项】设置动画方案，通过【高级选项】设置动画的触发对象，通过【计时】选项组设置动画开始条件、持续时间和延迟时间，也可设置各对象的动画播放顺序。如图 5-26 所示。

③ 选择【动画】→【预览】→【预览】按钮，可实现在编辑窗口中预览动画效果。

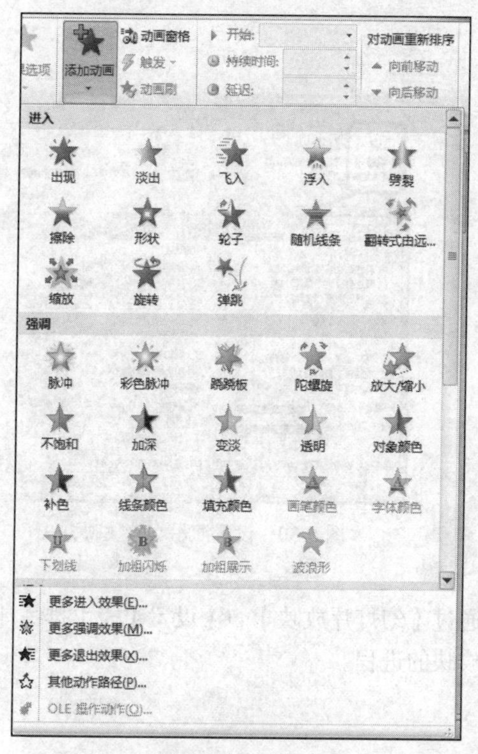

图 5-27　“添加动画”命令按钮

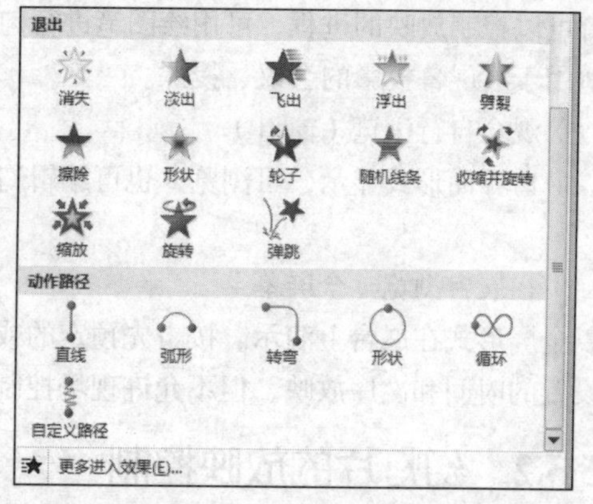

图 5-28　“退出”或“动作路径”动画

注意

① 为幻灯片对象添加了动画效果后，该对象的旁边会出现一个带有数字的灰色矩形标示显示各对象动画的播放顺序。

② 一个对象可以设置多个动画效果，可通过【高级动画】→【添加动画】按钮进行增设。

③ 单击【高级动画】→【动画窗格】按钮打开动画窗格也可以实现动画播放设置，还可以实现动画效果预览播放。

④ “动作路径”动画可编辑修改动画的运作路径，也可以自定义动作路径，如图 5-29 所示。

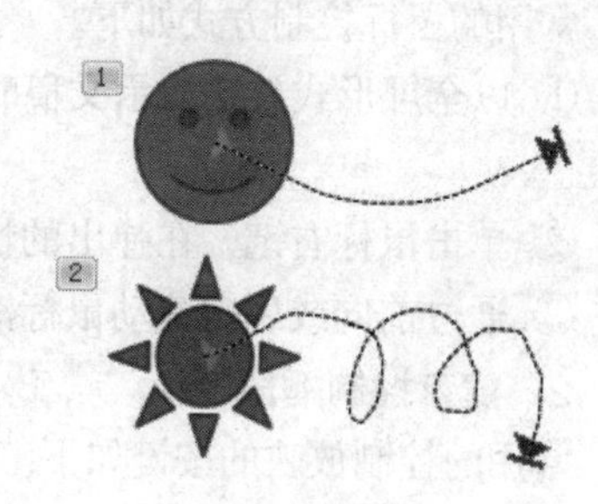

图 5-29　编辑动画路径

5.3　演示文稿的放映、打包及打印

5.3.1　幻灯片的放映

1. 直接全屏放映

直接放映幻灯片时，单击窗口右下角【幻灯片放映】视图按钮，可实现从当前幻灯片开始的全屏放映。

用户也可以在【幻灯片放映】→【开始放映幻灯片】选项组上选择【从头开始】按钮或【从当前幻灯片开始】按钮进行放映。

2．幻灯片的放映设置

在幻灯片放映前也可以根据使用者的不同需要设置不同的放映方式，选择【幻灯片放映】→【设置】→【设置幻灯片放映】命令，在“设置放映方式”对话框中进行设置即可，如图 5-30 所示。

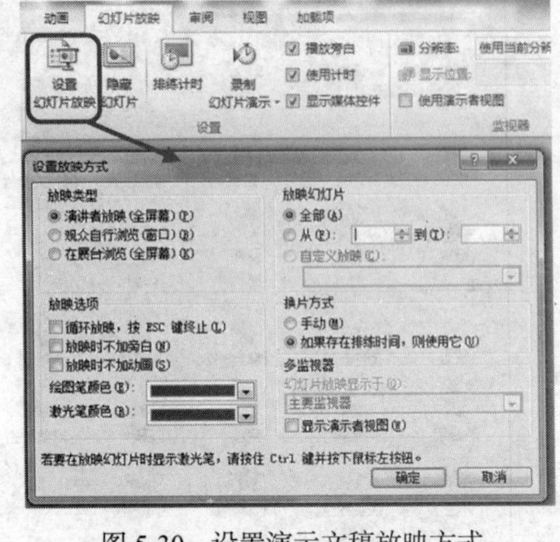

图 5-30　设置演示文稿放映方式

幻灯片的放映方式有以下 3 种。

（1）演讲者放映（全屏幕）

以全屏幕形式显示，是最常用的演示方式。演讲者可以控制放映的进程，可用绘图笔进行勾画。适用于大屏幕投影的会议、授课。

（2）观众自行浏览（窗口）

以窗口界面形式显示，可浏览，也可编辑幻灯片。

（3）在展台浏览（全屏幕）

以全屏形式在展台上演示。按事先预定的或通过【幻灯片放映】→【设置】→【排练计时】命令设置的时间和次序放映，但不允许现场控制放映的进程。

5.3.2　幻灯片的放映控制

放映幻灯片时，可通过以下方法实现播放控制及播放标注。

1．鼠标控制播放

常用的鼠标控制方式如下。

① 以全屏形式放映演示文稿时，通过单击鼠标左键（非超链接区域及动作按钮）可跳转至下一页。

② 单击鼠标右键，在弹出的快捷菜单中也实现跳转位置的选择。如图 5-31 所示。

③ 通过前向或后向滚动鼠标滚轮实现幻灯片向前播放或向后播放。

2．键盘控制播放

常用的控制放映的按键如下。

① 【→】键、【↓】键、空格键、回车键、【PageDown】键：跳转至下一页幻灯片。

② 【←】键、【↑】键、【Backspace】键、【Page Up】键：回退至上一页幻灯片。

③ 【Esc】键：退出放映。

3．隐形控制按钮

全屏放映时，当鼠标移动到屏幕左下角，幻灯片出现四个隐形按钮，用于实现“上一页跳转”、“指针选项”、“演示控制”及“下一页跳转”，其功能与快捷菜单相同。

4．幻灯片的播放标注

在放映幻灯片过程中，可以用鼠标在幻灯片上画图或写字，实现对幻灯片的临时标注。在右键快捷菜单中打开【指针选项】下拉菜单，如图 5-31 所示，选择【笔】或【荧光笔】，可实现在放映屏幕上进行标注，如图 5-32 所示。在该菜单上，还可实现墨迹颜色选定及橡皮擦功能。

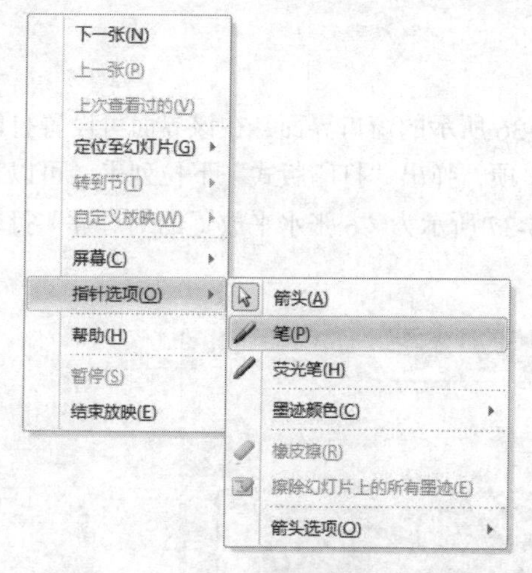

图 5-31 全屏放映时鼠标右键的快捷菜单

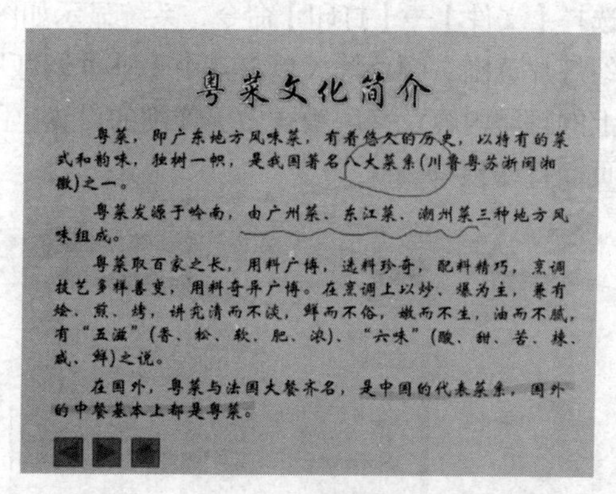

图 5-32 屏幕标注

当添加了墨迹的演示文稿结束放映时，系统提示是否保留墨迹注释，如图 5-33 所示，单击【保留】按钮可保留用户本次绘制的墨迹图案。

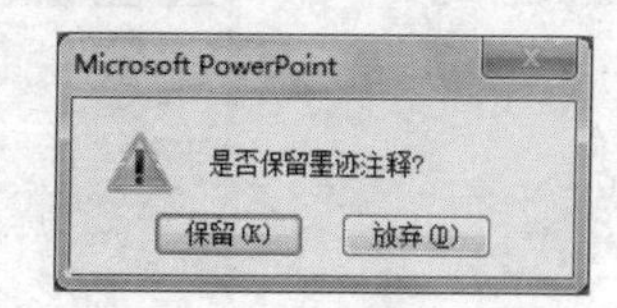

图 5-33 墨迹注释保留选择

5.3.3 演示文稿的打包

在演示文稿设计制作完毕之后，用户可以将演示文稿打包成 CD，便于携带。

① 选择【文件】→【保存并发送】命令。

② 在弹出窗口的“文件类型”栏下单击【将演示文稿打包成 CD】，在窗口右侧单击【打包成 CD】，如图 5-34 所示。

③ 在弹出的“打包成 CD”对话框中确定“复制到文件夹”或“复制到 CD”打印方式，如图 5-35 所示。其中“复制到 CD”将直接将结果刻录成光盘（计算机需具备刻录装置）。

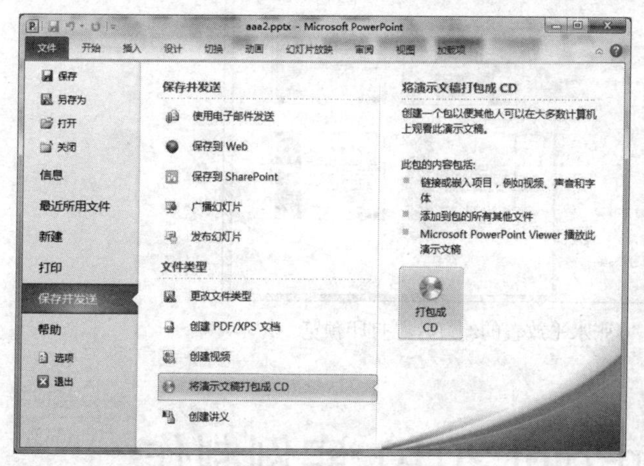

图 5-34 将演示文稿打包成 CD

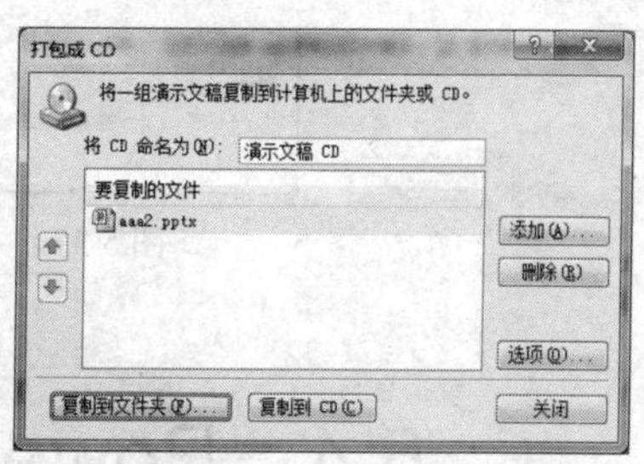

图 5-35 “打包成 CD”对话框

5.3.4 演示文稿的打印

选择【文件】→【打印】命令，系统显示如图 5-36 所示的窗口界面，在该界面可设置打印份数、幻灯片范围、颜色等。单击其中【整页幻灯片】项，弹出“打印版式”下拉列表，可以对每张纸上的打印内容及打印版式做更详细的设置，图 5-37 所示为“6 张水平放置的幻灯片”打印版式的页面打印预览。

图 5-36 演示文稿打印设置

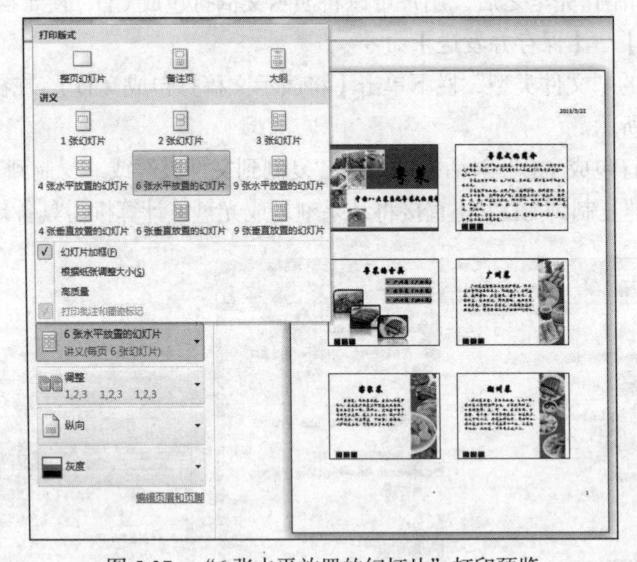

图 5-37 “6 张水平放置的幻灯片”打印预览

5.4 PowerPoint 2010 实例制作

本节将通过一个主题为“粤菜”的演示文稿制作过程概述 PowerPoint 2010 演示文稿制作的常规步骤和操作方法。

1. 素材准备

对制作演示文稿所要用到的图片等素材进行收集及前期处理，本例有 7 张相关图片（p1.jpg~p7.jpg），如图 5-38 所示，先将它们存放在同一个文件夹中。

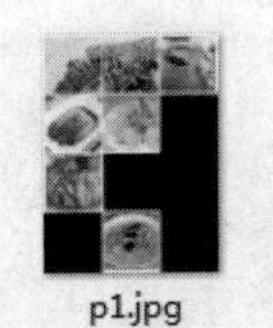
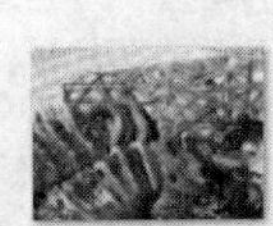
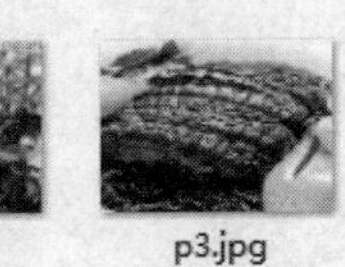

p1.jpg　p2.jpg　p3.jpg　p4.jpg　p5.jpg　p6.jpg　p7.jpg

图 5-38　相关素材图片

2. 创建文档

如图 5-39 所示，运用系统提供的主题模板“行云流水”创建一个新的演示文稿。

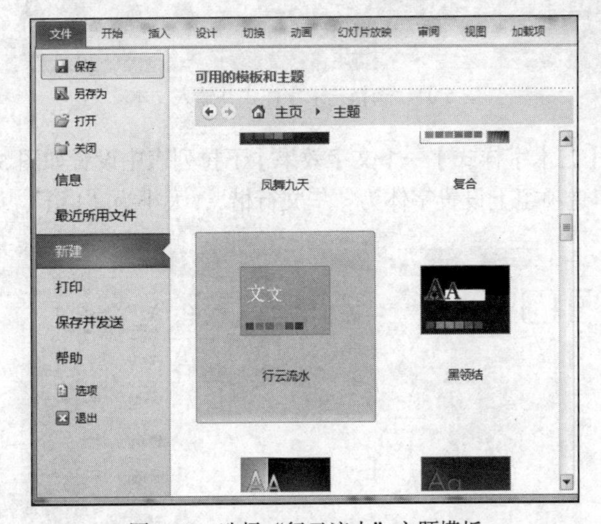

图 5-39　选择“行云流水”主题模板

3. 演示文稿首页设计

① 在【开始】→【幻灯片】→【版式】下拉列表中选择【空白】版式，如图 5-40 所示。

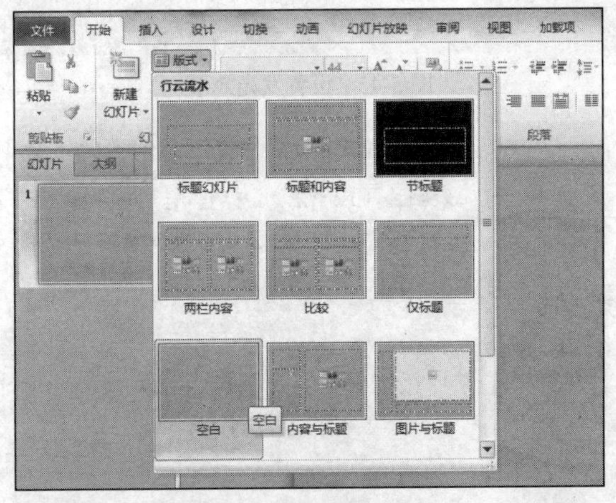

图 5-40　选择“空白”版式

② 设计演示文稿标题。在【插入】→【文本】→【艺术字】下拉列表中选择如图 5-41 所示的艺术字样式。单击幻灯片并输入“粤菜”。

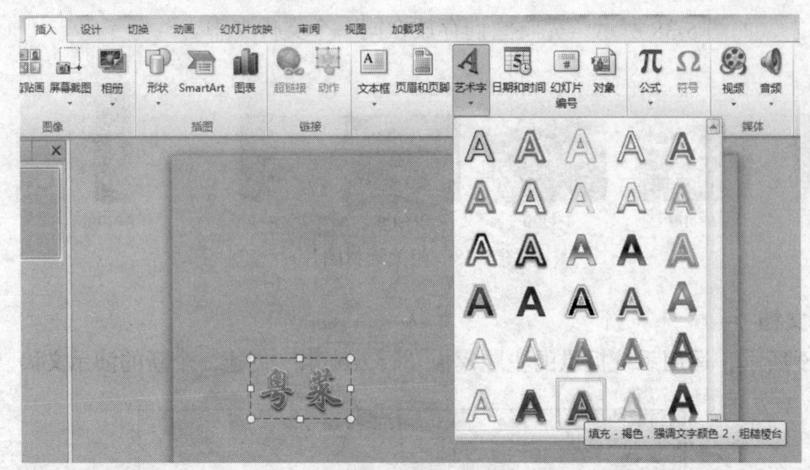

图 5-41　选择艺术字样式并输入文本

③ 在【格式】→【艺术字样式】→【文字效果】下拉列表中设置如图 5-42 所示的发光效果。在【开始】→【字体】选项组上设置字体为“华文行楷”，大小为“130”，如图 5-43 所示。

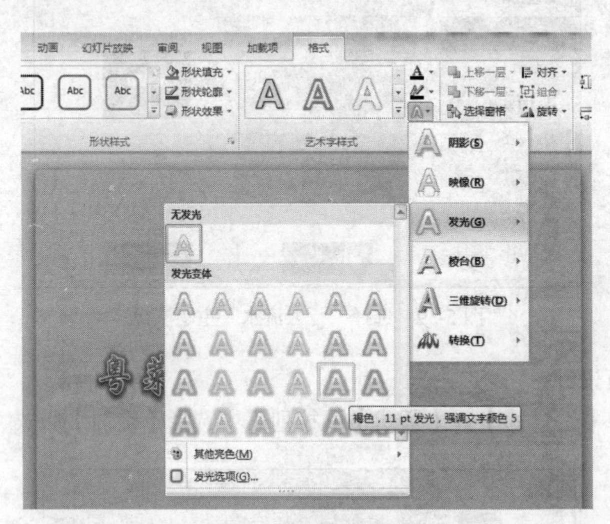

图 5-42　设置发光效果

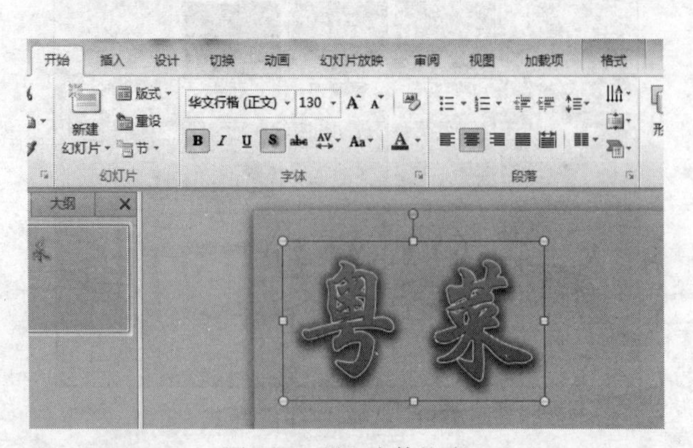

图 5-43　设置字体格式

④ 用相同的方法添加文稿副标题“中国八大菜系之粤菜文化简介”，艺术字样式如图 5-44 所示，字体为“华文行楷”，大小为“40”。效果如图 5-45 所示。

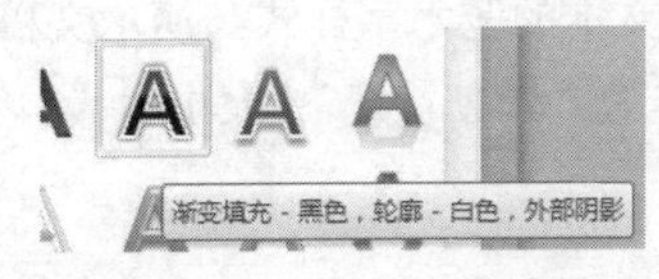

图 5-44　选择艺术字样式

图 5-45　字体效果

⑤ 用【插入】→【插图】→【形状】→【矩形图形】工具，为该幻灯片添加两个暗红色区域并放置于幻灯片上下两边，如图 5-46 所示，设置这两个图形为“无轮廓”，单击【排列】选项组【下移一层】直至艺术字标题显现出来。

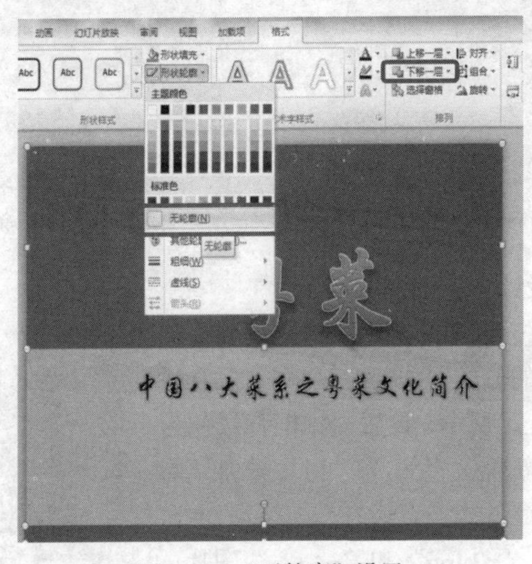

图 5-46　“无轮廓”设置

⑥ 用【插入】→【插图】→【图片】命令插入“p1.jpg”，如图 5-47 所示，用【格式】→【调整】→【颜色】→【设置透明色】工具单击插图中的黑色区，使之变成透明。效果如图 5-48 所示。

图 5-47　选择“设置透明色”工具

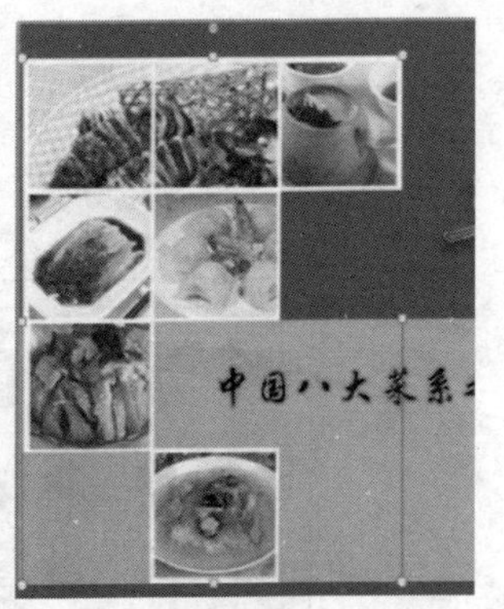

图 5-48　图片背景的透明处理效果

4. 新幻灯片插入及编辑

用【开始】→【幻灯片】→【新建幻灯片】命令插入一版式为“标题和内容”的新幻灯片，如图 5-49 所示，输入标题及内容文本，设置标题占位符中的文本的艺术字样式与演示文稿首页副标题样式相同，字体大小为“50”。内容占位符中的文本字体为“华文新魏”、大小为“24”，新幻灯片编辑效果如图 5-50 所示。

图 5-49 版式为“标题和内容”的新幻灯片

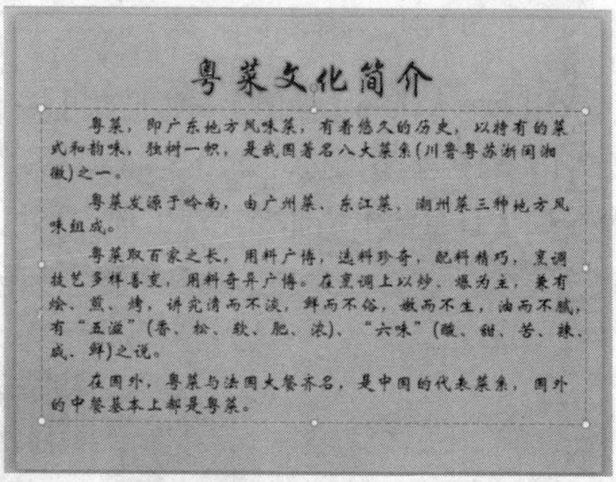

图 5-50 新幻灯片编辑效果

5. “分类”幻灯片页设计

① 插入新幻灯片，将上一页中的艺术字标题复制至此页，修改其中文本为“粤菜的分类”，插入三个文本框并输入三类地方菜文本，如图 5-51 所示，设置文本框背景色为淡褐色、文本字体为“华文新魏”、大小为“30”、添加“箭头项目符号”。

图 5-51 “分类”幻灯片页编辑效果

② 依次插入“p2.jpg”、“p3.jpg”和“p4.jpg”图片，如图 5-52 所示，在“格式”选项卡上设置其图片样式为“圆形对角，白色”，如图 5-53 所示设置其图片效果为“紧密映象，接触”。

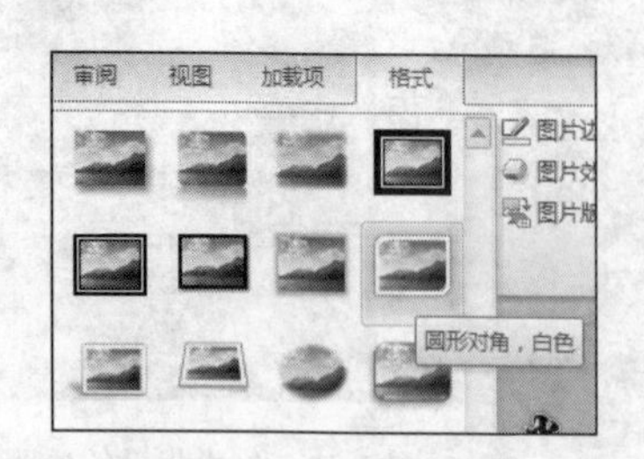

图 5-52 设置图片格式“圆形对角，白色”

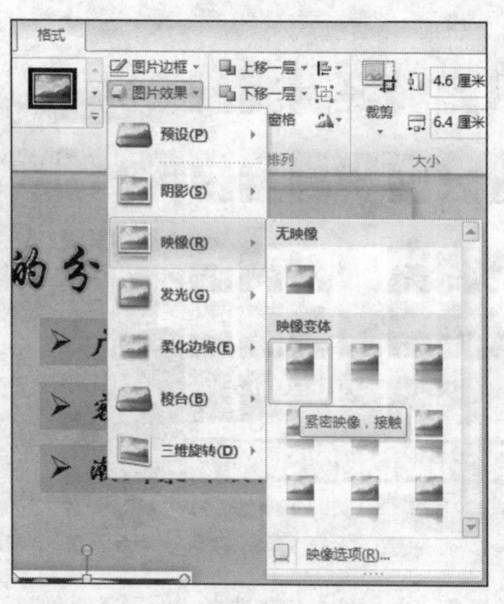

图 5-53 设置图片效果“紧密映象，接触”

6. “内容”幻灯片页设计

新建“广州菜”幻灯片，用与第二张幻灯片相同的方法制作标题文本及内容文本，调整该文本文框宽度，在幻灯片右侧插入“p5.jpg”图片，用相同方法制作“客家菜”及“潮州菜”幻灯片，如图 5-54 所示。制作时，可通过复制文本框至新幻灯片再修改其中文本的方法来提高工作效率。完成幻灯片内容插入后，保存文档为“粤菜.pptx”。

7. 超级链接实现

用 5.2.3 节中介绍的“插入超链接”的方法为“粤菜的分类”页中三类地方菜文本框设置超链接，如图 5-55 所示，使它们分别链接至第 4、第 5 和第 6 张幻灯片。

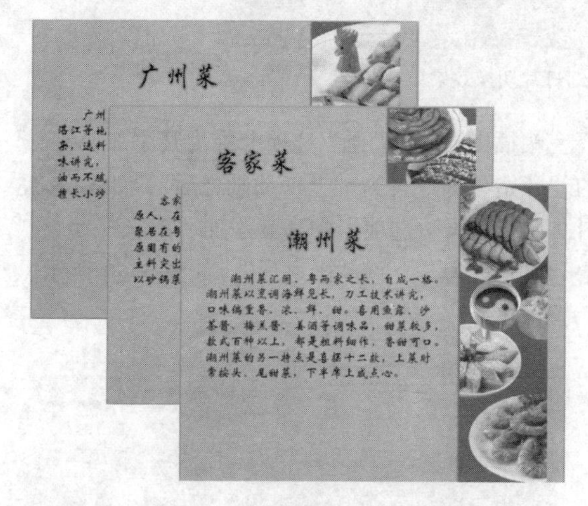

图 5-54　完成相关幻灯片页的制作

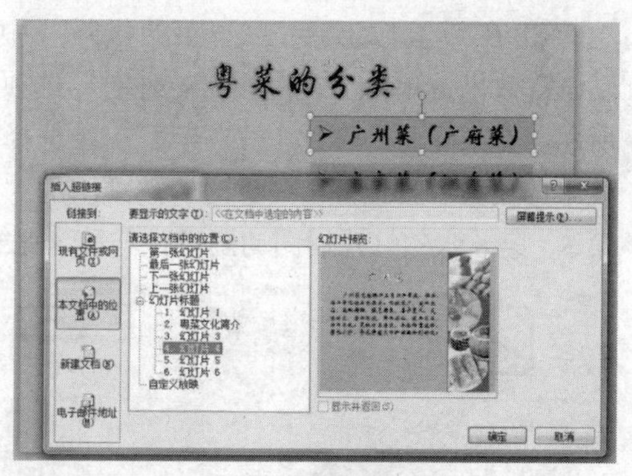

图 5-55　实现超级链接

8. “动作按钮”插入

用 5.2.3 节中介绍的插入“动作按钮”超链接方法在第二张幻灯片左下角上插入“后退”、“前进”、“第一张”等三个动作按钮，效果如图 5-56 所示，框选该三个按钮并复制于后面的 4 张幻灯片中，这样，除首页幻灯片外，所有幻灯片在相同位置都具有相同的动作按钮。

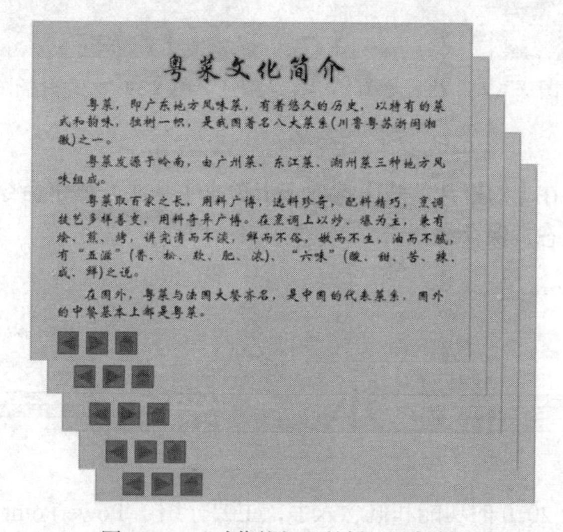

图 5-56　“动作按钮”的插入及复制

9. 幻灯片切换及对象动画设计

① 将编辑窗口切换成“幻灯片浏览”视图模式，如图 5-57 所示，用 5.2.4 小节中介绍的“幻灯片切换效果”方法分别为各幻灯片设置不同的切换效果。

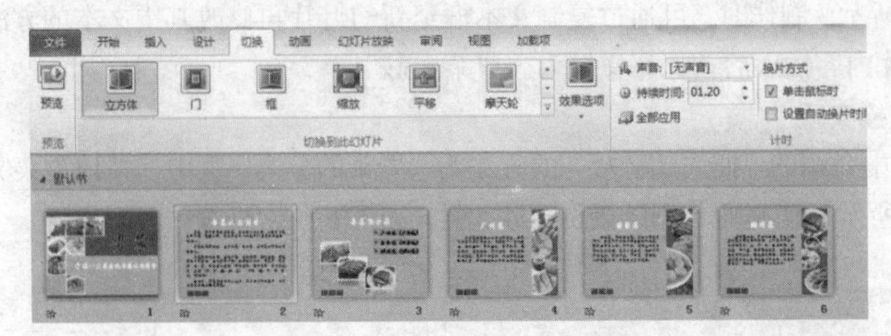

图 5-57　设置幻灯片切换效果

② 在第 3 张幻灯片（“粤菜的分类”）中选择三幅插图，在“动画”选项卡中为其添加“飞入”动画，效果选项为“自左侧”，“计时”选项组的“开始”项设置为“上一动画之后”，如图 5-58 所示。在第 4 张幻灯片（“广州菜”）中选择插图，在“动画”选项卡中为其添加“擦除”动画，效果选项为“自顶部”，“计时”选项组的“开始”项设置为“上一动画之后”，如图 5-59 所示。第 5、第 6 张幻灯片插图动画设计与第 4 张幻灯片相同。

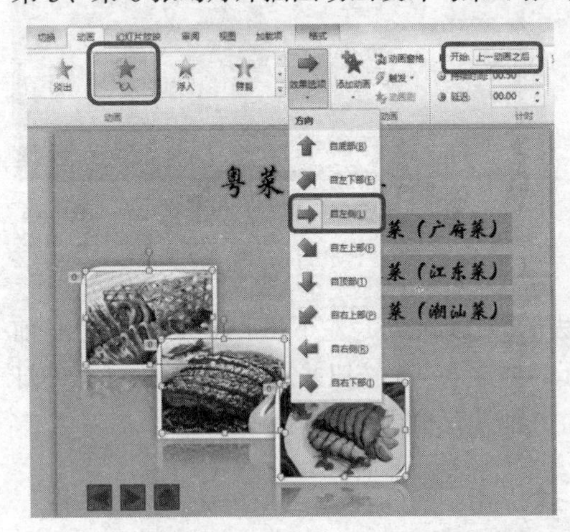

图 5-58　幻灯片插图“飞入”动画设置

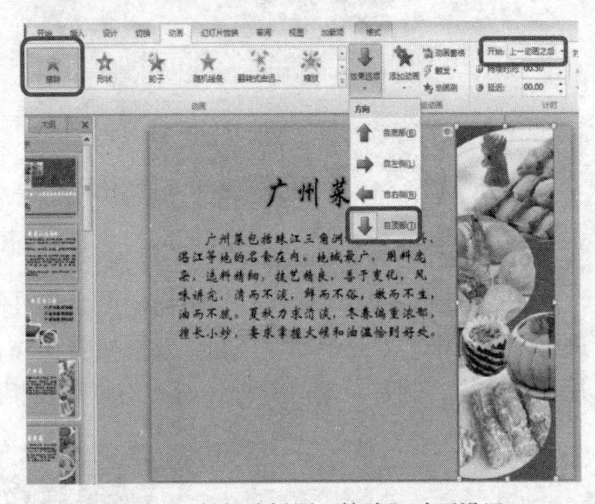

图 5-59　幻灯片插图“擦除”动画设置

10. 最终调整

完成以上操作后，在【幻灯片放映】选项卡上单击【从头开始】命令按钮播放幻灯片，调整各对象效果至满意状态，保存文档。

小　结

本章从 PowerPoint 2010 的功能和概念入手，主要介绍了 PowerPoint 2010 常用的操作技术，包括演示文稿的创建及编辑、幻灯片格式化及演示文稿放映方法等，重点是幻灯片的模板和版式设置、超级链接和动画设计等，最后通过一个实例制作概述了演示文稿制作的常规步骤和操作方法。PowerPoint 演示文稿广泛应用于演讲、教学、学术报告、产品介绍等展示中，掌握好演示文稿的制作使用方法能进一步提高用户的计算机实际应用能力。

习 题

一、选择题

1. “幻灯片放映”视图按钮的功能是以下哪一项？（ ）

A. 从当前演示文稿的第一张幻灯片起进行全屏放映

B. 从当前正在编辑的幻灯片起进行全屏放映

C. 从下一张幻灯片起进行全屏放映

D. 从前一张幻灯片起进行全屏放映

2. 设置幻灯片上插入动作按钮可以在“插入”选项卡上的哪个功能按钮中进行？（ ）

A. “图片”功能按钮　　B. “形状”功能按钮

C. “图表”功能按钮　　D. “剪贴画”功能按钮

3. 演示文稿中每张幻灯片都是基于某种（ ）创建的，它预定义了新建幻灯片的各种占位符布局情况。

A. 视图　　B. 版式　　C. 母版　　D. 模板

4. PowerPoint 2010 中，进行母版编辑时，应选择以下哪个选项卡进行操作处理？（ ）

A. 插入　　B. 设计　　C. 幻灯片放映　　D. 视图

5. 幻灯片的切换方式是指（ ）。

A. 在编辑新幻灯片时的过渡形式

B. 在编辑幻灯片时切换不同视图

C. 在编辑幻灯片时切换不同的设计模板

D. 在幻灯片放映时新幻灯片展显现过渡形式

6. “动作设置”对话框中的“鼠标移过”表示（ ）。

A. 所设置的按钮采用单击鼠标执行动作的方式

B. 所设置的按钮采用双击鼠标执行动作的方式

C. 所设置的按钮采用自动执行动作的方式

D. 所设置的按钮采用鼠标移过执行动作的方式

7. 为幻灯片对象设置动画时，以下哪种说法是错误的？（ ）

A. 同一对象只能设置一次动画效果

B. 不同对象可以设置相同的动画效果

C. 可以设置不同对象的动画出现顺序

D. 可以设置对象动画的自动播放

8. PowerPoint 2010 中，哪种视图模式能同时显示多张幻灯片效果，但不能对单个幻灯片进行内部编辑？（ ）

A. 普通视图　　B. 幻灯片浏览视图

C. 阅读视图　　D. 幻灯片放映视图

9. PowerPoint 2010 中，在浏览视图下，按住【Ctrl】键并拖动某幻灯片，可以完成（ ）操作。

A. 移动幻灯片　　B. 复制幻灯片　　C. 删除幻灯片　　D. 选定幻灯片

10. 如要终止幻灯片的放映，可直接按（　　）键。

A. 【Ctrl】+【C】　　B. 【Esc】

C. 【End】　　D. 【Alt】+【F4】

11. 以下哪种操作不会改变幻灯片的背景？（　　）

A. 更改“主题模板”　　B. 更改“背景样式”

C. 设置背景格式　　D. 更换“版式”

12. 要实现演示文稿的循环放映，应通过（　　）选项卡进行设置。

A. 设计　　B. 切换　　C. 动画　　D. 幻灯片放映

二、问答题

1. 建立演示文稿有几种方法？建立好的幻灯片能否改变其幻灯片的版式？
2. 叙述幻灯片母版的作用，母版和模板有何区别？
3. 什么是自定义动画，如果想撤销原定义的自定义动画，该如何进行？
4. 简述动作按钮与超级链接的作用。
5. 怎样实现超级链接？是否只有文本才能实现超级链接？超级链接能跳转到什么类型的文件？

第 6 章 计算机网络基础

学习目标：

- 掌握计算机网络的基本概念
- 了解计算机网络的发展历史及未来发展方向
- 掌握计算机网络的基本组成、分类
- 了解数据通信的基本知识
- 了解计算机网络体系结构、OSI 体系各层基本功能
- 了解局域网有关知识，掌握局域网中文件共享和打印机共享的配置

6.1 计算机网络概述

计算机网络技术的发展不仅使信息领域发生了日新月异的变化，而且改变了人们的生产、生活和社会活动的方式。特别是进入 21 世纪，以 Internet 为代表的计算机网络技术的迅猛发展更使人类进入了一个前所未有的全球信息化时代，而由此形成的网络经济已经成为推动各国经济发展的重要力量。人类已经进入了一个新的时代——以计算机网络为核心的信息时代。计算机网络的发展已成为引导社会发展的重要因素。现在计算机网络已经广泛应用于政府、学校、企业、军事以及科学研究等领域，充分实现了相互通信、资源共享和协同工作的目的。

计算机网络是现代通信技术与计算机技术结合的产物，它出现的历史虽然不长，发展却非常迅速。计算机网络目前已经成为计算机应用的一个重要领域，它推动了信息产业的发展，对当今社会经济的发展起着非常重要的作用。计算机网络技术的发展速度与应用的广泛程度可称得上是人类科技发展史上的奇迹。

6.1.1 计算机网络的发展

计算机网络的发展大致可划分为 4 个阶段。

第一阶段，计算机网络诞生阶段：20 世纪 60 年代中期之前的第一代计算机网络是以单个计算机为中心的远程联机系统。典型应用是由一台计算机和全美国范围内 2000 多个终端组成的飞机订票系统。终端是一台计算机的外部设备，包括显示器和键盘，无 CPU 和内存。为了提高通信线路的利用率，多个终端共享通信线路，但是在主机上需要增加相应的硬件和软件，以处理终端与主机的通信问题，这样就加重了主机的负担。为了减轻主机的负担，人们将通信任务交给专门的机器（前置处理机或通信处理机）处理，在终端集中的地方设置集中器。当时，人们把计算机网

络定义为“以传输信息为目的而连接起来，实现远程信息处理或进一步达到资源共享的系统”。这样的通信系统已具备了现代网络的雏形。这一时期计算机网络的特点是以批处理为运行特征的主机系统和远程终端之间的数据通信。

第二阶段，计算机网络形成阶段：20 世纪 60 年代中期至 70 年代的第二代计算机网络是以多个主机通过通信线路互联起来，为用户提供服务。这种网络兴起于 20 世纪 60 年代后期，典型代表是美国国防部高级研究计划局协助开发的 ARPANET。这种网络的特征是，主机之间不是直接用线路相连，而是由接口报文处理机（IMP）转接后互联的。IMP 和它们之间互联的通信线路一起负责主机间的通信任务，构成了通信子网。通信子网互联的主机负责运行程序，提供资源共享，组成了资源子网。这个时期，网络概念为“以能够相互共享资源为目的互联起来的具有独立功能的计算机之集合体”，形成了计算机网络的基本概念。

第三阶段，互联互通阶段：20 世纪 70 年代末至 90 年代的第三代计算机网络是具有统一的网络体系结构并遵循国际标准的开放式和标准化的网络。ARPANET 兴起后，计算机网络发展迅猛，各大计算机公司相继推出了自己的网络体系结构及实现这些结构的软硬件产品。由于没有统一的标准，不同厂商的产品之间互联很困难，人们迫切需要一种开放性的标准化实用网络环境，这样就应运而生了两种国际通用的最重要的体系结构，即 TCP/IP 网络体系结构和国际标准化组织（International Standard Organization，ISO）的开放系统互联（Open System Interconnect，OSI）体系结构。

第四阶段，高速网络技术阶段：20 世纪 90 年代末至今的第四代计算机网络，由于局域网技术发展成熟，并出现了光纤及高速网络技术，多媒体网络，智能网络，因此整个网络就像一个对用户透明的大的计算机系统，并发展为以 Internet 为代表的互联网。

未来计算机网络的发展方向，从计算机网络应用来看，网络应用系统将向更宽和更广的方向发展。Internet 信息服务将会得到更大的发展。网上信息浏览、信息交换、资源共享等技术将进一步提高速度、容量及信息安全性。远程会议、远程教学、远程医疗、远程购物等应用将越来越多地融入人们的生活。

6.1.2 计算机网络的定义和功能

计算机网络就是利用通信设备和线路将地理位置不同的、功能独立的多个计算机系统互联起来，以功能完善的网络软件（即网络通信协议、信息交换方式及网络操作系统等）实现网络中资源共享（Resource Sharing）、信息交换和协作的系统。把计算机连接起来的物理路径称为传输介质。如果一台计算机没有与网络连接，这台计算机就称为独立（Stand-Alone）系统，也称为“信息化孤岛”，无法发挥出计算机的全部功能。

计算机网络的功能主要包括以下几个方面。

（1）资源共享

这里所说的“资源”指计算机系统的软、硬件资源。硬件资源有网络交换设备、路由设备、网络存储设备、网络打印机、网络服务器等。软件资源包括软件、数据、多媒体信息等。资源共享是指网络用户能分享网内的全部或部分资源，使网络中各地区的资源取长补短，分工协作，从而大大提高系统资源的利用率。例如，少数地点设置的数据库可为全网络服务；某些地方设计的专用软件可供其他用户调用；一些具有特殊功能的计算机和网络设备可以面向网络用户，对用户送来的数据进行处理，然后将结果返回给用户。

（2）数据通信

数据通信是指文本、数字、图像、语音、视频等信息通过电子邮件、电子数据交换、电子公告牌、远程登录和信息浏览的方式，进行的传输、收集与处理。数据在发送之前，必须转化为适合于传输介质传播的电信号、光信号或者无线电波，在接收端又把这些传播信号转换为数据。数据通信是计算机网络最基本的功能。

（3）分布式处理

分布式系统是将不同地点的或具有不同功能的或拥有不同数据的多台计算机用通信网络连接起来，在控制系统的统一管理控制下，协调地完成信息处理任务的计算机系统。分布式处理系统是计算机网络在功能上的延伸，多台计算机除了可以相互通信和共享资源外，还能协同工作，各自承担同一工作任务的不同部分，同时运行。过去用一台计算机需要几年才能运算出结果的问题，如今采用几百台计算机进行分布式计算，几天就能完成，这在密码破译等领域非常有用，也给现代密码体制乃至整个信息领域的安全提出了挑战。

（4）均衡任务，互相协作

计算任务被均匀地分配给网络上的各台计算机。网络控制中心负责分配和检测，当某台计算机负载过重时，系统会自动转移部分计算任务到负载较轻的计算机中去处理。这样，利用计算机网络分担计算任务，使多个计算机有机结合起来，也就提高了计算机的协作性与可靠性。

6.1.3　计算机网络的组成

1. 从逻辑功能分类

从网络逻辑功能的角度，可以将计算机网络分为资源子网和通信子网，如图 6-1 所示。

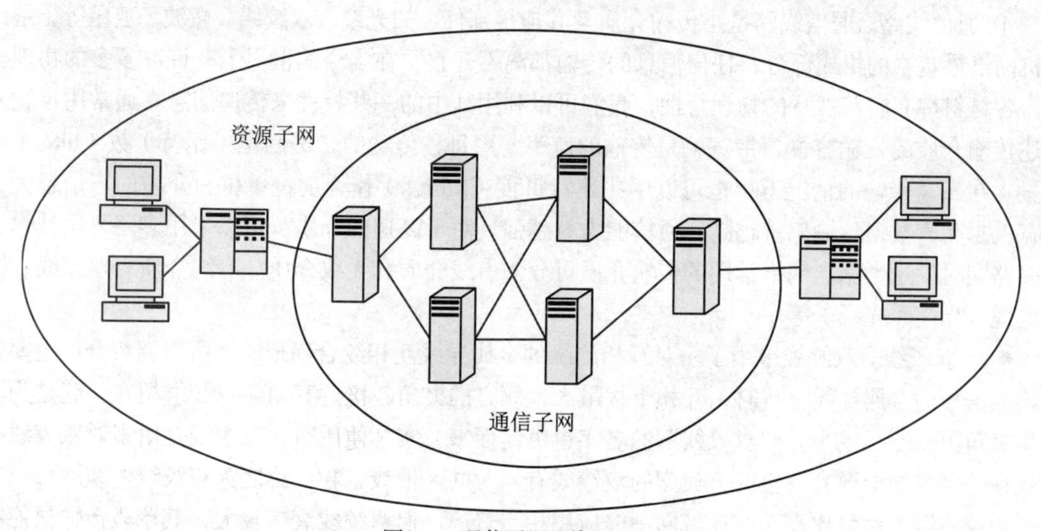

图 6-1　通信子网和资源子网

通信子网是由通信设备和通信线路组成的独立的数据通信系统，承担全网的数据传输、转接、加工和变换等通信处理工作，将一台计算机的输出信息传送给另一台计算机，是网络系统的中心。

资源子网也称为用户子网，处于网络的外围，由主机、终端、外设、各种软件资源和信息资源等组成，负责网络外围的数据处理，是用户获取网络资源的接口，也是用户向其他用户提供各种网络资源和网络服务的接口，它通过通信线路连接到通信子网。

2. 计算机网络的基本组成

一般来说，计算机网络由硬件系统、软件系统和网络信息组成。

（1）硬件系统

硬件系统是计算机网络的基础，硬件系统由网络服务器、客户机、网络接口卡和通信线路及通信设备等组成。

① 网络服务器（Server）。在计算机网络中，核心的组成部分是网络服务器。服务器是计算机网络中向其他计算机或网络设备提供服务的计算机，并按提供的服务被冠以不同的名称，如文件服务器、打印服务器、数据库服务器，邮件服务器等。一般影响服务器性能的主要因素包括：处理器的类型和速度，内存容量的大小，内存通道的访问速度、缓冲能力、磁盘存储容量等。在大型网络中采用大型机、中型机和小型机作为网络服务器，可以保证网络的可靠性。对于网点不多、网络通信量不大、数据的安全可靠性要求不高的网络，可以选用高档微机作网络服务器。

② 客户机（Client）。客户机也称为工作站，是通过网卡连接到网络上的个人计算机，它仍保持原有计算机的功能，作为独立的个人计算机为用户服务，同时它又可以按照被授予的一定权限访问服务器。客户机之间可以进行通信，可以共享网络的其他资源。客户机是与服务器一个相对的概念，在计算机网络中享受其他计算机提供的服务的计算机就称为客户机，而客户机和服务器的角色有时候可以互换。

③ 网络接口卡（Network Interface Board）。网络接口卡又称为网络适配器，简称为网卡，是安装在计算机主机板上的电路板插卡。网卡的作用是将计算机与通信设备相连接，负责传输或者接收数字信息。网卡目前是计算机连接网络的主要接口。计算机主板插上网卡，安装好网卡驱动程序，配置好网络参数后，该主板就具备了上网的条件了。

④ 通信线路。通信线路是指传输介质及其连接部件，如光缆、双绞线、微波、卫星等，是计算机网络最基本的组成部分，任何信息的传输都离不开它。在当今的世界上有许许多多的物理材料，各材料都有着其独特的物理特性，我们可以利用其中的一些特性来传递信息。通常用带宽来描述传输介质的传输容量，带宽就是传输的速率，用每秒传输的二进制位（比特）数（bit/s）来衡量。在高速传输的情况下，也可以用兆比特每秒（Mbit/s）作为度量单位。介质的容量越大，带宽就越高，数据传输率就越高，通信能力就越强。对于高速的介质，可以采用多路复用技术实现多路同时发送数据。网络常用的传输介质可分为有线介质和无线介质。有线介质有双绞线、同轴电缆、光缆（光纤）等。

- 双绞线。双绞线采用了一对互相绝缘的金属导线互相绞合而成，之所以要绞合，主要是传输电信号的金属导线平行时，互相干扰最大，双方的夹角越接近直角（双绞线扭在一起是为了产生夹角），干扰越小。“双绞线”的名字也由此而来。实际使用时，双绞线是由多对双绞线一起包在一个绝缘电缆套管里的。典型的双绞线有4对共8根线，我们称之为双绞线电缆。

双绞线因其性价比高而在局域网中的应用相当普遍。但双绞线衰减较大，其单段传输只能在100m内，超过100m，必须用中继设备放大信号。因此目前组网时，到桌面的电缆选择双绞线，网络主干选用光缆。

- 同轴电缆。同轴电缆以一根铜线为芯，外裹一层绝缘材料，绝缘体外环绕一层铝或铜做的网状导体，可以屏蔽外界的电磁干扰，网外包裹一层绝缘材料。有线电视网络采用的就是同轴电缆。同轴电缆分为粗缆和细缆两种，一般用于总线型拓扑结构。该结构故障的诊断和修复都很麻烦，因此，同轴电缆正逐步被非屏蔽双绞线或光缆取代。

- 光缆。光缆由一捆光纤组成，它是目前数据传输中最有效率的一种传输介质。光纤是一种用纯石英以特别的工艺拉成的细丝，直径比头发丝还要细，但它可以在很短的时间内传递巨大数量的信息。光纤是应用光学原理，由光发送机产生光束，将电信号变为光信号，再把光信号导入光纤，在另一端由光接收机接收光纤上传来的光信号，并把它变为电信号，经解码后再处理。与其他传输介质比较，光纤的电磁绝缘性能好、信号衰减小、频带宽、传输速度快、传输距离长。根据工艺不同，光纤分成两大类：单模光纤和多模光纤。单模光纤的纤芯直径很小，在给定的工作波长只能以单一模式传输，传输频带宽，传输容量大。多模光纤是在给定的工作波长上能以多个模式同时传输的光纤。与单模光纤相比，多模光纤的传输性能较差。单模光纤使用“纯净”的单一光谱的光源（一般用激光）做载波，传输距离长，一般 2km 以上。而多模光纤则用混合光谱的光源（一般使用发光二极管），光线在传递过程中发散损耗较大，所以一般只能传递 2km 之内的范围。光缆主要用于要求传输距离较长、布线条件特殊的主干网连接。

● 无线介质。无线传输采用无线频段、红外线和激光等进行数据传输。无线传输不受固定位置的限制，可以全方位实现三维立体通信和移动通信。不过，目前无线传输还有不少的缺陷，主要表现在以下几个方面：无线传输速率较低，数据通信传输率在 19.2kbit/s～6.7Mbit/s 之间；安全性不高，任何拥有合适无线接收设备的人都可以窃取别人的通信数据；无线传输容易受到天气变化的干扰和电磁干扰。常见的蓝牙技术就是一种无线数据与语音通信的开放性全球规范，它以低成本的近距离无线连接为基础，为固定设备与移动设备通信建立一个特别连接。蓝牙的数据速率为 1Mbit/s，能满足一般的移动设备的需要。

⑤ 通信设备。通信设备指网络互联设备，如交换机、集线器、中继器、路由器以及调制解调器等。通信设备负责控制数据的发送、接收或转发，需要进行信号转换、路由选择、信号编码与解码、差错校验、通信控制、网络管理等工作，以完成信息传输和交换。

● 调制解调器（Modem）。调制解调器俗称“猫”，它是一个通过电话拨号接入 Internet 的必备的硬件设备，可以进行数字信号和模拟信号的转换。通常计算机内部使用的是“数字信号”，而通过电话线路传输的信号是“模拟信号”。调制解调器的作用就是当计算机发送信息时，将计算机内部使用的数字信号转换成可以用电话线传输的模拟信号，通过电话线发送出去；接收信息时，把电话线上传来的模拟信号转换成数字信号传送给计算机，供其接收和处理。

按调制解调器与计算机的连接方式可将其分为内置式与外置式。内置式调制解调器体积小，使用时插入主机板的插槽，不能单独携带；外置式调制解调器体积大，使用时与计算机的通信接口（COM1 或 COM2）相连，有通信工作状态指示，可以单独携带、能方便地与其他计算机连接使用。

按调制解调器的传输能力不同，有低速和高速之分，常见的调制解调器速率有 14.4kbit/s、28.8kbit/s、33.6kbit/s、56kbit/s 等。工作速率越快，上网效果越好，价格也越高，但电话线路的质量和通信能力可能会制约调制解调器的整体工作效率。

● 中继器（Repeater）。中继器用于连接同类型的两个局域网或延伸一个局域网。当我们安装一个局域网而物理距离又超过了线路的规定长度时，就可以用它进行延伸。中继器从一个端口接收电信号，把这些电信号转换成二进制数据，从另一个端口转换成电信号，转发到另一网络，从而起到连接两个局域网的作用。

从理论上讲中继器的使用是无限的，网络也因此可以无限延长，但事实上这是不可能的，因为网络标准中都对信号的延迟范围作了具体的规定，中继器只能在此规定范围内进行工作，否则会引起网络故障。以太网标准中就约定了一个以太网上的 5-4-3 规则，即只允许出现 5 个网段，最多使用 4 个中继器，而且其中只有 3 个网段可以挂接计算机终端。

集线器（Hub）。集线器用于局域网内部多个工作站之间的连接，提供了多个计算机连接的端口，在工作站集中的地方使用集线口便于网络布线，也便于故障的定位与排除。通过集线器组成的网络，在物理结构上是星型拓扑结构。但实际上集线器内部是以总线的形式连接各端口，它的所有端口都是共享一条带宽，在同一时刻只能有一个端口发送数据，其他所有端口不能发送，但都能接收到数据，要不要收下这些数据由连接在该端口的计算机决定。所以它的传输性能低，保密性差，但因价格低廉，曾经在小型网络中广泛使用。用集线器互联的网络中的电脑数量不能太多，一般是几十台。

- 网桥（Bridge）。网桥是用于连接不同网络分支的设备，它能识别数据的目的节点地址是否属于本网段，如果目的地址在本网段内，则数据也被限制在本分支之内传播；如果不属于本网段，则将接收的数据发送到其他网段上。这就是网桥的“过滤帧”功能，可以起到降低网络流量的作用。
- 交换机（Switch）。交换机也叫交换式集线器，是一种工作在 OSI 第二层数据链路层上的、基于 MAC （网卡的物理地址）识别、能完成封装转发数据包功能的网络设备。它通过对信息进行重新生成，并经过内部处理后转发至指定端口，具备自动寻址能力和交换作用。交换机不“懂得”IP 地址，但它可以“学习”MAC 地址，并把其存放在内部的端口对照表中，通过在数据帧的始发者和目标接收者之间建立临时的交换路径，使数据帧直接由源地址到达目的地址。

交换机也是一种网桥设备，其端口数量较多，所以也称为“多端口网桥”。用交换机互联的网络中的主机数量也不能太多，最多不要超过两三百台。

- 路由器（Router）。路由器可以连接多个网络端口，包括局域网与广域网的网络端口。具有判断网络地址和选择路径、数据转发和数据过滤的功能。通过路由表的路径信息，路由器会自动按照数据的目的地址发送到相应的端口。路由表可以由管理员手工配置，在较大的网络中，也可以由路由器自动生成并动态维护。用路由器可以大大扩展网络，整个 Internet 就是用路由器实现网络互联的。
- 网关（Gateway）。网关是指一种使两个不同类型的网络系统或软件可以进行通信的软件或硬件接口。最常用的功能是将一种协议转变为另一种协议，通过硬件和软件完成由于不同操作系统的差异引起的不同协议之间的转换。如连接应用 NetBEUI 协议的 Windows 2000 局域网与应用 TCP/IP 的 Internet。

（2）软件系统

软件系统包括网络操作系统（NOS）、网络通信协议（Protocol）和网络应用软件等。网络中的资源共享、用户通信、访问控制等功能，都需要由网络操作系统进行全面的管理。网络通信协议是通信双方的通信规则，能保证网络中收发双方正确传送数据。网络应用软件是为某一个应用目的而开发的网络软件，常用的网络应用软件有 IE 浏览器、QQ 即时通信软件、FlashGet（网络快车）网络下载软件等。

（3）网络信息

网络上存储、传输的信息称为网络信息。网络信息是计算机网络中最重要的资源，它存储于服务器上，由网络系统软件对其进行管理和维护。

6.1.4 计算机网络的分类

计算机网络根据不同的分类标准有不同的分类，下面简要介绍按地理范围、传输介质、交换方式和拓扑结构等的划分情况。

1. 按地理范围划分

按照地理范围划分，可分为局域网、城域网和广域网。

（1）局域网（Local Area Network，LAN）

局域网在地理上有一个有限范围，一般在一个房间、一栋楼内，或一个工厂、一个单位内部。局域网覆盖范围可在十几公里以内，结构简单，布线容易。因为距离短，一般用同轴电缆、双绞线等传输介质连接而成。局域网发展非常迅速，根据所采用的技术、应用的范围和协议标准的不同，也产生了多种不同的局域网，目前比较流行的是以太网。以太网有标准以太网（10Mbit/s），快速以太网（100Mbit/s）和高速以太网（1000Mbit/s）。局域网又可以分为局域地区网、高速局域网等。

（2）城域网（Metropolitan Area Network，MAN）

城域网与局域网相比要大一些，可以说是一种大型的局域网，技术与局域网相似，它覆盖的范围介于局域网和广域网之间，通常覆盖一个地区或城市，范围可从几十公里到上百公里，它借助一些专用网络互联设备连接到一起，即使没有连入某局域网的计算机也可以直接接入城域网，从而访问网络中的资源。目前，我国许多城市正在建设城域网。

（3）广域网（Wide Area Network，WAN）

广域网又称为远程网，其覆盖范围很大，一般为几十公里以上的计算机网络。广域网常借用传统的公共通信网，如电话网、电报网来实现。随着计算机网络在社会经济生活中的重要性日益增加，以及卫星通信、光纤通信技术的发展，电信公司开始专门为计算机互联网开设信道，为广域网的建设提供了更好的硬件条件。现在广域网的主干线路传输速率已可达 2.5Gbit/s。Internet 就是目前应用得最广泛的一个广域网，它利用行政辖区的专用通信线路将无数个城域网互联在一起。广域网的组成已非个人或团体的行为，而是一种跨地区、跨部门、跨行业、跨国的社会行为。

2. 按传输介质划分

按传输介质划分，可以分为有线网、光纤网和无线网。

（1）有线网

有线网是采用同轴电缆或双绞线连接的计算机网络。同轴电缆网是一种常见的连网方式，它比较经济，安装较为便利，传输率和抗干扰能力一般，传输距离较短。双绞线网是目前最常见的性价比较好的连网方式，它价格便宜，安装方便，但易受干扰，传输率较低，传输距离比同轴电缆短。

（2）光纤网

光纤网也属于有线网的一种，但由于其特殊性而单独列出。光纤网采用光导纤维作为传输介质。光纤传输距离长，传输率高，可达数千兆比特每秒，抗干扰性强，不会受到电子监听设备的监听，是高安全性网络的理想选择。但其成本较高，且需要高水平的安装技术。

（3）无线网

无线网使用电磁波作为载体来传输数据。目前无线网连网费用较高，还不太普及，但由于其连网灵活方便，是一种很有潜力和前途的连网方式。

局域网通常采用单一的传输介质，而城域网和广域网采用多种传输介质。

3. 按交换方式划分

按交换方式划分，可以分为线路交换、报文交换和分组交换。

（1）线路交换

最早出现在电话系统中，早期的计算机网络就是采用此方式来传输数据的，数字信号经过变换成为模拟信号后才能联机传输。线路交换中，数据通信前要先建立一条从发送方到接收方之间的连接，这条连接由很多个通信设备和链路构成，在通信过程中，这条连接是独占的，通信过程中，链路中只会出现双方的数据，通信结束后，拆除连接。

（2）报文交换

报文交换是一种数字化网络。当通信开始时，源机发出的一个报文被存储在中间转发设备（一般是路由器）里，转发设备根据报文的目的地址选择合适的路径发送报文，这种方式称做存储—转发方式。报文交换中，对报文的长度没有规定。

（3）分组交换

分组交换也采用报文传输，但它对发送的数据单位的长度范围有一定的限制，当报文较长时，如要发送一个几兆的文件，先把长报文划分为许多长度有限制的分组，以分组作为传输的基本单位。这不仅大大简化了对计算机存储器的管理，而且也加速了信息在网络中的传播速度。由于分组交换优于线路交换和报文交换，因此，它已成为目前计算机网络中传输数据的主要方式。

4. 拓扑结构

把网络中的计算机等设备抽象为节点（Node），通信介质抽象为线，这样可以从拓扑学的观点去审视计算机网络。计算机网络拓扑（Topology）结构是计算机网络上各节点之间的几何形状。它通过网中节点与通信线路之间的几何关系表示网络结构，反映出网络中各实体间的结构关系。拓扑设计是构建计算机网络的首步，也是实现各种网络协议的基础，它对网络性能、系统可靠性与通信费用都有重大影响。

计算机网络常见的拓扑结构主要有总线型、星型、环型、树型和网状型。

（1）总线型结构

总线型结构通常采用一条长电缆（总线）作为传输介质，通过T型电缆分接头将许多短电缆（分支）直接连接到总线上，通过总线在网络上各节点之间传输数据，如图6-2所示。

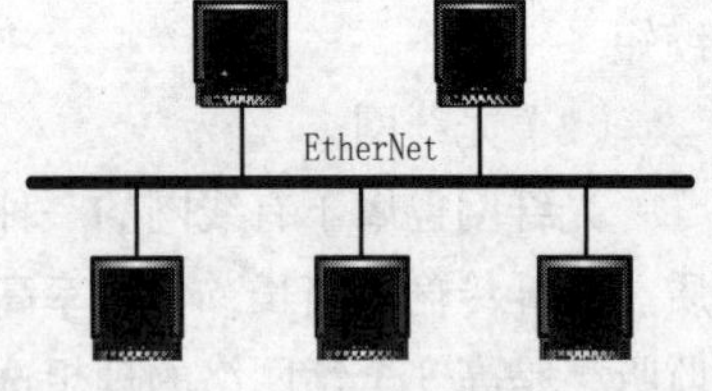

图6-2 总线型结构

总线型拓扑结构使用广播式传输技术，总线上的所有节点都可以发送数据到总线上，数据在总线上传播。总线的长度可使用中继器来延长。在总线上所有其他节点都可以接收总线上的数据，各节点判断经过的数据的目的地址是否为本节点，如是则拷贝下来，真正接收，如不是则不接收。由于各节点共用一条总线，所以在任一时刻只允许一个节点发送数据，当多个节点同时发送数据时就冲突了，而且网络越繁忙，冲突越频繁发生，大大影响了传输效率。另外，总线如果出现故障，将影响整个网络的运行。这种结构的优点是：工作站连入网络十分方便；两工作站之间的通信通过总线进行，与其他工作站无关；系统中某工作站一旦出现故障，不会影响其他工作站之间的通信，因此，这种结构的系统可靠性高。总线型拓扑结构还具有布线、维护方便，易于扩展等优点。局域网中著名的以太网就是典型的总线型拓扑结构。

（2）星型结构

星型结构的计算机网络是由一个中心结点（网络设备，如交换机、集线器等）和分别与它单独连接的其他结点组成。网络结构如图 6-3 所示。

星型结构是最早的通用网络拓扑结构形式，各个结点之间的通信必须通过中央结点来完成，它是一种集中控制方式。这种结构的优点是采用集中式控制，容易重组网络，便于管理与维护，易于节点扩充，每个结点与中心结点都有单独的连线，因此某一结点出现故障，不影响其他结点的工作；缺点是对中心结点的可靠性和效率要求较高，因为一旦中心结点出现故障，系统将全部瘫痪，而且组网时需要电缆数量多，安装较困难。

（3）环型结构

环形拓扑结构是将所有的工作站串联在一个闭合的环路中。在这种拓结构中，数据总是按一个方向逐结点地沿环传递，信号依次通过所有的工作站，当某个结点的地址与数据流的目的地址相吻合时，数据便被该结点接收。发送的数据绕一圈后如果无人接收便会回到发送数据的主机，由该主机撤消。网络结构如图 6-4 所示。

图 6-3 星型结构

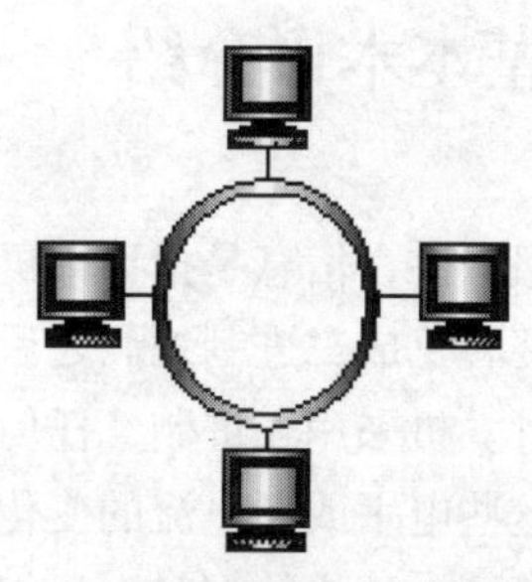

图 6-4 环型结构

在环型结构中，网络上各节点之间没有主次关系，各节点负担均衡。其优点是电缆故障易于排除，回路有很高的容错能力。缺点为安装和再配置较总线拓扑结构困难，传输线路上的任何故障都会导致网络完全瘫痪。令牌环网是环型网的一个实例。

（4）树型结构

树型网络是星型网络的一种变化，像星型网络一样，网络节点都连接到控制网络的中央节点上，但并不是所有的设备都直接接入中央节点，绝大多数节点是先连接到次级中央节点再连到中央节点上，形状像一棵倒置的树，所以称为树型结构。该结构中的任何两个用户都不能形成回路，如图 6-5 所示。

在树型结构中，顶端的节点称为根节点，它可带若干个分支节点，每个分支节点又可以再带若干个子分支节点。信息的传输可以在每个分支链路上双向传递。网络扩充、故障隔离比较方便。管理也易于实现，它是一种集中分层的管理形式。缺点是数据要经过多级传输，系统的响应时间较长，各工作站之间很少有信息流通，共享资源的能力较差。

（5）网状结构

在网状拓扑结构中，网络上的节点连接是不规则的，每个节点都可以与任何节点相连，且每个节点可以有多个分支，这样节点之间可能存在多条路径，如图 6-6 所示。

在网状结构中，信息可以在任何分支上进行传输，这样可以减少网络阻塞的现象。但由于结构复杂，必须提供较强的路径选择功能，不易管理和维护。大型网络就是这种结构。

以上介绍的是几种基本的网络拓扑结构，在实际组建网络时，可根据具体情况，选择某种拓扑结构或选择几种基本拓扑结构的组合方式来完成网络拓扑结构的设计。

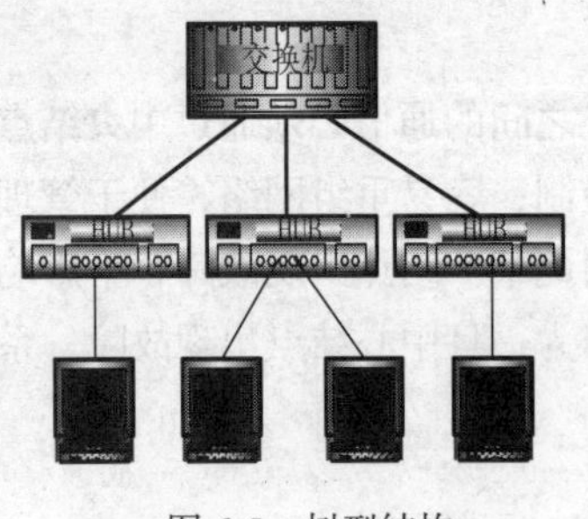

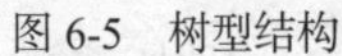
图 6-5 树型结构

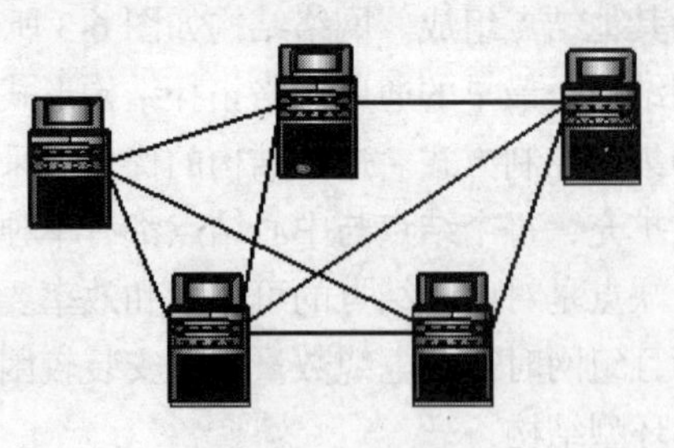
图 6-6 网状结构

6.2 计算机网络通信原理

6.2.1 基本术语介绍

1. 信息

对于计算机来讲，信息是指计算机发出的消息、指令、数据和信号等的总称。在计算机中各种信息只有最终转化成二进制编码之后才可以被计算机接受，我们把这种流动的二进制代码又称为数据。由于计算机采用二进制，任何数据都是由一系列的高（1）、低（0）电平或者电流的变化来构成的。这些电平或者电流的变化通过介质传输到另一边，由接收者理解成与发送时一样的数据。平时在谈到计算机数据时，我们关心的只是数据本身，而不去考虑其电路上的具体表现。

2. 信号

信号是数据的物理表现形式，或者简单理解为数据在传输过程中的称呼。在计算机中通常由电压的高低、频率的大小或磁场的强弱等来表示信号，从而形成不同的信号类型。

（1）模拟信号

模拟信号表示信号的物理量（如电压）是连续变化的。模拟信号是最早广泛应用到人类生活中的。电台或电视台发射的无线电波或传送的图像即属于模拟信号。模拟信号的取值是连续无限的，这导致了信号会在正确数值的基础上产生一定偏差，从而影响信号的质量。

（2）数字信号

数字信号表示信号的物理量（如电压）是离散的。离散是指表示信号的物理量的取值是有限个，并且各个值之间的差距明显，如在不同的时间区间，或者取高电平，或者取低电平，其波形为方波。由于计算机采用二进制，所以其本身所产生的信息都是数字信号。数字信号由于表示唯一，所以信号质量较高。

注意

模拟信号的出现和应用要早于数字信号，而数字信号能够得到大力开发，基础就是计算机技术。对计算机网络来说，很多网络部分不存在对模拟信号的处理，如一个局域网内部的数据传输。而有些网络由于要利用原有的模拟通信环境，因此要解决数字信号与模拟信号的相互转换，如电话线上网，就要解决电话模拟信号和计算机数字信号的转换问题。

由于各种多媒体信息是模拟的，要求用计算机存储，用网络传送时，就要进行数字化。数字化过程包括采样、量化和编码。数字化后的多媒体数据要重现时，必须经过解码、滤波和优化等步骤。这些过程会造成不同程度的“失真”。

3．信道

信道是信号传输的通道。从不同的角度出发信道可以划分为如下种类。

（1）物理信道和逻辑信道

由传输介质和相关的设备构成的物理通路称为物理信道。在网络中两个结点（如两台计算机）之间的物理通路是指联系它们的具体介质和设备，如电缆、集线器等，称为通信链路，简称链路。逻辑信道也用来表示传输信号的通路，但着眼点不是在物理实现上，而是在结点内部的逻辑设计上，如网络连接的拓扑结构等，因此逻辑信道也称为“连接”。同一条物理信道可以采用多路复用技术，分成若干逻辑信道。一条高速逻辑信道也可以由多条物理信道组成。

（2）模拟信道和数字信道

根据信道中传输信号的类型不同，可以有模拟信道和数字信道之分。模拟信道的设计利于连续量的传递，而数字信道的设计利于二进制数字脉冲信号的传递，两者的构造是不同的。因此当要在模拟信道中（如公用电话线）传输数字信号时，就需要在模拟信道的两端分别安装调制解调器，把数字信号调制成模拟信号后在电话网中传送，待接收后再解调恢复成原有的数字信号。而数字信道要传输模拟信号，则须先把模拟信号数字化后再传送。

（3）专用信道和公用信道

这是按信道的使用权限来区分的。专用信道又称“专线”，可以自行架设，也可以向电信部门租用，一般具有数据传输快和容量大的特点，但在使用之前必须得到信道所有者的许可。公用信道现在可以使用的有公共电话交换网和综合业务数字网，使用时不必再去申请，但数据的传输速率和容量受到公共信道本身特性的限制。

4．带宽

在数据通信中常常用带宽描述信道的通信能力。模拟信道中的带宽指所能传送的最高频率和最低频率之差，最高和最低频率差异越大，其可以传输的频率范围也越大，传输的数据也越多。数字信道中用数据传输率表示带宽，即单位时间内所传送的比特（bit）数，单位为 bit/s、kbit、Mbit/s 和 Gbit/s。日常生活中经常说宽带有“多少兆”，指的就是“每秒兆比特数”。一般称传输速率在 1kbit/s～1Mbit/s 范围的网络为低速网，在 1Mbit/s～1Gbit/s 范围的网络为高速网。

“比特”是指“bit”，不能和“Byte”相混淆。“Byte”指字节，一个字节含 8 个“bit”。单位 bit/s 指每秒比特数，而 B/s 指每秒字节数，是不一样的。

6.2.2　计算机数据通信技术

1．并行通信

并行通信利用多条数据传输线将一个数据的各位同时传送。即在发送端和接收端连有若干条连线，通过这些连线一次可以同时传送若干比特的数据。这种通信方式的特点是传输速度快，适用于短距离通信。考虑到在发送端和接收端之间还要有一些控制线路，因此并行通信具有一次传送的数据位多但连线也多的特点。计算机通过打印口和打印机的通信就是并行通信，每次传送一个字节的数据到打印机。

2．串行通信

串行通信在发送端和接收端仅用一根数据信号线相连，数据在一根信号线上一个比特一个比特地顺序传送，因此所用的传输线少，并且可以借助现成的电话网进行信息传送，特别适合于远距离传输。串行通信方式在近距离通信方面的应用也比较多，例如，计算机和串行存储的外部设备，如终端、打印机、逻辑分析仪、磁盘等也采用串行通信方式。

对计算机来说，由于其内部处理的数据一般为多位的并行数据，因此在传送前先要将并行数据转换为串行数据才能发送，接收后还要再将收到的串行数据转换成并行数据。

串行通信按信号传送的方向不同，可以分为单工通信、半双工通信和全双工通信 3 种工作方式。单工通信指数据信号单向地从发送端流向接收端；半双工通信指在一个信道中数据信号可以双向地流动，但任一时刻只能有一个方向流动信号占据信道，即两个方向的通信分时进行；全双工通信能同时进行两个方向的数据传输。

计算机之间的通信基本上采用的都是全双工通信方式。

3. 同步问题

通信涉及发送和接收双方，两边只有协调一致，即在规定的时间，发送端以某一速率发送数据，而接收端以同一速率接收数据，通信才能进行。即使这样仍需要在通信的过程中不断地对通信双方的步调进行协调，也就是“同步”。计算机中通常采用的同步方式有异步通信和同步通信两种。

（1）异步通信

异步传送方式是以字符为单位传送数据的，由于这种方式的字符发送是独立的，所以也称为面向字符的异步传输方式。发送时每个字符前有起始位，表示字符开始（引导码），在字符结束时有停止位，表示字符结束（终止码），故传送一个字符至少需要 10 个二进制位。异步通信方式比较容易实现，但由于每个字符都加上了同步信息，所以每个字符需要多占 2～3 位的开销，适用于低速终端设备。

（2）同步通信

采用同步通信传送时，发送方和接收方将整个字符组作为一个单位传送，在数据之前加入某些表示传送开始的控制信号（一些二进制位或字符），当接收方收到这些表示传送开始的控制信息后，即把控制信息后面的内容作为数据接收下来。由于是成组同步传输数据，所以数据传输的效率高，一般用在高速传输数据的系统中。

6.3 计算机网络体系结构

6.3.1 体系结构的基本概念

计算机网络是一个相当复杂的系统，如果把复杂的系统分为若干层次，在实现某个层次时，只要解决好该层需要的功能，该层不要求的功能可以不考虑。这样，一个复杂的任务就变得比较简单了，只要每层都实现了自己层的功能，整个网络的功能也就实现了。这就是网络分层的构思。所以网络分层是一种“大事化小、小事化了”的解决方法。层次之间是这样的关系：最底层实现最简单的功能，每上一个分层，其功能就加强了，例如，第 n 层，调用原来功能较弱的 $n-1$ 层提供的服务，把功能做强做大，又可以提供给 $n+1$ 层较为强大的功能，这样网络功能不断加强，到了最高层，就给网络用户提供了一个透明、高效的网络环境。

网络分层把各个计算机互联的功能划分成定义明确的层次，规定了同层次进程通信的协议和相邻层之间的接口服务。这些层、同层进程通信的协议及相邻层接口统称为网络体系结构。网络体系结构的核心是网络分层、对等层的通信协议、上下层的接口。不同机器上的通信，须在相同层次（对等层）通过协议进行。

在计算机网络发展的历史中，出现了很多网络体系结构，常见的有 OSI 体系结构、TCP/IP 体系结构等。

6.3.2　网络协议

1. 概述

在计算机网络中为了实现各种服务的功能，就必然要在计算机系统之间进行各种各样的通信和对话。通信时为了使通信双方能正确理解、接受和执行，就必须遵守相同的规定，就如同两个人交谈时必须采用对方听得懂的语言和语速。

通信双方想要成功地通信，它们必须“说同样的语言”，并按既定控制法则来保证相互的配合。具体地说，在通信内容、怎样通信以及何时通信等方面，通信双方要遵从相互可以接受的一组约定和规则。这些约定和规则的集合称为协议。

因此，协议是指通信双方必须遵循的控制信息交换的规则之集合。

2. 协议的作用

协议的作用是控制并指导通信双方的对话过程,发现对话过程中出现的差错并确定处理策略。

3. 协议的组成

（1）语法

语法确定通信双方之间“如何讲”，即由逻辑说明构成，确定通信时采用的数据格式、编码、信号电平及应答结构等。

（2）语义

语义确定通信双方之间“讲什么”，即由通信过程的说明构成，要对发布请求、执行动作及返回应答予以解释，并确定用于协调和差错处理的控制信息。

（3）定时规则

定时规则确定事件的顺序以及速度匹配、排序。

6.3.3　OSI 参考模型

国际标准化组织（ISO）于 1984 年 10 月公布了开放系统互联参考模型（OSI），作为指导信息处理、网络互联和协作的国际标准。它将整个网络通信功能划分为七个层次，如图 6-7 所示。

各层（由低到高）的基本功能如下。

- 物理层：位于网络模型的最低层，它通过传输介质将各站点连接起来，组成物理通路，实现把计算机的数据表示成适合于介质传输的信号，使数据流通过。

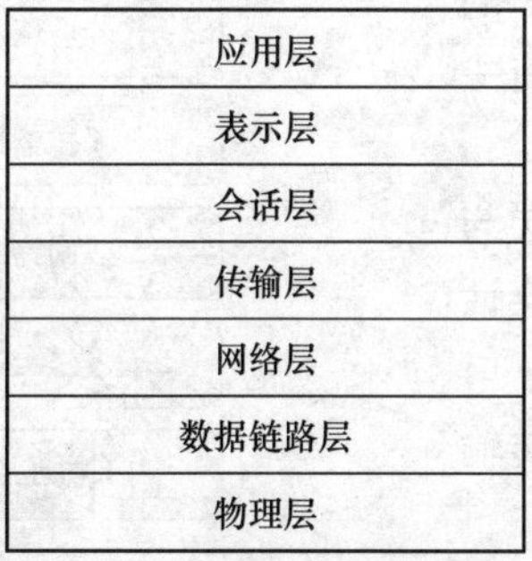

应用层
表示层
会话层
传输层
网络层
数据链路层
物理层

图 6-7　OSI 七层网络模型

● 数据链路层：作用是进行差错检测和流量控制，实现二进制数据流的传输，让由直接介质相连的电脑之间的数据传送（点对点传送）可靠。

● 网络层：负责网间路由选择和拥塞控制，并实现不同种网络的互联。

● 传输层：实现端到端的可靠数据传输，使上层不用关心通信的细节。

● 会话层：为不同计算机上的用户建立会话关系，并管理数据的交换，解决诸如断点续传的问题。

● 表示层：实现把各个终端系统的数据格式转换为标准的中间格式，以利于在网络中传输，到了目的地，又实现把中间格式转化成该终端系统的数据格式，这样，不同终端系统就可以互联起来，并且使通信的双方不用关心对方是什么系统。表示层还是进行数据的压缩解压缩、加密解密较理想的层。

● 应用层：为端点用户直接使用网络资源提供服务，如文件传送、网络管理、远程登录等。

OSI 体系比较复杂而显得效率不高。在实际应用中，效率是第一位的，所以 OSI 体系在公布的那天开始，就注定无法成为业界的标准。因此提到 OSI 时，往往在后面加上"参考模型"。

6.3.4 TCP/IP 体系结构

TCP/IP（传输控制协议/网际协议）协议簇是 Internet 采用的协议，是目前最流行的商业化网络协议，尽管它不是某一标准化组织提出的正式标准，但它已经被公认为目前的工业标准，"事实标准"。Internet 之所以能迅速发展，就是因为 TCP/IP 协议能够适应和满足世界范围内数据通信的需要。TCP 和 IP 是 TCP/IP 体系下的两个最为重要的协议。

1. TCP/IP 协议的特点

① 开放的协议标准，可以免费使用，并且独立于特定的计算机硬件与操作系统。

② 独立于特定的网络硬件，可以运行在局域网、广域网，以及互联网中。

③ 统一的网络地址分配方案，使得整个 TCP/IP 设备在网中都具有唯一的地址。

④ 标准化的高层协议，可以提供多种可靠的用户服务。

2. TCP/IP 体系结构的层次

与 OSI 参考模型不同，TCP/IP 体系结构将网络划分为 4 层，它们分别是应用层（Application Layer）、传输层（Transport Layer）、网际层（Internet Layer）和网络接口层（Network interface layer）。

3. TCP/IP 体系结构与 ISO/OSI 参考模型的对应关系

如图 6-8 所示，实际上，TCP/IP 的分层体系结构与 ISO/OSI 参考模型有一定的对应关系。

① TCP/IP 体系结构的应用层与 OSI 参考模型的应用层、表示层及会话层相对应。

② TCP/IP 的传输层与 OSI 的传输层相对应。

③ TCP/IP 的网际层与 OSI 的网络

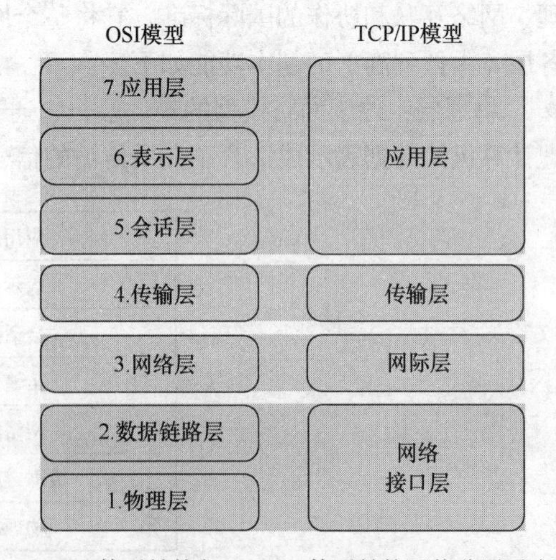

图 6-8 OSI 体系结构与 TCP/IP 体系结构网络分层对应关系

层相对应。

④ TCP/IP 的网络接口层与 OSI 的数据链路层及物理层相对应。

4. TCP/IP 各层的基本功能

（1）网络接口层

在 TCP/IP 分层体系结构中，最底层网络接口层又称主机接口层，负责接收 IP 数据报并通过网络发送出去，或者从网络上接收物理帧，抽取数据报交给网际层。TCP/IP 体系结构并未对网络接口层使用的协议做出硬性的规定，它允许主机连入网络时使用多种现成的和流行的协议，如局域网协议或其他一些协议。

（2）网际层

网际层又称互联层，是 TCP/IP 体系结构的第二层，它实现的功能相当于 OSI 参考模型网络层的无连接网络服务。网际层负责将源主机的报文分组发送到目的主机，源主机与目的主机可以在一个网上，也可以在不同的网上。

网际层的主要功能包括以下几个方面。

① 处理来自传输层的分组发送请求。在收到分组发送请求之后，将分组装入 IP 数据报，填充报头，选择发送路径，然后将数据报发送到相应的网络接口。

② 处理接收的数据报。首先检查其合法性，然后进行路由。在接收到其他主机发送的数据报之后，检查目的地址，如需要转发，则选择发送路径，转发出去；如目的地址为本节点 IP 地址，则除去报头，将分组送交传输层处理。

③ 处理 ICMP 报文、路由、流控与拥塞问题。

网际层的核心协议是 IP，提供无连接的、不可靠的服务，但其开销低、效率高。在网络中，开销高低和服务的可靠性是矛盾的，网际层的无连接服务，反映了人们追求高效率的思想。由此引来的不可靠问题，一方面可以由高层解决，另一方面，低层的通信质量的提高可以让网际层的不可靠问题不会很突出。

（3）传输层

传输层位于网际层之上，它的主要功能是负责应用进程之间的端到端通信。在 TCP/IP 体系结构中，设计传输层的主要目的是在网际层中的源主机与目的主机的对等实体之间建立用于会话的端到端连接。因此，它与 OSI 参考模型的传输层相似。

（4）应用层

应用层是最高层。它与 OSI 模型中的高三层的任务相同，都是用于提供网络服务，比如文件传输、远程登录、电子邮件、域名服务和简单网络管理等。

6.4 局域网技术

局域网是一种在较小的地理范围内将大量计算机及各种设备互联在一起，实现高速数据传输和资源共享的计算机网络。社会对信息资源的广泛需求及计算机技术的广泛普及，促进了局域网技术的迅猛发展。在当今的计算机网络技术中，局域网是应用最广泛的一类网络，我们接触网络，首先就是接触局域网。局域网常被用于同一房间、同一栋楼、同一单位等，一般是方圆几公里以内，实现共享资源和交换信息。局域网可以实现文件管理、数据共享、昂贵设备共享、工作组内的日程安排、电子邮件和传真通信服务等功能。

6.4.1 局域网概述

美国电气和电子工程协会（IEEE）于 1980 年 2 月成立了局域网标准化委员会（简称 802 委员会）专门对局域网的标准进行研究，并提出了局域网的定义。局域网是允许中等地域内的众多独立设备通过中等速率的物理信道直接互联通信的数据通信系统。

区别于一般的广域网，局域网具有以下特点。

① 地理分布范围较小，一般不超过 10km。可覆盖一幢大楼、一所校园或一个企业。

② 数据传输速率高，一般为 10 Mbit/s～100Mbit/s，但目前已出现速率高达 1000Mbit/s 的局域网。可交换各类数字和非数字（如语音、图像、视频等）信息。

③ 误码率低，一般在 10^{-11}～10^{-8} 以下。这是因为局域网通常采用有线介质传输，两个站点之间具有专用的通信线路，使数据传输有专一的通道，可以使用高质量的传输介质，从而提高了数据传输质量。

④ 以工作站和计算机为主体，包括终端及各种外设，网中一般不设中央主机系统。

⑤ 一般包含 OSI 参考模型中的低三层功能，即涉及通信子网的内容，重点在对具体媒体的访问控制。

⑥ 协议简单、结构灵活、建网成本低、周期短、便于管理和扩充。

在局域网上，经常是在一条传输介质上连接多台计算机，如总线型和环型局域网，多台计算机共享一条传输介质，而一条传输介质在某一时间内只能被一台计算机所使用，那么在某一时刻到底谁能使用传输介质呢？这就要有一个需共同遵守的“游戏规则”来控制、协调各计算机对传输介质的访问，这种方法就是介质访问控制方法。目前，在局域网中常用的传输介质访问方法有：以太方法、令牌方法、FDDI 方法、异步传输模式方法等，因此可以把局域网分为以太网（Ethernet）、令牌环网（Token Ring）、FDDI（光纤分布式数据接口）网、ATM 网等。

6.4.2 以太网技术

以太网（Ethernet）是最常见的局域网，采用通过集线器或者交换机连接的星型结构，这种结构性能稳定、成本低、易于维护与扩展。以太网技术发展很快，出现了多种形式的以太网，目前已成为应用最广泛的局域网技术。

以太网是以载波侦听多路访问/冲突检测（CSMA/CD）方式工作的典型网络。标准以太网的数据传输速率为 10Mbit/s，多个站点共享总线结构，因此也称为共享式以太网。20 世纪 90 年代初，随着计算机性能的提高及通信量的剧增，传统局域网已经越来越超出了自身的负荷，因此交换式以太网技术和快速以太网技术应运而生，从而大大提高了局域网的性能。与共享媒体的局域网拓扑结构相比，网络交换机能显著地增加带宽，而快速以太网的数据传输速率也由传统的 10Mbit/s 提升到 100Mbit/s。各种各样的应用基于局域网不断展开，而应用对局域网的带宽需求是无止境的，继交换式以太网和快速以太网技术以后，业界在 1994 年又提出了千兆位以太网的设想，并且在 1998 年上半年建立了在光纤和短程铜线介质上运行的千兆位以太网技术标准，目前已普及。2002 年 6 月，万兆以太网技术正式发布，它提供了更丰富的带宽和处理能力，并保持了以太网一贯的兼容性和简单易用、升级容易的特点，目前已经得到广泛的应用，成为高端市场的主流。

6.4.3 局域网的工作模式

局域网中各个节点之间的关系不同构成局域网不同的工作模式。按照工作模式的划分可以将其分为专用服务器结构模式、客户机/服务器模式和对等模式等。

1．专用服务器结构模式

专用服务器结构又称为“工作站/文件服务器”结构，由若干台微机工作站与一台或多台文件服务器通过通信线路连接起来组成，工作站存取服务器文件，共享硬盘、打印机等设备。

文件服务器以共享磁盘文件为主要目的，工作站和服务器通信往往以整个文件为单位，随着共享的数据和访问的用户越来越多，服务器不堪重负，因此产生了第二种模式——客户机/服务器模式。

2．客户机/服务器模式

客户机/服务器模式（Client/Server）简称 C/S 模式，如图 6-9 所示。其中一台或几台较大的计算机集中进行共享数据库的管理和存取，称为服务器，而将其他的应用处理工作分散到网络中其他 PC 上去做，构成分布式的处理系统，服务器控制管理数据的能力已由文件管理方式上升为数据库管理方式，因此，C/S 结构的服务器也称为数据库服务器，注重于数据定义、存取安全备份及还原，并发控制及事务管理，执行诸如选择检索和索引排序等数据库管理功能，它有足够的能力做到把通过其处理后用户所需的那一部分数据（而不是整个文件）通过网络传送到客户机去，减轻了网络的传输负荷，同时安全性也提高了。C/S 结构是数据库技术的发展和普遍应用与局域网技术发展相结合的结果。

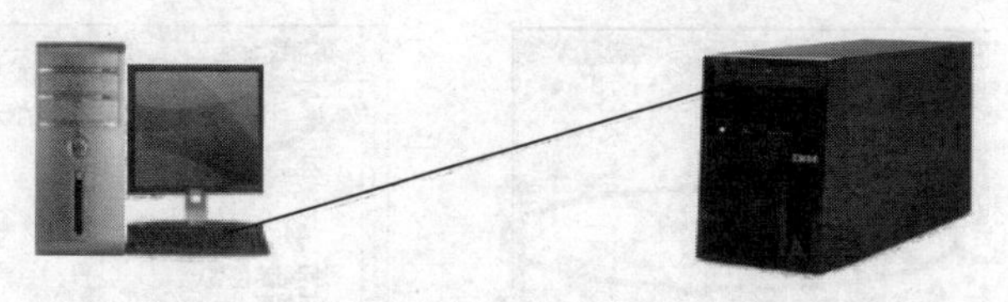

图 6-9　客户机/服务器连接示意

浏览器/服务器（Browser/Server，B/S）是一种特殊形式的 C/S 模式，在这种模式中客户端为一种特殊的专用软件——浏览器。这种模式下由于对客户端的要求很少，不需要另外安装附加软件，在通用性和易维护性上具有突出的优点，这也是目前各种网络应用提供基于 Web 的管理方式的原因。基于 B/S 模式的应用程序是软件发展的方向。

3．对等式网络

对等网也常常被称做工作组。在对等式网络结构中，没有专用服务器。对等式网络是一种简易的网络环境，最简单的对等网络就是使用双绞线直接相连的两台计算机，如图 6-10 所示。

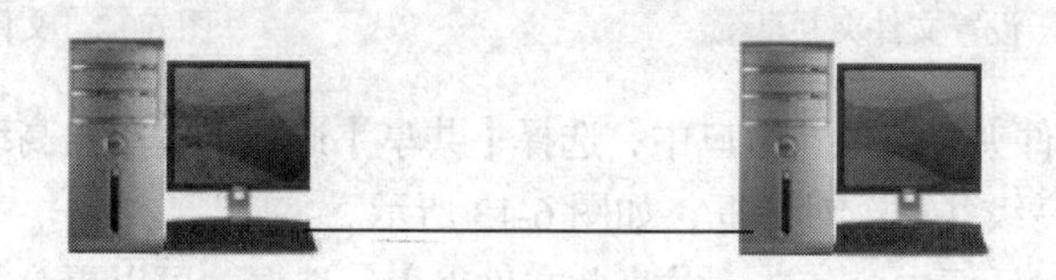

图 6-10　对等网模式示意图

在这种网络模式中，每一个计算机安装的软件一样，既是客户机，也是服务器。有许多网络操作系统可应用于对等网络，如微软的 Windows for Workgroups 、WorkStation、Windows NT 、WindowsXP、Windows 9X 和 Novell Lite 等。

在对等网络中，计算机的数量通常不会超过 10 台，网络结构相对比较简单。点对点对等式网络有许多优点，如它比上面所介绍的 C/S 网络模式造价低，允许动态地安排计算机需求。当然它也有缺点，那就是提供的服务功能较少，并且难以确定所需要的共享文件的位置，使得整个网络难以管理。

6.4.4 局域网资源共享

正确安装配置好网卡，完成局域网或对等网的建设后，在 Windows 9X/2000/XP/2003（本文以 Windows XP 为例）系统桌面应会出现“网上邻居”快捷方式图标，双击【网上邻居】图标打开“网上邻居”窗口，用户就能看到本地工作组的所有计算机，双击“网上邻居”窗口的【整个网络】图标，用户还能看到网络上的其他工作组。此时再双击“网上邻居”窗口中其他用户的计算机图标，打开后可能会发现里面是空的，那是因为还没有配置好需要共享的资源。如果想让此局域网范围内的机器上的资源实现共享，就需要我们来设置共享。

1. 文件/文件夹共享

文件/文件夹共享是局域网使用最基本的功能。通过文件/文件夹共享，可以让所有连入局域网的用户共同使用同一个文件。

（1）设置文件/文件夹共享

通过“窗口操作 ”，找到要共享的文件/文件夹，如“练习题”，在该文件/文件夹上单击鼠标右键，选择菜单项【属性】，如图 6-11 所示。打开文件夹属性窗口，如图 6-12 所示。

图 6-11　设置文件夹共享

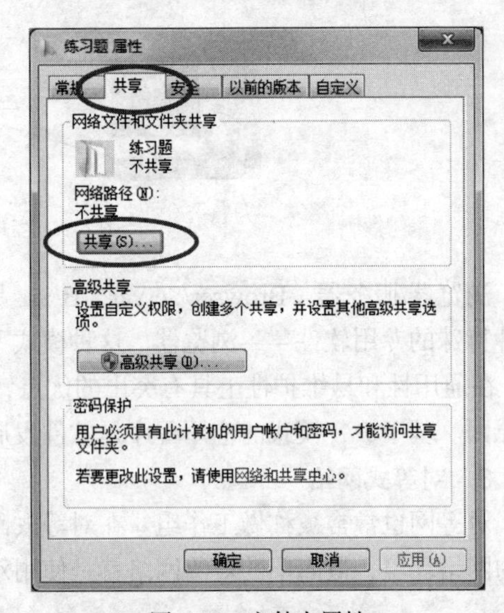

图 6-12　文件夹属性

在图 6-12 所示文件夹“属性”窗口中，选择【共享】选项卡，单击高级共享区域中的【高级共享】按钮，弹出“高级共享”对话框，如图 6-13 所示。

在“高级共享”对话框中，勾选【共享此文件夹】复选框，可以更改共享名和同时共享用户数量（一般使用默认值），可以填入注释。单击【权限】按钮，打开“设置共享权限”对话框，如图 6-14 所示。

在“设置共享权限”对话框中，在上方“组或用户名”中添选“Everyone”，在下方“Everyone 的权限”列表框中勾选允许的操作权限，一般勾选允许“读取”，则共享用户可以对该共享文件进行查看、读取、拷贝等操作。如勾选允许“完全控制”，则共享用户操作的权限就与本地操作一样了，可以读、更改、删除、创建等操作。最后单击【确定】或者【应用】可让配置生效。

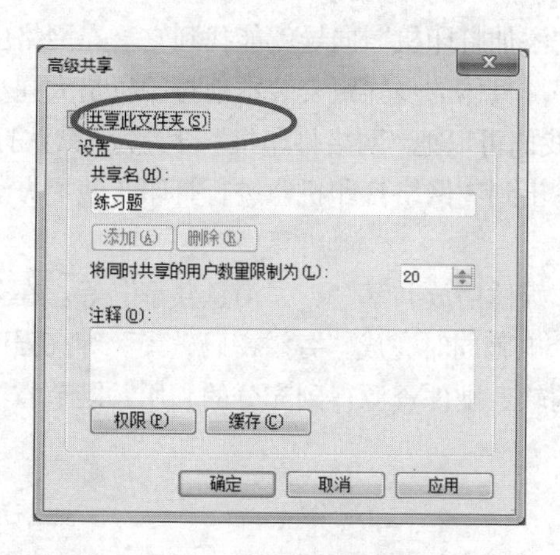

图 6-13　“高级共享”对话框

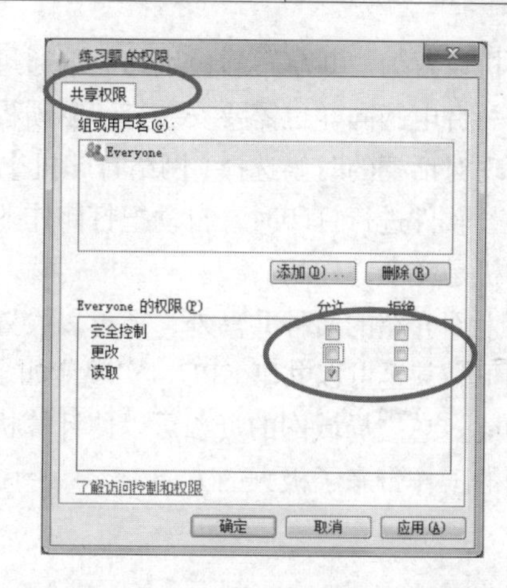

图 6-14　“设置共享权限”对话框

（2）访问共享文件/文件夹

局域网中任意一台电脑设置共享文件/文件夹后，其他用户就可以访问这些共享资源了。在桌面上单击【计算机】图标，打开“计算机”窗口，在左侧窗格中选择【网络】功能，窗口中将显示网络中所有电脑，如图 6-15 所示。双击相应的电脑图标后，在打开的窗口中即可查看该电脑所共享的文件/文件夹资源，也可以对这些资源进行相应权限的操作了。

2. 打印机共享

打印机分为网络打印机和普通打印机。网络打印机连上交换机，进行简单配置后，网内的计算机就可以把打印任务输出到该网络打印机进行打印了。对于普通打印机，不直接支持网络功能，必须先安装在一台电脑上，由该电脑充当打印服务器，才能在网络中共享。下面讲解的是如何对普通打印机进行共享。

同文件共享一样，共享打印机的第一步就是先到连接着打印机的那台电脑上，把打印机给“共享”出来。方法是：选择【开始】→【设置】→【打印机和传真机】，弹出“打印机和传真机”对话框，在此对话框内选择【共享】选项卡，在要共享的打印机图标上按鼠标右键，选择【共享】。这里的设置跟共享文件夹和磁盘是一样的，如图 6-16 所示。

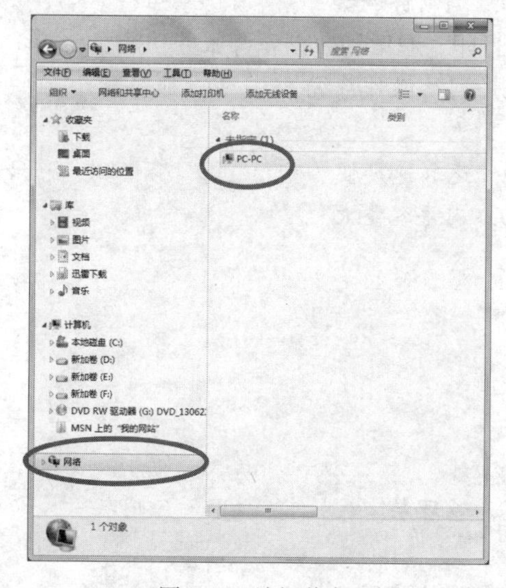

图 6-15　访问共享文件

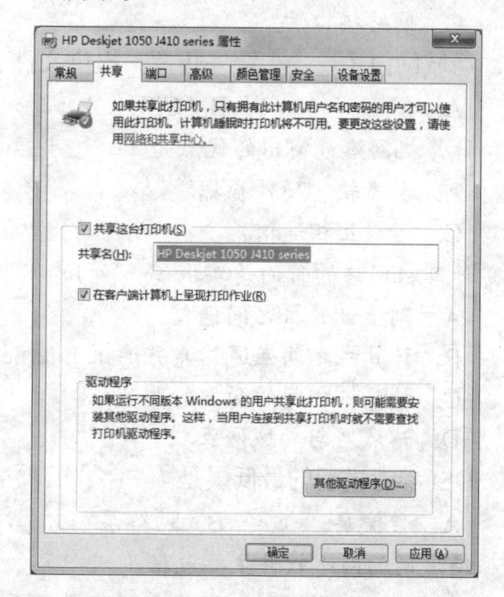

图 6-16　在打印机“属性”对话框中设置共享

打印机设置为“共享”后，别的电脑通过“添加打印机”向导就能找到它。在网络中使用打印机的每一台电脑同样也需要安装打印驱动程序。具体的步骤跟安装本地打印机是大同小异的，只是当出现对话框的时候选择【网络打印机】。我们可以把“网络打印机”设置为“默认打印机”，则在用办公软件进行打印时，自动把打印作业输出到“网络打印机”进行打印，使用方法与使用本地打印机是完全一样的。

除了上面介绍的两种共享外，还可以设置“媒体播放共享”、“消息共享”等。在分布式软件的控制下，甚至可以共享CPU，实现诸如多个电脑同时完成“穷举密码破译”等高强度的计算任务的功能。总之局域网的资源可以使计算机的软、硬件资源得到充分的利用，既节省了费用，又给我们的工作带来了极大的方便。

小　结

本章主要讲述了网络的基本概念、发展历史、分类和组成，对OSI、TCP/IP网络体系结构的分层功能和主要特点进行了介绍和比较，并介绍了通信技术基础，探讨了局域网的基本知识和工作模式，同时列举了文件共享和打印机共享等网络应用。

习　题

一、选择题

1. 计算机网络按其覆盖范围，可划分为（　　）。
   A. 以太网和移动通信网　　B. 电路交换网和分组交换网
   C. 局域网、城域网和广域网　　D. 星形结构、环形结构和总线结构
2. 下面不属于局域网络硬件组成部分的是（　　）。
   A. 网络服务器　　B. 个人计算机工作站
   C. 网络接口卡　　D. 调制解调器
3. 局域网由（　　）统一指挥，提供文件、打印、通信和数据库等服务功能。
   A. 网卡　　B. CPU　　C. 网络操作系统　　D. 服务器
4. 计算机网络最突出的优点是（　　）。
   A. 共享软、硬件资源　　B. 运算速度快
   C. 可以互相通信　　D. 内存容量大
5. 计算机网络的目的是实现（　　）。
   A. 网上计算机之间通信
   B. 计算机之间互通信息并连上Internet
   C. 计算机之间的资源的共享
   D. 广域网与局域网互联
6. OSI参考模型的最低层是（　　）。
   A. 传输层　　B. 网络层　　C. 物理层　　D. 应用层
7. 局域网的网络软件主要包括（　　）。
   A. 网络操作系统、网络数据库管理系统和网络应用软件

B. 服务器操作系统、网络数据库管理系统和网络应用软件

C. 网络传输协议和网络应用软件

D. 工作站软件和网络数据库管理系统

8. 以下的网络分类方法中，哪一组分类方法有误？（　　）

A. 局域网/广域网　　B. 对等网/城域网

C. 环型网/星型网　　D. 有线网/无线网

9. TCP/IP 参考模型中的网络接口层对应于 OSI 中的（　　）。

A. 网络层　　B. 物理层

C. 数据链路层　　D. 物理层与数据链路层

10. 计算机网络能实现计算机资源的共享。这里的计算机资源主要指计算机的（　　）。

A. 软件与数据库　　B. 服务器、工作站与软件

C. 硬件、软件与数据　　D. 通信子网与资源子网

11. 下列不属于网络技术发展趋势的是（　　）。

A. 传输速度越来越快

B. 网络标准出现“百家争鸣”的繁荣局面

C. 各种通信控制规程逐渐符合国际标准，并且呈现移动化趋势

D. 从单一的数据通信网向综合业务数字通信网发展

12. 拨号上网是通过电话线把电脑接入 Internet，是最常用的上网方法。如果你已经有了一台电脑和一部电话，只需购买一个（　　），用它通过电话线把电脑接入 Internet，你就可以上网了。

A. 打印机　　B. 适配器　　C. 调制解调器　　D. 传真机

13. 在一座办公楼内各室计算机连成网络属于（　　）。

A. WAN　　B. LAN　　C. MAN　　D. GAN

14. 网络传输的速率为 8Mbit/s,其含义为（　　）。

A. 每秒传输 8 兆个字节　　B. 每秒传输 8 兆个二进制位

C. 每秒传输 8000 个二进制位　　D. 每秒传输 800 000 个二进制位

15. 下列叙述中正确的是（　　）。

A. 在同一间办公室中的计算机互联不能称之为计算机网络

B. 至少六台计算机互联才能称之为计算机网络

C. 两台以上的计算机互联就可以是计算机网络

D. 多用户计算机系统是计算机网络

16. OSI 模型描述了（　　）层协议网络体系结构。

A. 四　　B. 五　　C. 六　　D. 七

17. （　　）是实现数字信号和模拟信号转换的设备。

A. 网卡　　B. 调制解调器　　C. 网络线　　D. 都不是

18. 计算机传输介质中传输速度最快的是（　　）。

A. 同轴电缆　　B. 光缆　　C. 双绞线　　D. 铜质电缆

19. 中继器的作用就是将信号（　　），使其传播得更远。

A. 汇集　　B. 滤波　　C. 放大　　D. 整形

20. 关于计算机网络，以下说法哪个是正确的？（　　）

A. 网络就是计算机的集合

B. 网络可提供远程用户共享网络资源，但可靠性很差

C. 网络是通信、计算机和微电子技术相结合的产物

D. 当今世界规模最大的网络是 Internet

二、简答题

1. 计算机网络的发展分几个阶段？谈谈你对未来网络发展的认识。
2. 简述 OSI 七个层次的主要功能。
3. 简述局域网的软硬件组成。

第 7 章 Internet 及其应用

学习目标：

- 了解 Internet 的发展历史，了解 Internet 中的地址标识、域名系统，了解 Internet 的连接和 IP 地址的配置和连接测试
- 掌握连接网络、启动 IE 浏览器、设置主页的方法
- 学会利用 IE 浏览器进行网页的搜索、网页的保存、资源的收藏、文件的上传与下载
- 熟练掌握使用 E-mail 软件进行邮件的编写、发送接收和阅读的方法

7.1 Internet 发展概况

Internet 又称因特网，是一个由各种不同类型和规模并独立运行和管理的计算机网络组成的全球范围的计算机网络，以 TCP/IP 协议进行数据通信，通过普通电话线、高速率专用线路、卫星、微波、光缆等通信线路，把不同国家的大学、公司、科研机构以及军事和政府等组织的网络连接起来，进行信息交换和资源共享。简言之，Internet 是一种以 TCP/IP 协议为基础的、国际性的计算机互联网络，是世界上规模最大的计算机网络，是"网络的网络"。

Internet 是全世界最大的图书馆，它为人们提供了巨大的并且还在不断增长的信息资源和服务工具宝库，用户可以利用 Internet 提供的各种工具去获取 Internet 提供的巨大信息资源。任何一个地方的任意一个 Internet 用户都可以从 Internet 中获得任何方面的信息，如自然、社会、政治、历史、科技、教育、卫生、娱乐、政治决策、金融、商业和天气预报等。支持 Internet 的各种软件、硬件，以及由它们组成的各种系统为 Internet 的用户提供了各种各样的应用系统。这些应用系统把各种 Internet 信息资源有机地结合在一起，从而构成了 Internet 所拥有的一切。

7.1.1 Internet 的发展历史

1969 年，为了能在爆发核战争时保障通信联络，美国国防部高级研究计划署（Advance Research Projects Agency, ARPA）资助建立了世界上第一个分组交换试验网 ARPANET，ARPANET 将位于美国不同地方的几个军事及研究机构的计算机主机连接起来，它的建成和不断发展标志着计算机网络发展的新纪元。ARPANET 是研究人员最初在 4 所大学之间组建起来的一个实验性的网络。随后深入的研究促使了 TCP/IP 的出现与发展。1983 年初，美国军方正式将其所有军事基地的各个网络都连到了 ARPANET 上，并全部采用 TCP/IP，这标志着 Internet 的正式诞生。ARPANET 实际上是一个网际网，被当时的研究人员简称为 Internet。同时，开发人员用 Internet

这一称呼来特指为研究建立的网络原型，这一称呼被沿袭至今。

作为 Internet 的第一代主干网，ARPANET 虽然今天已经退役，但它对网络技术的发展产生了重要的影响。

20 世纪 80 年代，美国国家科学基金会（NSF）认识到为使美国在未来的竞争中保持不败，必须将网络扩充到每一位科学家和工程人员。于是 NSF 游说美国国会，获得资金组建了一个从开始就使用 TCP/IP 的网络 NSFNET。NSFNET 取代 ARPANET，于 20 世纪 80 年代末正式成为 Internet 的主干网。NSFNET 采取的是一种层次结构，分为主干网、地区网与校园网。各主机连入校园网，校园网连入地区网，地区网连入主干网。NSFNET 扩大了网络的容量，入网者主要是大学和科研机构。它同 ARPANET 一样，都是由美国政府出资的，不允许商业机构介入用于商业用途。

20 世纪 90 年代，商业机构介入 Internet，带来 Internet 的第二次飞跃。自 Internet 问世后，每年加入 Internet 的计算机成指数式增长。NSFNET 在完成的同时就出现了网络负荷过重的问题，意识到政府无力承担组建一个新的更大容量的网络的全部费用，NSF 鼓励 MERIT、MCI 与 IBM 3 家商业公司接管了 NSFNET。这 3 家公司组建了一个非盈利性的公司 ANS 在 1990 年接管了 NSFNET。到 1991 年底，NSFNET 的全部主干网都与 ANS 提供的新的主干网连通，构成了 ANSNET。与此同时，很多的商业机构也开始运行它们的商业网络并连接到主干网上。NSFNET 最终将 Internet 向全社会开放，成为现代 Internet 的主干网。NSFNET 停止运营之后，在美国各 Internet 服务提供商 ISP （Internet Service Provider ISP）之间的高速链路成了美国 Internet 的骨干网。Internet 服务和内容的日益丰富，也使 Internet 得到了长足的扩展。1995 年以来，Internet 用户数量呈指数增长趋势，平均每半年翻一番。截止到 2002 年 5 月，全球已经有 5 亿 8 千多万用户。其中，北美 1.82 亿，亚太 1.68 亿。截止到 2001 年 7 月，全球连接的计算机数量约 1.26 亿台。随着 Web 技术和相应的浏览器的出现，Internet 的商业化开拓了其在通信、资料检索、客户服务等方面的巨大潜力，导致了 Internet 的发展和应用出现了新的飞跃，并最终走向全球。今天，Internet 已经深入到社会生活的各个方面，从网了聊天、网上购物，到网上办公以及 E-mail 信息传递，我们无处不在受到 Internet 的影响，它已成为人们与世界沟通的一个重要窗口。有人预计，到 2016 年，全球互联网将会有超过 30 亿用户。

从 Internet 的发展过程可以看到，Internet 是历史的变革造成的，是千万个可单独运作的网络以 TCP/IP 互连起来形成的，这各个网络属于不同的组织或机构，整个 Internet 不属于任何国家、政府或机构。

7.1.2 Internet 在中国的发展

Internet 在我国起步较晚。1986 年，中科院等一些科研单位，通过国际长途电话拨号到欧洲一些国家，进行国际联机数据库信息检索，开始初步接触 Internet。1990 年，中科院高能所、北京计算机应用研究所、电子部华北计算所、石家庄 54 所等单位先后通过 X.25 网接入到欧洲一些国家，实现了中国用户与 Internet 之间的电子邮件通信。1993 年，中科院高能所实现了与美国斯坦福线性加速中心（SLAC）的国际数据专用信道的互连。

在我国网络开始发展的阶段，有权直接与国际 Internet 连接的网络有 4 个：中国科技网（CSTNet）、中国教育科研网（CERNet）、中国公用计算机互联网（ChinaNet）、中国金桥信息网（CHINAGBN）。

（1）中国科技网（China Science and Technology Network，CSTNet）是包括中国科学院北京地区已经入网的 30 多个研究所和全国 24 个城市的各学术机构，并连接了中国科学院以外的一批科研院所和科技单位，是一个面向科技用户、科技管理部门及与科技有关的政府部门的全国性网络。

（2）中国教育科研网（China Education and Research Network，CERNET）是一个全国性的教育科研计算机网络。它把全国大部分高等学校和中学连接起来，推动这些学校校园网的建设和信息资源的共享、交流，从而极大地改善我国大学教育和科研的基础环境，推动我国教育和科研事业的发展。CERNET 网络由 3 级组成：主干网、地区网、园区网。其网控中心设在清华大学，地区网络中心分别设在北京、上海、南京、西安、广州、武汉、沈阳、成都。

（3）中国公用计算机互联网（ChinaNet）是由原邮电部建设的，主要用于民用和商用。该网络目前已覆盖了全国 31 个省市。

（4）中国金桥信息网（China Golden Bridge Network，CHINAGBN）由原电子工业部归口管理，是以卫星综合数字业务网为基础，以光纤、微波、无线移动等方式形成天地一体的网络结构。它是一个把国务院、各部委专用网络与各大省市自治区、大中型企业以及国家重点工程连接的国家经济信息网。

这 4 个网络均设置国际出口与 Internet 主干网的连接，从而实现与 Internet 的连接。前两个网络以科研、教育服务为目的，属于非赢利性质；后两个网络以经营为目的，称为商业网。计算机如果与任何一个已经连入 Internet 的网络相连通，那么该计算机也就连入了 Internet，成为 Internet 的一员了。

截至 2009 年年底，中国的网民数量已经达到 3.84 亿，互联网普及率为 28.9%，高于世界平均水平。按照该速度发展，未来 2 ~ 3 年中国的网民数量预计将超过 5 亿。

根据 2012 年 1 月 16 日中国互联网络信息中心（CNNIC）在京发布的《第 29 次中国互联网络发展状况统计报告》显示，截至 2011 年 12 月底，中国网民规模突破 5 亿，达到 5.13 亿，全年新增网民 5580 万。互联网普及率较上年底提升 4 个百分点，达到 38.3%。

7.2 TCP/IP

7.2.1 TCP/IP 体系

TCP/IP（Transmission Control Protocol/Internet Protocol，传输控制协议/互联网络协议），使得不同厂家、不同规格的计算机系统可以在 Internet 上正确地传递信息，可向 Internet 上所有其他主机发送 IP 数据报。TCP 和 IP 是 TCP/IP 体系中保证数据完整传输的两个基本的重要协议，除了这两个协议，TCP/IP 还包括上百个各种功能的协议，如远程登录、文件传输、电子邮件、动态路由协议、地址转换协议等。图 7-1 所示为 TCP/IP 协议栈。

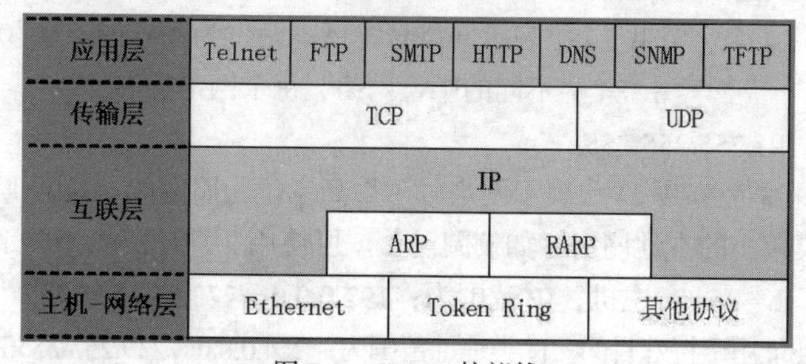

图 7-1　TCP/IP 协议栈

7.2.2 Internet 中的地址标识

在 Internet 中，标识计算机用到 3 个层次的地址：主机名（域名）、IP 地址和网卡地址。这 3

个地址使用的环境不同，但都表示唯一的计算机或者设备。主机名是一些有意义的字符串，便于人们记忆和使用。IP地址是一个4个字节的有一定结构的数字，必须经过专门机构的分配，适合于管理和网间寻址。网卡地址是固化在网卡上的一个网卡编号，出厂时就确定了，在分布上没有规律，网卡能够自动识别，适合于网内寻址。这3个地址的关系有点类似于移动电话中的地址簿、电话号码和号码卡编号。地址簿是为了方便电话使用者而引入的，用户拨号时只需指明对方姓名，由系统自动转换成电话号码，根据电话号码在移动电话网络中寻址，到达该卡（手机）的接入点，最后由接入点指定该卡的号码卡编号（号码卡编号是固化在卡上的编号，手机在收发信息时是以该编号为依据的），把信息发出去，手机就可以收到信息了。

1. 网卡地址

每块网卡在生产时，由厂商指定一个6字节的编号，固化在网卡上面，网卡在收发数据时是按照该编号进行的。该编号也称为物理地址或者MAC地址。网卡编号在地理分配上没有规律，在主机数量不多的局域网内部，作为直接交付的寻址依据。但在整个Internet网络中，数据必须穿越多个网络才能到达目的主机所在的网络，对于这种穿越网络的网间寻址，必须引入可以配置、可以管理的逻辑地址——IP地址。

2. IP地址

IP地址是Internet使用的网络地址，符合TCP/IP规定的地址方案，这种地址方案与日常生活中涉及的通信地址和电话号码相似，涉及Internet服务的每一环节。IP要求所有参加Internet的网络结点要有一个统一规定格式的地址，简称IP地址。这个IP地址在整个Internet网络中是唯一的。

（1）IP地址的格式

IP地址可表达为二进制格式和十进制格式。二进制的IP地址为32位，分为4个8位二进制数，如11010010、00100110、00000011、00000100。十进制表示是为了使用户和网管人员便于使用和掌握。每8位二进制数用一个十进制数表示，并以小数点分隔。例如，上例用十进制表示为210.38.3.4。注意，用点分记法的IP地址，需用3个点隔开4个十进制数字，每个数字的取值范围是0～255，如1.2.3.258、1.2.3、1.2.3.4.5都是错误的。

（2）IP地址的分类

IP地址由网络号和主机号两部分组成，根据网络号范围可分为A类、B类、C类、D类和E类。

A类IP地址采用1个字节共8位表示网络号（最高位为0，余下的7位可表示不同的网络号），3个字节共24位表示主机号，可使用$2^{8-1}-2=126$个不同的大型网络，每个网络拥有$2^{24}-2=$ 16 774 214台主机，IP范围为：1.0.0.0～126.255.255.255。

B类IP地址采用2个字节共16位表示网络号（最高两位为固定的“10”），2字节共16位表示主机号，可使用$2^{16-2}-2=$ 16 384个不同的中型网络，每个网络拥有$2^{16}-2=$ 65 534台主机，IP范围为：128.0.0.0～191.255.255.255。

C类IP地址采用3字节共24位表示网络号（最高三位为固定的“110”），1字节8位表示主机号，一般用于规模较小的本地网络，如校园网等。可使用$2^{24-3}-2=$ 2 097 152个不同的网络，每个网络可拥有$2^{8}-2=254$台主机，IP范围为：192.0.0.0～223.255.255.255。

D类和E类IP地址用于特殊目的。D类地址范围为：224.0.0.0～239.255.255.255，称为组播地址。E类IP地址范围为：240.0.0.0～255.255.255.255，是一个用于实验的地址范围，并不用于实际的网络。

为了确保IP地址在Internet上的唯一性，IP地址统一由各级网络信息中心（Network Information Center，NIC）分配。NIC面向服务和用户（包括不可见的用户软件），在其管辖范围内设置各类服务器。国际级的NIC中的RIPENIC负责欧洲地区的IP地址分配，APNIC负责亚太地区的IP地址分配，

INTERNIC 负责美国及其他地区的 IP 地址分配。

（3）网络掩码

网络掩码的作用是识别网络号，判别主机属于哪一个网络，用一个 32 位的二进制数表示，也采用点分十进制记法。

设置子网掩码的规则：凡 IP 地址中表示网络地址部分的那些位，在网络掩码的对应位上置 1，表示主机地址部分的那些位设置为 0。A、B、C 3 类 IP 地址的网络掩码分别为：255.0.0.0、255.255.0.0、255.255.255.0。例如有 IP 地址 210.38.208.168，其第 1 字节 210 化为二进制为 11010010，高 3 位为“110”，因此该 IP 地址属于 C 类地址，其子网码为 255.255.255.0。

从以上描述可以看出 IP 地址的数量是有限的。理论上可以使用的 IP 地址为 2^{32}，约 46 亿个，但实际最多可以被使用的 IP 地址约为 37 亿个。由于 Internet 的快速发展，导致接入的计算机数量飞速增长，IP 地址面临枯竭的危险。为了解决这个问题，新的 IP 版本 IPv6 已经推出，并正在逐步取代现有的 IPv4。IPv6 保持和原有 IPv4 的兼容，同时把 IP 地址的位数增加到 128 位，这样就可以有更多的 IP 地址被使用了。

3. 域名系统

IP 地址用数字表示不便于记忆，另外从 IP 地址上看不出拥有该地址的组织的名称或性质，同时也不能根据公司或组织名称或组织类型来猜测其 IP 地址。由于这些缺点，出现了域名系统，域名系统用字符来表示一台主机的通信地址，如 cn 代表中国的计算机网络，cn 就是一个域。域下面按领域又分子域，子域下面又有子域。在表示域名时，自右到左结构越来越小，用圆点“.”分开。例如，hstc.edu.cn 是一个域名，cn 是表示“中国”的顶级域名，edu 表示网络域 cn 下的一个子域，hstc 则是 edu 的一个子域。同样，一个计算机也可以命名，称为主机名。在表示一台计算机时把主机名放在其所属域名之前，用圆点分隔开，形成主机地址，便可以在全球范围内区分不同的计算机了。例如，ftp.hstc.edu.cn 表示 hstc.edu.cn 域内名为 ftp 的计算机。国家和地区的域名常使用两个字母表示。域名地址在 Internet 实际运行时由专用的服务器转换为 IP 地址，这种转换工作称为 DNS（Domain Naming System）服务。

（1）域名的格式

在 DNS 中，域名采用分层结构。整个域名空间成为一个倒立的分层树形结构，每个节点上都有一个名字，每个主机域名序列的节点间用圆点“.”分隔。典型的结构为：“计算机主机名.机构名.网络名.顶级域名”。

Internet 规定通用标准，从最顶层至最下层，分别称之为顶级域名、二级域名、三级域名……

顶级域名代表某个国家、地区或大型机构的结点；二级域名代表部门系统或隶属一级区域的下级机构；三级及其以上的域名，是本系统、单位名称；最前面的主机名是计算机的名称。较长的域名表示是为了唯一地标识一个主机，并说明需要经过更多的结点层次，与日常通信地址的国家、省、市、区县行政结构很相似。根据各级域名所代表含义的不同，可以分为地理性域名和机构性域名，掌握它们的命名规律，可以方便地判断一个域名和地址名称的含义及该用户所属网络的层次。表 7-1 列出了标识机构性质的组织性域名的标准。

通常见到的许多域名地址的从右往左数的第二部分才是表 7-1 中给出的标识机构性质的部分。这时，域名地址的右边第一部分是域名的国别代码。如韩山师范学院 WWW 服务器的域名是 www.hstc.edu.cn，其中 www 指主机名，hstc 代表学校名称，edu 表示教育机构，cn 代表中国。表 7-2 列出了部分地理性域名的代码。

大多数美国以外的域名地址中都有国别代码，美国的机构则直接使用顶级域名。

表 7-1　　机构性质域名的标准

域　名	含　义	域　名	含　义
com	商业机构	mil	军事机构
edu	教育机构	net	网络服务提供者
gov	政府机构	org	非营利组织
int	国际机构（主要指北约组织）		

表 7-2　　地理性域名的标准

域　名	国家和地区	域　名	国家和地区	域　名	国家和地区
au	澳大利亚	fl	芬兰	nl	荷兰
be	比利时	fr	法国	no	挪威
ca	加拿大	hk	中国香港	nz	新西兰
ch	瑞士	ie	爱尔兰	ru	俄罗斯
cn	中国	in	印度	se	瑞典
de	德国	it	意大利	tw	中国台湾
dk	丹麦	jp	日本	uk	英国
es	西班牙	kp	韩国	us	美国

（2）中文域名

前面用英文字母表示域名对于不懂英文的用户来讲使用还是很不方便，2000 年 11 月 7 日，CNNIC（中国网络互联信息中心）中文域名系统开始正式注册，正式启用时间大概在一个月之后。现在中文域名的使用分 2 种情况：第一种是使用“中文域名.cn”等以英文结尾的域名，用户不用下载任何客户端软件，Internet 服务提供者也不用做任何的修改，就可以实现对“cn”结尾的中文通用域名的正确访问。第二种是“中文域名.中国”、“中文域名.公司”等纯中文域名的使用，要实现对这种纯中文域名的正确访问，ISP 需要做相应的修改，以便能够正确解析中文域名。同时，CNNIC 也提供了专用服务器，用户只要将浏览器的 DNS 设置指向这台服务器，同样可以完成对纯中文域名的正确解析。另外，考虑到现在有些 ISP 还没有做修改，而有些用户又不方便将 DNS 设置指向 CNNIC 提供的服务器，纯中文域名会被加上.cn 后缀，即对每一个纯中文域名同时有两种形式：纯中文域名和纯中文域名 cn，如“信息中心.网络”和“信息中心.网络.cn”。这样即使 ISP 还没有做相应的修改，用户也能正确使用中文域名。

在 CNNIC 新的域名系统中，将同时为用户提供“中国”、“公司”和“网络”结尾的纯中文域名注册服务。其中注册“中国”的用户将自动获得“cn”的中文域名，如注册“北京大学.中国”，将自动获得“北京大学.cn”。

7.3　Internet 的连接与测试

7.3.1　Internet 接入服务提供商

Internet 服务商又称 Internet 服务提供者（Internet Service Provider，ISP）。例如，美国最大的

ISP 是美国在线。中国最大的 ISP 是前面介绍的有国际出口的中国四大骨干网。一般用户选用中国电信、中国移动接入。

要接入 Internet，必须要向提供接入服务的 ISP 提出申请，也就是说要找一个信息高速公路的入口。一旦与 ISP 联通，要浏览什么网站、使用什么服务都由用户自己决定。

7.3.2 Internet 的连接

从终端用户计算机接入到 Internet 的方式有多种，常用的主要有电话拨号接入、ISDN（Integrated Service Digital Network，综合业务数字网）接入、ADSL（Asymetric Digital Subscriber Line，非对称数字用户环路技术）接入、DDN（Digital Data Network，数字数据网）专线接入（即专线入网）、通过 LAN 接入、Cable-Modem 接入等。

1. 电话拨号接入方式

对于普通用户，最简便的方式是使用 Modem 通过电话线以拨号方式登录到 ISP 的主机，再通过 ISP 的主机入网。

Modem 分为外置式和内置式的，它的作用是在发送端将计算机处理的数字信号转换成能在公用电话网络传输模拟信号，经传输后，再在接收端模拟信号转换成数字信号送给计算机，最终利用公用电话网（PSTN）实现计算机之间的通信。以这种方式上网的用户，每次在连接 Internet 时会被临时分配到一个 IP 地址，这样的地址称为动态 IP 地址。这种上网方式的特点是：安装和配置简单，投入较低，但上网传输速率较低，质量较差，上网时，电话线路被占用，不能拨打和接听电话。这种接入方式适合于家庭或办公室的个人用户上网。

2. 局域网接入方式（LAN）

如果本地的 PC 较多而且有很多人同时需要使用 Internet，可以考虑把这些 PC 连成一个局域网，再通过向 ISP 租用一条专门的线路上网。作为局域网的用户的微机需配置一块网卡，并通过一根电缆连至本地局域网，便可进入 Internet。LAN 接入技术目前已比较成熟，上网速度快，但传输距离短，投资成本较高。

3. ISDN 接入方式

ISDN 即窄带综合数字业务数字网，俗称"一线通"。它采用数字传输和数字交换技术，除了可以用来打电话，还可以提供诸如可视电话、数据通信、会议电视等多种业务，从而将电话、传真、数据、图像等多种业务综合在一个统一的数字网络中进行传输和处理。这种接入方式的特点是：综合的通信业务，利用一条用户线路，就可以在上网的同时拨打电话、收发传真，就像两条电话线一样；由于采用端到端的数字传输，传输质量明显提高；使用灵活方便，只需一个入网接口，使用一个统一的号码，就能从网络得到所需要使用的各种业务。用户在这个接口上可以连接多个不同种类的终端，而且有多个终端可以同时通信；上网速率可达 128kbit/s。但它的速度相对于 ADSL 和 LAN 等接入方式来说，还是不够快。

4. ADSL 接入方式

ADSL 是一种能够通过普通电话线提供宽带数据业务的技术，也是目前发展速度极快的一种接入技术。ADSL 素有"网络快车"之美誉，因其下行速率高、频带宽、性能优、安装方便、不需缴纳电话费等特点而深受广大用户喜爱，成为继 Modem、ISDN 之后的又一种全新的高效接入方式。ADSL 的最大特点是不需要改造信号传输线路，完全可以利用普通铜质电话线作为传输介质，配上专用的 Modem 即可实现数据高速传输，且不影响电话的使用。ADSL 上行（从用户到网络）速率可达 1Mbit/s，下行（从网络到用户）速率可达 8Mbit/s，目前家庭宽带上网用户多采用该技术。

5. DDN 接入方式

DDN 是利用光纤、数字微波、卫星等数字信道，以传输数据信号为主的数字通信网络，它利用数字信道提供永久性连接电路，可以提供 2Mbit/s 及 2Mbit/s 以内的全透明的数据专线，并承载语音、传真、视频等多种业务。它的特点是传输速率高，在 DDN 内的数字交叉连接复用设备能提供 2Mbit/s 或 $n \times 64$kbit/s（≤2Mbit/s）速率的数字传输信道；传输质量较高，网络时延小；协议简单，采用交叉连接技术和时分复用技术，可以支持数据、语音、图像传输等多种业务。它不仅可以和用户终端设备进行连接，也可以和用户网络连接，为用户提供灵活的组网环境。

6. 光纤接入方式

光纤接入是指 ISP 端与用户之间完全以光纤作为传输介质。光纤接入可以分为有源光接入和无源光接入。目前，光纤传输的复用技术发展相当快，多数已处于实用化。它是一种理想的宽带接入方式，特点是：可以很好地解决宽带上网的问题，传输距离远，速度快、误码率低、不受电磁干扰，保证了信号传输质量。

7. 无线接入方式

由于铺设光纤的费用很高，且地点比较固定，对于需要移动宽带接入的用户，一些城市提供无线接入。用户通过高频天线和无线网卡与无线网络连接，距离在 10km 以内，带宽为 2～11Mbit/s。这种接入方式速度较快，具有相当的灵活性，非常适合商务人员出差时在机场、车站、酒店等地方使用。

8. Cable-Modem 接入方式

Cable-Modem（线缆调制解调器）是近几年开始试用的一种超高速 Modem，它利用现成的有线电视（CATV）网进行数据传输，已是比较成熟的一种技术。随着有线电视网的发展壮大和人们生活质量的不断提高，通过 Cable-Modem 利用有线电视网访问 Internet 已成为越来越受人们关注的一种高速接入方式。Cable-Modem 连接方式可分为两种：对称速率型和非对称速率型。前者的上行速率和下行速率相同，都在 500kbit/s～2Mbit/s 之间；后者的上行速率在 500kbit/s～10Mbit/s 之间，下行速率为 2bit/s～40Mbit/s。但购买 Cable-Modem 和初装费都不算很便宜，这些都阻碍了 Cable-Modem 接入方式在国内的普及。但是，它的市场潜力是很大的，毕竟我国 CATV 网已成为世界第一大有线电视网，其用户已突破 1 亿。

7.3.3 查看本地网络连接

主机上网有很多种连接方式，通过网卡和无线网卡上网是家庭上网比较常见的方式。在 Windows7 中，如何查看本机有哪些网络连接及这些连接的状态呢？方法如下。

如电脑安装了无线网卡，则在任务栏中显示“无线信号强度状态”的图标，如图 7-2 中的圆圈所指。如单击该图标，则显示出搜索到的无线网络情况，如图 7-2 所示，如搜索到多个无线网络，在这里可以选择要启用的无线网络。在圆圈所指的图标上点鼠标右键，弹出菜单选【打开网络和共享中心】选项，如图 7-3 所示。

打开“查看基本网络信息并设置连接”窗口，如图 7-4 所示，在该窗口中可以看到本地连接（有线网卡）和当前无线连接，可以单击它们进行设置。

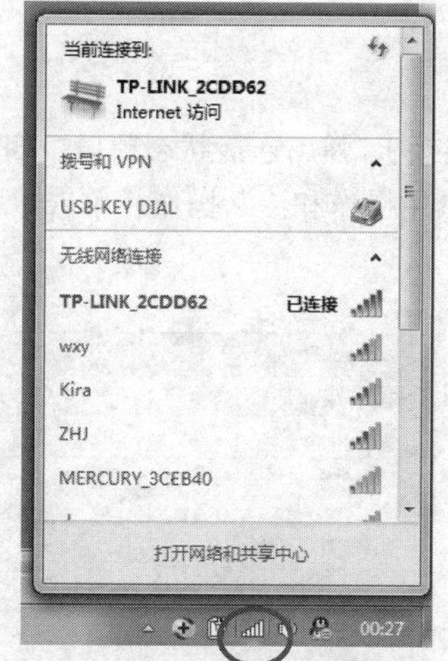

图 7-2 无线信号强度状态图标

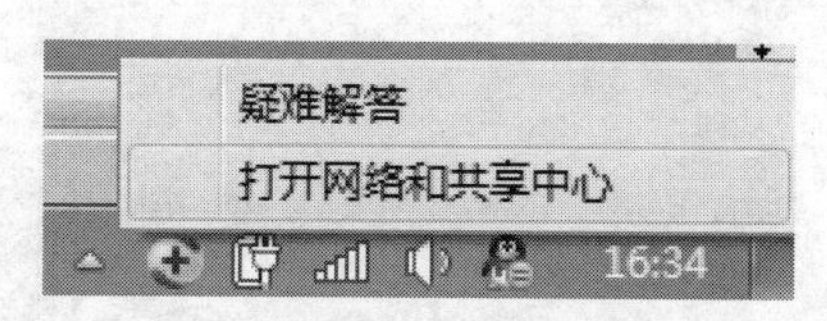

图 7-3 打开网络和共享中心

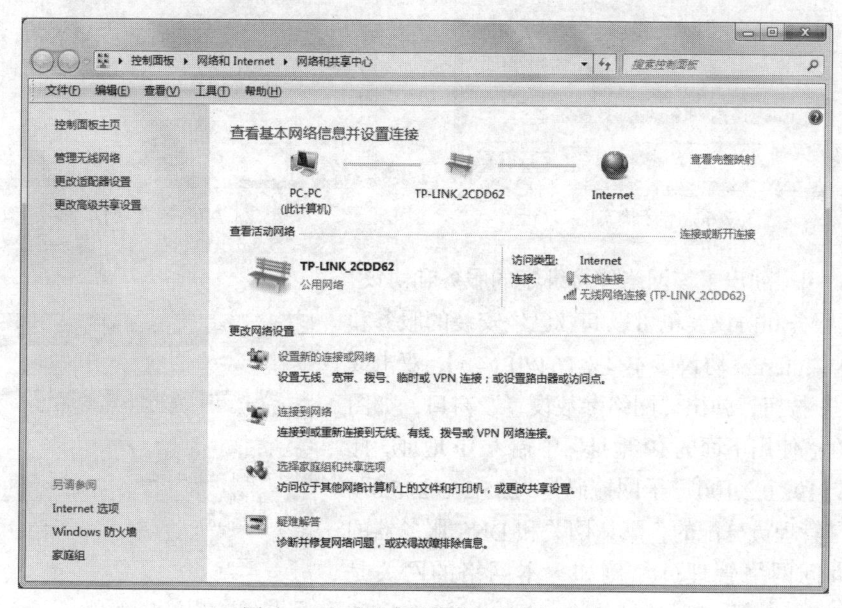

图 7-4 查看基本网络信息并设置连接

单击【本地连接】或者【无线网络连接】就可以打开网络参数设置界面了。具体设置见 7.3.4 小节。

如果电脑没有安装无线网卡，任务栏中不显示“无线信号强度状态”的图标，要打开“网络和共享中心”需在控制面板中进行，方法如下。

在“开始”菜单中，选择【控制面板】，弹出如图 7-5 所示的窗口，选择【网络和 Internet】功能，也可以打开如图 7-4 所示的“查看基本网络信息并设置连接”窗口。

图 7-5 控制面板

7.3.4 IP 地址设置

在图 7-4 中单击【本地连接】或者【无线网络连接】，弹出连接状态窗口，如图 7-6 所示。在该窗口中，可以对对应的网络连接进行属性设置、禁用操作和诊断操作。单击【属性】按钮，进入属性设置窗口，如图 7-7 所示。

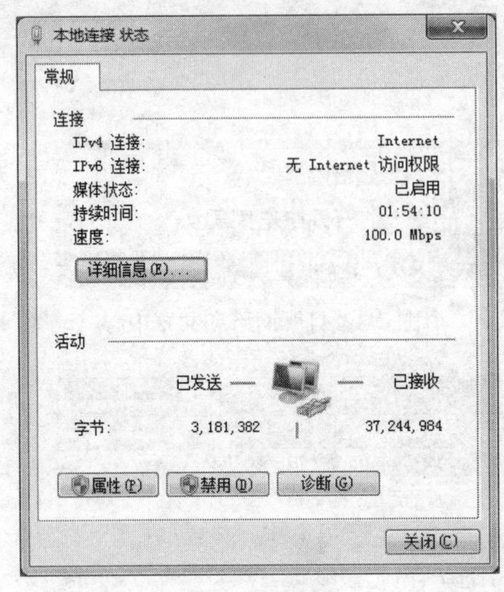

图 7-6 连接状态

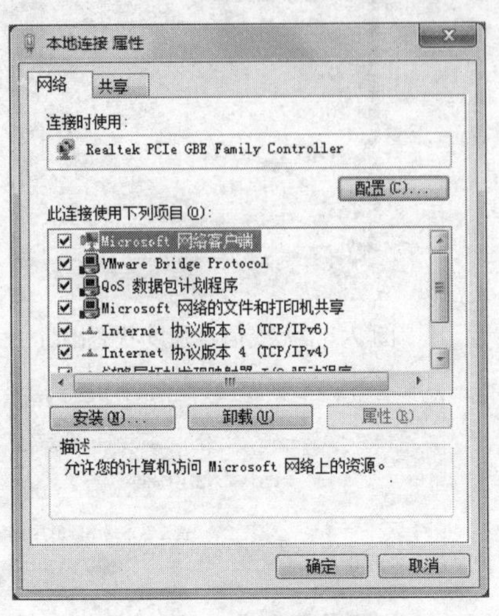

图 7-7 连接属性

在图 7-7 中，列出了该网络连接绑定的服务和协议，可以安装新服务和协议，也可以卸载已经安装的服务和协议。选中【Internet 协议版本 4（TCP/IPv4）】，双击或单击【属性】按钮，弹出“网络参数设置”窗口，如图 7-8 所示。在“使用下面的 IP 地址”中输入 IP 地址，此处我们输入“192.0.2.100”，子网掩码是“255.255.255.0”。此 IP 地址是管理员分配的，默认网关和 DNS 服务器的地址也要询问网络管理员。例如，本网络的网关是“192.0.2.1”，DNS 服务器地址为“210.38.208.130”和“210.38.208.50”。当网络中有自动分配网络参数功能时，可以将单选框“自动获取 IP 地址”选中，关闭该窗口后，系统自动寻找 DHCP 服务器（可以自动分配网络参数的服务器），获取相关网络参数，完成自我配置。此功能称为网络的“即插即用”功能，方便网络用户，也方便了管理人员。

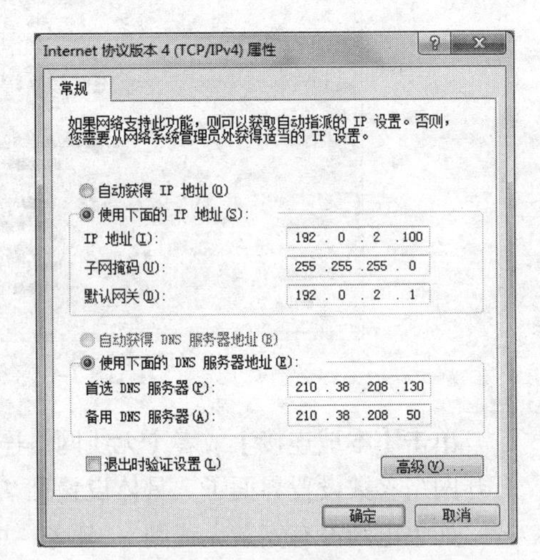

图 7-8 网络参数设置窗口

7.3.5 Internet 的测试

网络连接完后，还要对网络进行测试。ping 是 Windows 系列自带的一个可执行命令。利用它可以检查网络是否能够连通，用好它可以很好地帮助我们分析判定网络故障。一般的测试可以从两个方面来进行。

1. 测试网卡的设置是否正确

在 Windows7 操作系统中单击【开始】→【所有程序】→【附件】→【命令提示符】，进入命令行窗口。如本机的 IP 地址是 192.0.2.100，就输入

```
ping 192.0.2.100
```

如果屏幕上出现图 7-9 所示信息，那就表明网卡设置没有错误。如果出现其他信息，就表明网卡的设置有问题，需要重新检查所有的参数。

```
C:\Documents and Settings\Administrator>ping 192.0.2.100
Pinging 192.0.2.100 with 32 bytes of data:
Reply from 192.0.2.100: bytes=32 time<1ms TTL=64
Reply from 192.0.2.100: bytes=32 time=5ms TTL=64
Reply from 192.0.2.100: bytes=32 time<1ms TTL=64
Reply from 192.0.2.100: bytes=32 time=2ms TTL=64
Ping statistics for 192.0.2.100:
    Packets: Sent = 4, Received = 4, Lost = 0 (0% loss),
Approximate round trip times in milli-seconds:
    Minimum = 0ms, Maximum = 5ms, Average = 1ms
```

图 7-9　ping 本机结果显示

2. 检查网络是否通畅

如果网卡设置没有错误，就应该测试网络是否通畅。可以用“Ping 网关 IP”的方法。例如，接上例，在命令行窗口中输入：ping 192.0.2.1。执行后，如果显示类似图 7-9 所示的信息，则表明局域网中的网关路由器正在正常运行。如果出现如图 7-10 所示的信息，则说明本机到网关的连接有问题，这时候是没办法上网的。

```
C:\Documents and Settings\Administrator>ping 192.0.2.1
Pinging 192.0.2.1 with 32 bytes of data:
Request timed out.
Request timed out.
Request timed out.
Request timed out.
Ping statistics for 192.0.2.1:
    Packets: Sent = 4, Received = 0, Lost = 4 (100% loss)
```

图 7-10　ping 网关结果显示连接有问题

7.4　Internet 提供的服务

7.4.1　WWW 服务

WWW（World Wide Web，环球信息网）俗称万维网、3W 或 Web，是一个基于超文本（HyperText）方式的信息检索服务工具。它是由欧洲粒子物理实验室（CERN）研制的，将位于全世界 Internet 网络上不同地点的相关资源有机地编织在一起。WWW 提供友好的信息查询接口，

用户仅需要提出查询要求，而到什么地方查询及如何查询则由 WWW 自动完成。因此，WWW 为用户带来的是世界范围的超级文本服务，只要操纵计算机的鼠标，用户就可以通过 Internet 从全世界任何地方调来所希望得到的文本、图像（包括活动影像）、声音等信息。另外，WWW 还可提供“传统的”Internet 服务：Telnet（远程登录）、FTP（文件传输）、Gopher（一种由菜单式驱动的信息查询工具）和 Usenet News（电子公告牌服务）。通过使用 WWW，一个不熟悉网络技术的人也可以很快在网络世界中冲浪。WWW 是当前 Internet 上最受欢迎、最为流行、最新的信息检索服务系统，带来了信息社会的革命。

WWW 的成功在于它制定了一套标准的、易为人们掌握的超文本开发语言（HTML）、信息资源的统一定位格式（URL）和超文本传送通信协议（HTTP）。

1．网页

Internet 上 WWW 站点的信息由一组精心设计制作的页面组成，一页一页地呈现给观众，类似于图书的页面，叫做网页或 Web 页。网页上是一些连续的数据片段，包含普通文字、图形、图像、声音、动画等多媒体信息，还可以包含指向其他网页的链接。正是因为有了链接才能将遍布全球的信息联系起来，形成浩瀚如烟的信息网。

站点的第一个页面，称为主页（HomePage），它是一个站点的出发点，一般通过主页即可进入该站点的其他页面，或单击主页上的链接访问其他 WWW 网址上的页面。

2．HTML

HTML（Hyper Text Mark-up Language）即超文本标记语言，是 WWW 的描述语言，所有 WWW 的页面都是用 HTML 编写的超文本文件。超文本文件是包含有链接的文件。设计 HTML 语言的目的是为了能把存放在一台计算机中的文本或图形，与另一台计算机中的文本或图形方便地联系在一起，形成有机的整体，人们不用考虑具体信息是在本地计算机上还是在远程的计算机上。在浏览一个页面时总会看见有些文字或其他对象，当鼠标放在这些对象上时，指针会由“箭头”状变成“小手”状，当单击鼠标时会进入新的页面，这就是超级链接。HTML 命令包括文字、图形、动画、声音、表格、链接，甚至程序。

3．URL

HTML 采用“统一资源定位”（Uniform Resource Location，URL）来表示超媒体之间的链接。URL 的作用就是指出用什么方法、去什么地方、访问哪个文件。不论身处何地、用哪个计算机，只要输入同一个 URL，就可以得到相同的资源（一般的资源是网页或者其他格式的文件）。现在几乎所有 Internet 的文件或服务都可以用 URL 表示。URL 由双斜线分成两部分，前一部分指出访问方式，后一部分指明文件或服务所在服务器的地址及具体存放位置。

URL 的表示方法为：协议://[用户名:口令@]主机地址[:端口号][/路径/文件名]

用中括号括起来的部分有时可以省略以方便使用。

WWW 上的协议方式及功能见表 7-3。

表 7-3　　URL 上的各种协议方式

协 议 方 式	功　能
HTTP	采用超文本传输协议 HTTP 访问 WWW 服务器
file	将远程服务器上的文件传送到本地显示
ftp	以 ftp 文件传输协议访问 FTP 服务器
mailto	向指定地址发送电子邮件

续表

协 议 方 式	功　能
news	阅读 USENET 新闻组
telnet	远程登录访问某一站点

访问时采用的端口地址，一般可以省略掉。如果该 URL 支持匿名访问，“用户名和口令”可以省略。如果我们要访问的是某网站的首页，“路径/文件名”也可以省略，这时访问的文件一般是该站点的“index.html”文件。

下面是一些 URL 的例子：

ftp://ftp1.hstc.edu.cn/Soft/cai.rar，表示连接到 ftp1.hstc.edu.cn 这台 FTP 服务器上。

http://www.hstc.edu.cn，表示连接到 www.hstc.edu.cn 这台 WWW 服务器上。

mailto:tom@mail.hstc.edu.cn，表示向 tom@mail.hstc.edu.cn 发送电子邮件。

4. 客户机/服务器方式

WWW 由 3 部分组成，即客户机（Client）、服务器（Server）和 HTTP（超文本传输协议）。它是以 Client/ Server 方式工作的，实际的工作过程就是客户机向服务器发送一个请求，并等待从服务器上得到响应，该请求通过网络传送到远程的服务器，服务器负责管理信息并对来自客户机的请求做出回答。客户机与服务器都使用 HTTP 传送信息，而信息的基本单位就是网页，当选择一个超链接时，WWW 服务器就会把超链接所附的地址读出来，然后向相应的服务器发送一个请求，要求相应的文件，最后服务器对此做出响应将超文本文件传送给用户。在访问 WWW 服务器时，用户不用知道该服务器在什么地方，网络能够利用其强大的路由能力，找到并把请求信息递交给该服务器。

5. WWW 浏览器

要想在 WWW 的信息海洋中畅游，必须在自己的计算机（客户端）上安装一种叫作浏览器的软件。WWW 浏览器的使用很直观，并能在许多平台上运用。用户只需在客户端的浏览器上使用鼠标或键盘，选择超文本或输入搜索关键字，WWW 服务器就会按照信息链提供的线索，为用户寻找有关信息，并把结果回送到客户端的浏览器，显示给用户。WWW 浏览器不仅是 HTML 文件的浏览软件，也是一个能实现 FTP、Mail、News 的全功能的客户软件。

常用的全图形界面的 WWW 浏览器主要有两种，一种是 Netscape 公司开发的 Navigator 系列，另一种是 MicroSoft 公司开发的 Internet Explorer（IE）系列，这两种浏览器基本功能大体相同。

7.4.2　文件传输服务

文件传输（File Transfer Protocol，FTP）服务解决了远程传输文件的问题，Internet 上的两台计算机在地理位置上无论相距多远，只要两台计算机都加入 Internet 并且都支持 FTP，它们之间就可以进行文件传送。用户既可以把服务器上的文件传输到自己的计算机上（下载），也可以把自己计算机上的信息发送到远程服务器上（上传）。

FTP 实质上是一种实时的联机服务。用户只能进行与文件搜索和文件传送等有关的操作。用户登录到目的服务器上就可以在服务器目录中寻找所需文件。FTP 几乎可以传送任何类型的文件，如文本文件、二进制文件、图像文件、声音文件等。匿名 FTP 是重要的 Internet 服务之一。匿名登录不需要输入用户名和密码，许多匿名 FTP 服务器上都有免费的软件、电子杂志、技术文档、科学数据等供人们使用。匿名 FTP 一般只提供文件下载功能而不开放文件上传功能。

7.4.3 电子邮件服务

电子邮件（Electronic Mail）亦称 E-mail，是 Internet 上使用最广泛和最受欢迎的服务，它是网络用户之间进行快速、简便、可靠且低成本联络的现代通信手段。

电子邮件使网络用户能够发送和接收文字、图像和语音等多种形式的信息。使用电子邮件的前提是拥有自己的电子信箱，即 E-mail 地址，电子信箱是提供电子邮件服务的机构为用户建立的一个专门用于存放往来邮件的磁盘存储区域（目录）。用户在本地写好邮件，发送时，先保存在该用户的电子信箱所在的邮件服务器上，由该服务器与收信人所在的邮件服务器建立网络连接，收信人所在的邮件服务器做了一系列的验证后（包括确定收信人地址有没有错，该信是否是垃圾邮件，收信人的邮箱剩余容量是否能容纳该信件等），把该邮件拷贝到收信人所在的邮件目录下。收信人登录进自己的邮件服务器时，就知道自己有一封新邮件，就可以阅读该邮件了。

7.4.4 远程登录服务

远程登录（Remote-login）是 Internet 提供的最基本的信息服务之一，它是指允许一个地点的用户与另一个地点的计算机上运行的应用程序进行交互对话，通俗讲就是远距离操纵别的机器，实现自己的需要。Telnet 协议是 TCP/IP 中的终端机协议。Telnet 使我们能够从与网络连接的一台主机进入 Internet 上的任何计算机系统，只要我们是该系统的注册用户，就可以像使用自己的计算机一样使用该计算机系统。在远程计算机上登录，必须事先成为该计算机系统的合法用户并拥有相应的账号和口令。登录成功后，用户便可以实时使用该系统对外开放的功能和资源。Telnet 是一个强有力的资源共享工具，许多大学图书馆都通过 Telnet 对外提供联机检索服务，一些政府部门、研究机构也将它们的数据库对外开放，使用户通过 Telnet 进行查询。例如，共享它的软硬件资源和数据库，使用其提供的 Internet 的信息服务，如 E-mail、FTP、Archie、Gopher、WWW、WAIS 等。Telnet 也是一个强有力的远程管理工具，如网络管理员可以使用 Telnet 进行网络设备的远程配置和检测。

7.4.5 信息讨论和公布服务

由于 Internet 上有许许多多的用户，使其成为人相互联系、交换信息和发表观点以及发布信息的场所，如电子公告板系统（BBS）、网络新闻（USENET）、对话（TALK）等，就是为那些对共同主题感兴趣的人们相互讨论、交换信息的场所。

1. 电子公告牌

BBS（Bulletin Boards System）是 Internet 上的电子公告牌系统，实质上是 Internet 上的一个信息资源服务系统。提供 BBS 服务的站点叫 BBS 站，BBS 通常是由某个单位或个人提供的，Internet 上的电子公告牌相对独立，不同的 BBS 站点的服务内容差别很大，用户可以根据它提供的菜单，浏览信息、收发电子邮件、提出问题、发表意见、在网上交谈等。根据建立网站的目的和对象的不同可以建立各种 BBS 网站，它们彼此之间没有特别的联系，但有些 BBS 之间可以相互交换信息。有些 BBS 系统能对一些敏感字眼进行过滤。

2. 网络新闻服务

网络新闻（Network News）通常又称作 Usenet，它是具有共同爱好的 Internet 用户相互交换意见的一种无形的用户交流网络，它相当于一个全球范围的电子公告牌系统。

网络新闻是按不同的专题组织的。参与者以电子邮件的形式提交个人的意见和建议，只要用户的计算机运行一种称为“新闻阅读器”的软件，就可以通过 Internet 随时阅读新闻服务器提供的各类消息，并可以将用户的建议提供给新闻服务器，以便作为一条消息发送出去。值得注意的是，这里所谓的“新闻”并不是通常意义上的大众传播媒体提供的各种新闻，而是在网络上开展的对各种问题的研究、讨论和交流。如果用户想向 Internet 上的素不相识的专家请教，那么网络新闻则是最好的途径。

7.5　浏览器操作

浏览器是一种用于搜索、查找、查看和管理网络上的信息的带图形交互界面的应用软件，常用的浏览器软件很多，常用的有 Microsoft 公司的 Internet Explorer 浏览器（又称 IE）和 Netscape 公司开发的 Netscape Communicator。本书将介绍 Internet Explorer 浏览器。

7.5.1　IE 浏览器的基本操作

1. 启动 IE 及窗口组成

双击桌面上的 Internet Explorer 图标启动 IE，出现如图 7-11 所示的窗口，该窗口由标题栏、菜单栏、工具栏、地址栏、主窗口、状态栏等组成。

图 7-11　IE 窗口

① 标题栏。标题栏位于屏幕最上方，显示标题名称，标题显示内容是当前浏览的网页名称。标题栏最左边是系统菜单，最右面有“最大化”、“最小化”、“关闭”按钮。

② 菜单栏。菜单栏提供了 IE 浏览器的若干命令，有文件、编辑、查看、收藏、工具、帮助等 6 个菜单项，通过菜单可以实现对网页文件的保存、复制、打印、收藏等操作。

③ 工具栏。工具栏位于菜单栏下方，包括一系列最常用的工具按钮，如后退、前进、停止、刷新、主页、搜索、收藏、历史、邮件、打印等常用菜单命令的功能按钮，能实现对各种功能的快速操作。

④ 地址栏。地址栏显示当前打开网页的URL地址。还可在地址栏输入要访问站点的网址，单击右侧的下拉式按钮，还可弹出以前访问过的网络站点的地址清单，供用户选择。输入或选择正确的网址后，按回车键或者单击右侧的【转到】按钮，即可打开该页面。

⑤ 主窗口。主窗口用于显示和浏览当前打开的页面，网页中有超级链接项，单击可跳转到相应的网页，浏览其中的内容。

⑥ 状态栏。状态栏用于反映当前网页的运行状态的信息。

2. 设置浏览器主页

浏览器主页是指每次启动IE时默认访问的页面，如果希望在每次启动IE时都进入"搜狐"的页面，可以把该页设为主页。具体操作步骤如下。

① 在菜单中选择【工具】→【Internet选项】命令。

② 在"常规"卡的主页地址中输入"http://www.hstc.edu.cn"，单击【确定】按钮，如图7-12所示。

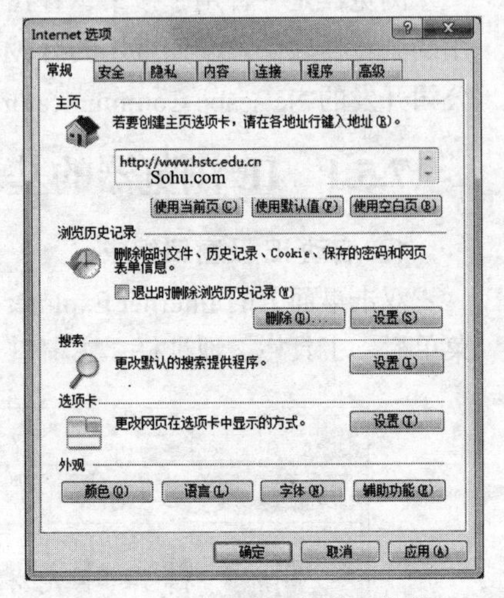

图7-12 "Internet选项"对话框

3. 浏览网页

用鼠标单击IE浏览器图标，就可打开主页，地址栏是输入和显示网页地址的地方，如果用户在上网之前了解了一些网址，可以直接在浏览器的地址栏中输入已知的网址来访问该网页。当鼠标在网页上移动时，鼠标指针变成手形状，这就是超级链接，单击鼠标可以打开相应的链接。浏览网页时，当主页的内容超出一个页面，一屏显示不下时，可用右边的垂直滚动条来前后翻页，或者用窗口下边的水平滚动条来左右翻页。

在打开网页中某个链接时，为了保持原有的窗口内容，可以使新打开的网页在新窗口中显示。操作时只需用鼠标右键单击链接文本或图片，在快捷菜单中选择【在新窗口中打开】即可。

4. 通过历史记录浏览网页

在IE浏览器的历史栏中，保存着用户最近浏览过的网站的地址。如果用户要访问曾经浏览过的网站，可以在历史记录栏中快速地选择地址。

在工具栏上，单击【历史】按钮，在浏览器中就会出现历史记录栏，其中包含了在最近访问过的Web页和站点的链接。要显示历史记录栏，也可以操作菜单:【查看】→【浏览器栏】→【历史记录】。在历史记录栏中，单击【查看】按钮选择日期、站点、记问次数或当天的访问次序，单击文件夹以显示各个Web页，再单击Web图标显示该Web页。

5. 收藏夹操作

（1）添加到收藏夹

用户在上网过程中经常会遇到自己喜欢的网站，为了方便以后能方便地访问这个网站，通常采取记下该网站网址的方法，为此IE为用户提供了一个保存网址的工具——收藏夹。

① 添加到收藏夹，具体操作步骤如下。

打开一个需要保存的网页。

在菜单中选择【收藏】→【添加到收藏夹】命令，弹出“添加到收藏夹”对话框，如图 7-13 所示。

在“添加到收藏夹”对话框中可以为收藏的页面命名。浏览器默认把当前网页的标题作为收藏的页面的名称，用户也可以自己输入，单击【确定】按钮，所选择的页面就保存在 IE 浏览器的收藏夹中。

② 打开中收藏的网页，具体操作步骤如下。

单击工具栏中的【收藏】按钮或菜单栏中的【收藏】命令。

单击相应的名称项即可打开相应的网页。

（2）整理收藏夹

选择【收藏】→【整理收藏夹】命令，弹出标题为“整理收藏夹”的对话框，如图 7-14 所示。

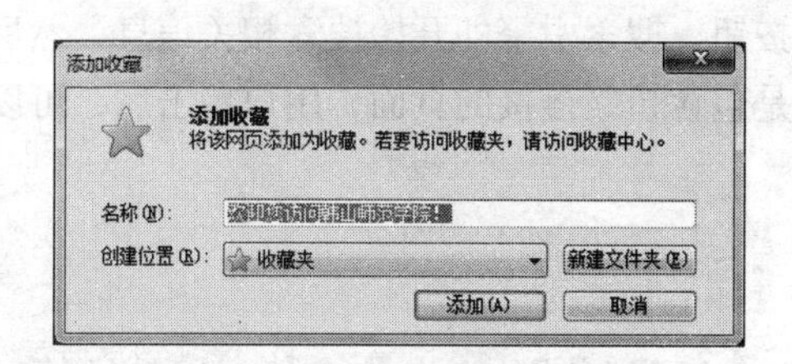

图 7-13 “添加到收藏夹”对话框

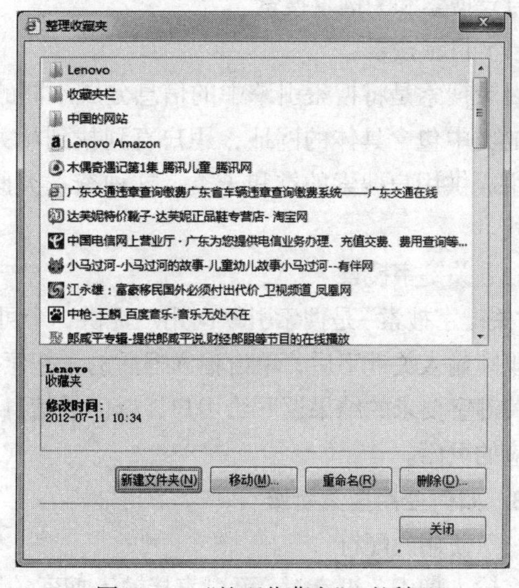

图 7-14 “整理收藏夹”对话框

在此对话框中，可以进行创建文件夹、重命名文件夹、移至文件夹和删除操作。通过文件夹为所收藏的页面进行归类，便于日后查找。

（3）使用收藏夹

想访问“收藏”中的网页，在连网的情况下，只需单击 IE 菜单栏中的【收藏】按钮，在弹出的下拉菜单中选择保存网页的收藏夹名或网页名即可。当不想再保留某个网页时，可单击【收藏】菜单项中的【整理收藏夹】命令，选中要删除的网页名称，单击下面的【删除】按钮即可。

7.5.2 网页搜索

Internet 在不断扩大，它几乎有无尽的信息资源供查找和利用，如何从大量的信息资源中迅速、准确地找到自己需要的信息就显得尤为重要。下面就来介绍一下网页的搜索方法。

1. 利用 IE 进行简单搜索

IE 本身提供了一些默认的搜索工具，在 IE 浏览器上的搜索工具搜索信息是最简单的搜索方式，使用 IE 搜索网络资源有两种方法。

① 在地址栏中输入关键字或关键词进行搜索。启动 IE 浏览器后，在地址栏中输入希望查询的网络关键字或关键词，然后按【Enter】键，页面上就会列出与输入的关键字或关键词相关的网页站点的列表，单击其中一个就会链接到相应的站点。

② 单击工具栏上的【搜索】按钮进行搜索。在工具栏上，单击【搜索】按钮，在浏览器窗口左侧是就会出现搜索对话框，在“搜索”对话框的“请选择要搜索的内容”选项组中，选中一个单选按钮，在“请输入查询关键词”文本框中输入要搜索的关键字或关键词，然后单击【搜索】按钮就可进行搜索了。

2. 使用搜索引擎进行搜索

在网络上搜索信息，除了使用 IE 进行简单的搜索以外，还可以利用搜索引擎进行搜索。搜索引擎实际上也是一个网站，是提供查询网上信息的专门站点。搜索引擎站点周期性地在 Internet 上收集新的信息，并将其分类储存，这样就建立了一个不断更新的“数据库”，用户在搜索信息时，实际上就是从这个库中查找，找到后如需阅读，再跳转到存放该信息的网站。搜索引擎的服务方式有目录搜索和关键字搜索。

（1）目录搜索

目录搜索是将搜索引擎中的信息分成不同的若干大类，再将大类分为子类、子类的子类……最小的类中包含具体的网址，用户直到找到相关信息的网址才告搜索完成。即搜索引擎按树形结构组成供用户搜索的类和子类，这种查找类似于在图书馆找一本书的方法，适用于按普通主题查找。

（2）关键字搜索

“关键字搜索”是搜索引擎向用户提供一个可以输入要搜索信息关键字的输入框界面，用户按一定规则输入关键字后，单击输入框后的【搜索】按钮，搜索引擎即开始搜索相关信息，然后将满足关键字要求的结果返回给用户，返回的信息也是包含超级链接的页面，用户单击后，可以进入相应的页面。

3. 如何使用搜索引擎

（1）使用通配符

在输入搜索关键字时，可以直接输入搜索关键字，也可以使用 AND、OR、NOT 和通配符“*”（有些搜索引擎可能不完全支持）。例如，在搜索输入框中输入“电脑 AND 报价”将返回包含“电脑”也包含“报价”的网站信息。通配符“*”代替一个由多个字母组成的单词，例如，在搜索输入框中输入“take * of”，可以查到诸如 take charge of、take control of、take advantage of、take control of、take command of 等以 take…of 组成的词组。

（2）常见的搜索引擎

百度搜索引擎：www.baidu.com

Google 搜索引擎：www.google.cn

雅虎搜索引擎：www.yahoo.com.cn

网易搜索引擎：www.youdao.com

搜狗搜索引擎：www.sogou.com

（3）Google 搜索引擎使用

要打开 Google 搜索引擎，只须在浏览器的地址栏内输入网址“http://www.google.cn”即可。打开后的网页如图 7-15 所示。

在文本框中输入关键词后，有两种搜索方式可以选择。当单击【Google 搜索】按钮时，可搜索所有与关键词一样的或者部分匹配的信息，当选择【手气不错】按钮时，可搜索与所输入的关键词最为匹配的最佳网站。

需要说明的是，Google 在搜索信息时对关键词没有顺序要求，如：输入“中国奥运冠军”，只要信息中出现“中国”、“奥运”和“冠军”3 个词，不管出现的先后顺序都认为是满足条件的。

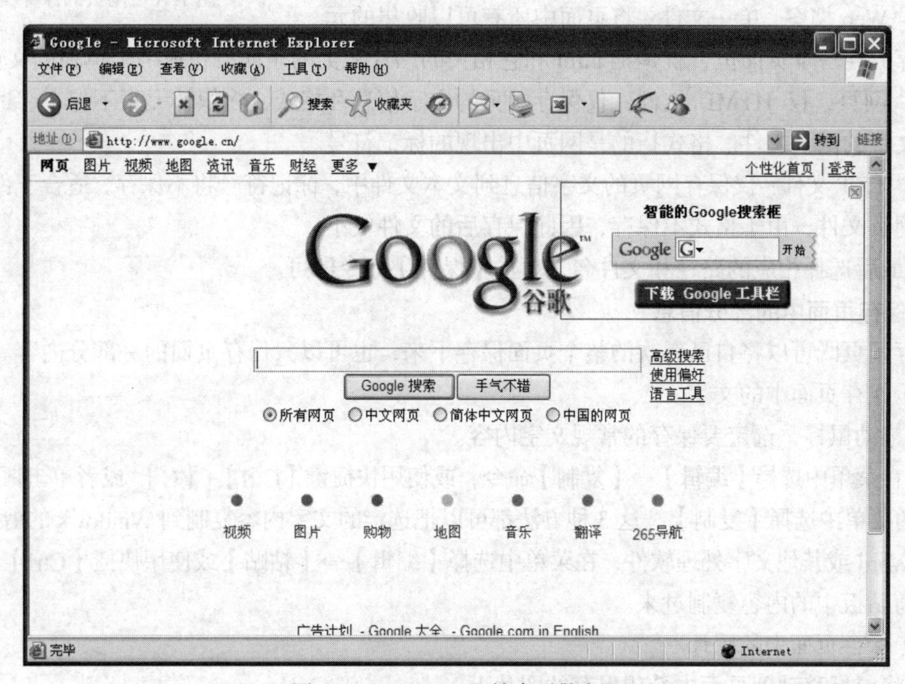

图 7-15 “Google”搜索引擎窗口

对于有些比较复杂的搜索可以采用“高级搜索”完成，单击图 7-15 所示文本框右侧的“高级搜索”按钮，在新打开的搜索网页中可以按照“包含以下全部词”、“包含以下的完整句子”、“包含以下任何一个字词”及“不包括以下词”几个限定条件的组合进行复杂查询。另外还可以限定语言、文件格式、日期及网域等一系列条件。

（4）百度搜索引擎和雅虎搜索引擎

百度和雅虎搜索引擎与“Google”搜索引擎用法类似。在浏览器地址栏输入 http://www.baidu.com，回车后可打开百度搜索引擎；输入 http://www.yahoo.com.cn，回车后可打开雅虎搜索引擎。

这 3 种搜索引擎各有特点，输入同一个关键词后搜索出来的网络信息往往并不一样。建议将各种搜索引擎结合使用，这样可以达到更好的效果。

7.5.3 网页保存

当我们看到非常喜欢的网页时，一定会想办法把它保存下来，供以后使用，或在不连接 Internet 时浏览。这时就需要保存网页。

1. 保存整个网页

当需要将整个网页的信息完整地保存，可以使用下面的方法。

① 打开要保存网页，可单击菜单栏中【文件】→【另存为】命令，弹出“另存为”对话框。

② 在打开的“另存为”对话框中，有 4 种保存类型，如图 7-16 所示，选择相应的保存类型后，单击【保存】按钮。4 种保存类型含义如下。

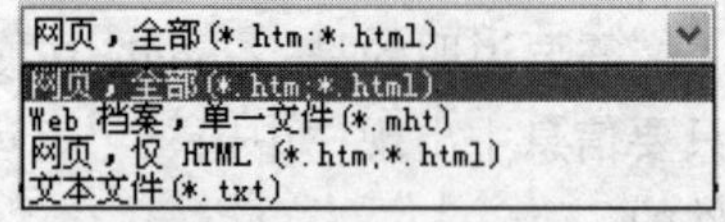

图 7-16　网页的保存类型

● 网页，全部：用于保存包含动画、链接、图片等超文本的完整网页。保存后，页面中的多媒体文件以独立文件的形式保存。

● Web 档案，单一文件：将页面中所有可以收集的元素全部存放在一个页面里，就是把 html 和它相关的图片之类的东西打包成一个单独的文件。

● 网页，仅 HTML 文件：仅保存网页的文字信息和格式，多媒体元素不保存，适合于保存只有文字的网页文件。格式指的是网页中出现的标记符号。

● TXT 文件：仅保存网页的文字信息到文本文件中，标记符号将不保存，适合于保存只有文字的网页文件，由于格式不保存，因此保存后的文件较小。

③ 最后选择相应的路径和文件名，单击【保存】命令即可。

2. 保存页面中的部分信息

保存网页既可以将自己喜欢的整个页面保存下来，也可以只保存页面的一部分内容。

（1）保存页面中的文字。

① 拖动鼠标，选定要保存的常规文字内容。

② 在菜单中选择【编辑】→【复制】命令，或使用快捷键【Ctrl】+【C】，或者单击鼠标右键，在弹出的菜单中选择【复制】，这 3 种方法都可以把选定的文字内容复制到 Windows 的剪贴板中。再打开 Word 或其他文字处理软件，在菜单中选择【编辑】→【粘贴】或使用快捷【Ctrl】+【V】，可以把剪贴板中的内容复制过来。

（2）保存页面中的图片

① 将鼠标移动到页面中希望保存的图片上。

② 单击右键，在快捷菜单中选择【图片另存为...】命令，弹出“保存图片”对话框，如图 7-17 所示。

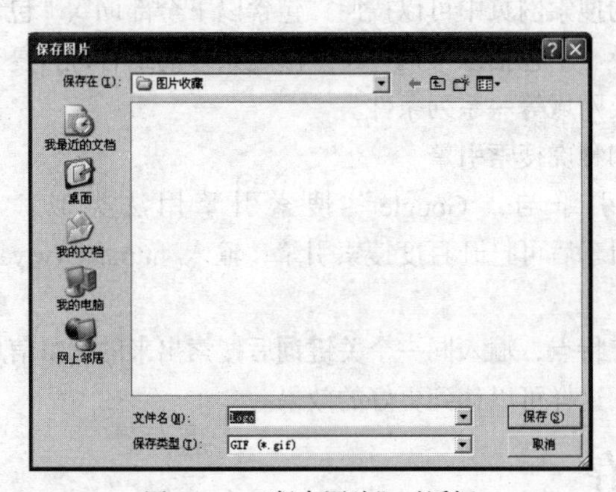

图 7-17　“保存图片”对话框

③ 在“保存图片”对话框中，键入或选定文件名和保存位置，选择保存文件类型，单击【保存】按钮即可。

（3）保存页面中的声音和影像。

① 将鼠标移动到页面中希望保存的对象上。

② 单击右键，在快捷菜单中选择【目标另存为...】命令。

③ 在“另存为”对话框中，键入或选定文件名和保存位置，单击【保存】即可。

有些网页不希望资料被复制，不支持用户下载信息，则用户无法进行保存操作。

7.6 文件传输操作

7.6.1 使用浏览器传输文件

Internet Explorer 是 Windows 自带的一个 WWW 浏览器，通常大多数人是从网上来获取“网络蚂蚁”、“网际快车”等专用的文件传输工具软件，所以网络下载的第一步一般还是要用 Internet Explorer 浏览器来完成。

使用浏览器下载文件比较简单，不需要作特别的设置，只要能正常浏览网页就可以，具体操作步骤如下。

① 打开要下载的网页，单击要下载的文件超链接，在下载地址列表里，单击所选择的下载地址，将会出现“文件下载”对话框，如图 7-18 所示。

② 在这个对话框中，单击【保存】按钮，将会弹出“另存为”对话框，如图 7-19 所示。

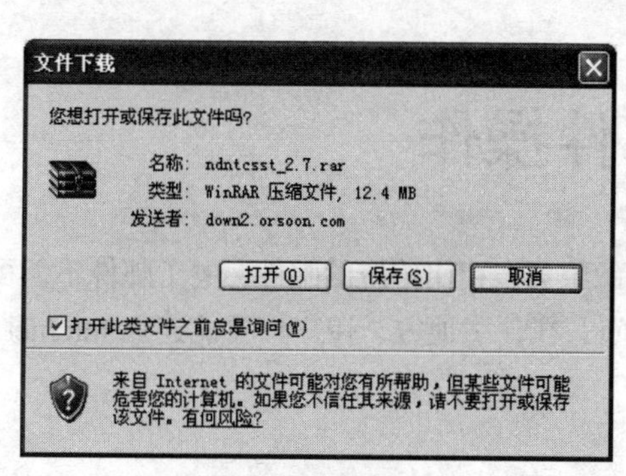

图 7-18 文件下载对话框

图 7-19 “另存为”对话框

③ 在该对话框选择要保存下载文件的目录，输入要保存的文件名，并选择文件类型，单击【保存】按钮，就会出现下载进度对话框，如图 7-20 所示，在这个对话框中将显示下载剩余时间和传输速度等信息。

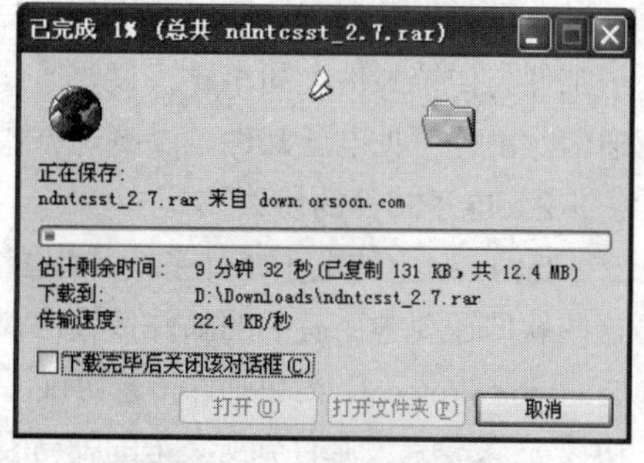

图 7-20 下载进度对话框

7.6.2 使用 FTP 客户软件传输文件

① 打开 IE 浏览器，在地址栏输入“ftp://默认域名”，注意不是“http://”。按回车键，将会登录到相应的 FTP 服务器，如图 7-17 所示。

② 如果该服务器不支持匿名登录，将会出现输入用户名和密码的对话框，用户名和密码由服务器管理员提供，如果匿名登录后要换名以其他用户身份登录，可执行【文件】→【登录】菜单命令，将会弹出“登录”对话框，然后重新登录即可。也可以单击鼠标右键，在弹出的菜单中选择【登录】。

③ 在图 7-21 所示的窗口中，用户可以将本地计算机中的文件和目录复制到 FTP 服务器的目录中，这是实现文件的上传；也可以将 FTP 服务器中的文件和目录复制到本地计算机的目录中，这是实现文件的下载。

图 7-21　FTP 服务器目录

7.7 电子邮件操作

电子邮件（E-mail）是 Internet 所提供的一个重要的服务，相比传统的邮件，电子邮件不但可以节省邮费，而且方便快捷，信息量大，无论什么时间、在什么地方，用户只要能连上 Internet，就可以接收和发送电子邮件。

7.7.1 基本知识

1. 电子邮件定义

电子邮件是利用计算机网络与用户进行联系的一种高效、快捷、价廉的现代化通信手段。电子邮件与传统邮件大同小异，只要通信双方都有电子邮件地址，便可以以电子传播为媒介，相互通信。由此可见电子邮件是以电子方式为通信手段的。

2. 电子邮件的协议

Internet 上的电子邮件系统采用客户机/服务器模式，信件的传送要通过相应的软件来实现，这些软件还要遵循有关的邮件传输协议。用于发送电子邮件时使用的协议有 SMTP（Simple Mail Transport Protocol，简单邮件传输协议），用于接收电子邮件的协议有 POP（Post Office Protocol，邮局协议）。发信者发邮件到所登记的邮局服务器上、邮局服务器之间传送邮件用的都是 SMTP。而接收用户从邮局服务器上下载邮件进行阅读，使用的是 POP，POP 现在用得最多的是第 3 版本 POP3。

3. 电子邮件地址

用户在 Internet 上收发电子邮件，必须拥有一个电子信箱，每个电子信箱有一个唯一的地址，通常称为电子邮件地址。电子邮件地址由两部分组成，以符号“@”（念“at”）分隔，“@”前面为用户名，后面部分为邮件服务器的域名，如“Teacher_Yu@163.com”中，“Teacher_Yu”为用户名，“163.com”为“网易”邮件服务器的域名。

4. 电子邮件工具

用户在传送电子邮件时不仅要有电子邮件地址，还要有一个负责收发电子邮件的应用程序，电子邮件应用程序很多，常用的有 Foxmail、Outlook Express、Outlook 等。电子邮件有时还可以用 IE 浏览器收发。

7.7.2 设置电子邮件账号

下面以 Outlook Express 为例，介绍电子邮件账号的设置。

① 打开 Outlook Express 后，单击窗口中的【工具】→【账户】命令，弹出“Internet 账户”对话框，如图 7-22 所示。

② 单击【邮件】选项卡，单击右侧的【添加】按钮，在弹出的菜单中选择【邮件】命令，出现“Internet 连接向导 ”对话框，如图 7-23 所示，在“显示名”列表框中输入名字，然后单击【下一步】按钮。

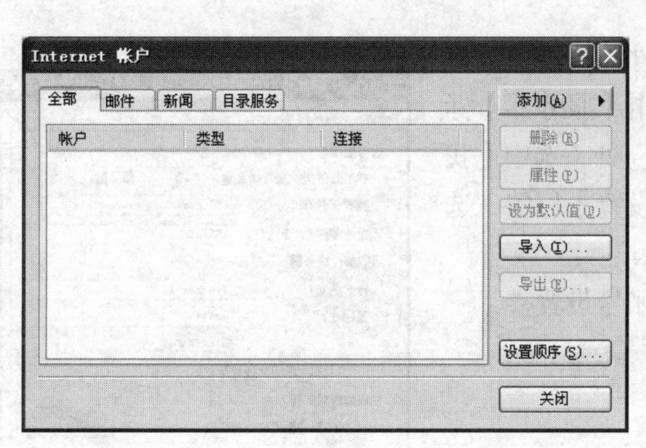

图 7-22　“Internet 账户”对话框

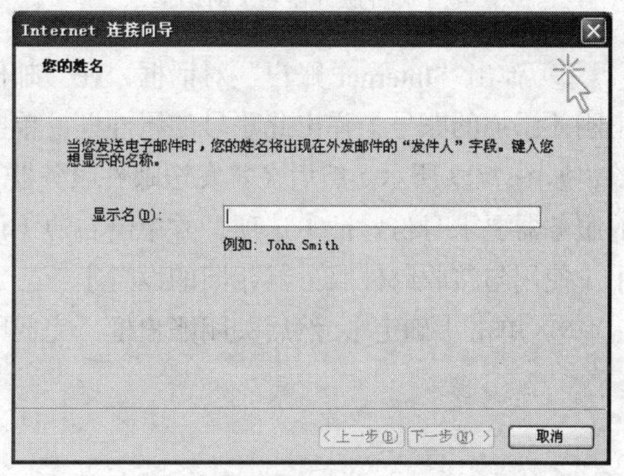

图 7-23　“Internet 连接向导”的“显示名”列表框

③ 弹出 Internet 连接向导的电子邮件地址对话框，如图 7-24 所示，在“电子邮件地址”列表框中输入你的电子邮件地址，如 Teacher_Yu@163.com，然后单击【下一步】。

④ 弹出“电子服务器名”对话框，如图 7-25 所示，在“邮件接收服务器”和“发送邮件的服务器”中输入服务器名，如在“接收邮件服务器”一栏中输入 163.com，在“发送邮件服务器”中输入“163.com”，单击【下一步】。

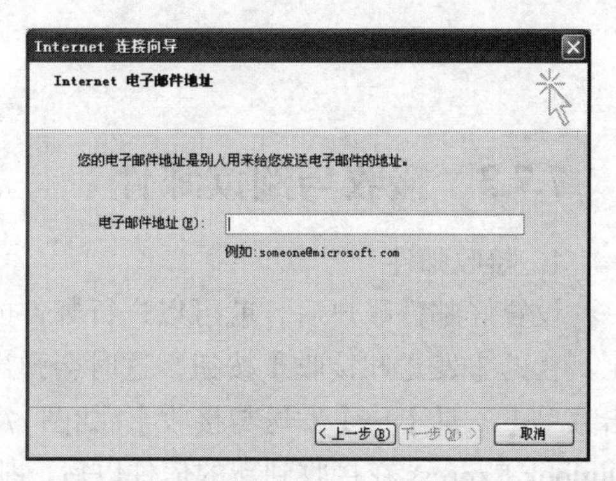

图 7-24　Internet 连接向导的“电子邮件地址”列表框

如果是其他邮箱，则填入相应的服务器名称。

⑤ 弹出“Internet 连接向导”的“Internet Mail 登录”对话框，如图 7-26 所示，输入账号及密码，再单击【下一步】。账号为登录此邮箱时用的账号，仅输入@前面的部分。输入的密码显示为“*”，是为了保密。

⑥ 在“恭贺您”对话框中，单击【完成】按钮保存设置，单击【下一步】按钮。

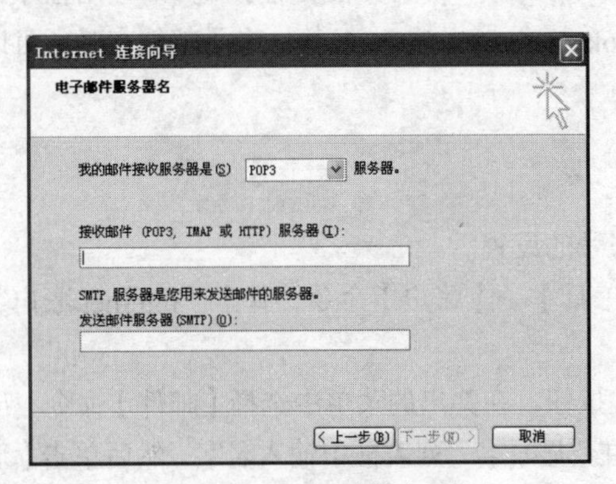

图 7-25 Internet 连接向导的“电子邮件服务器名”对话框

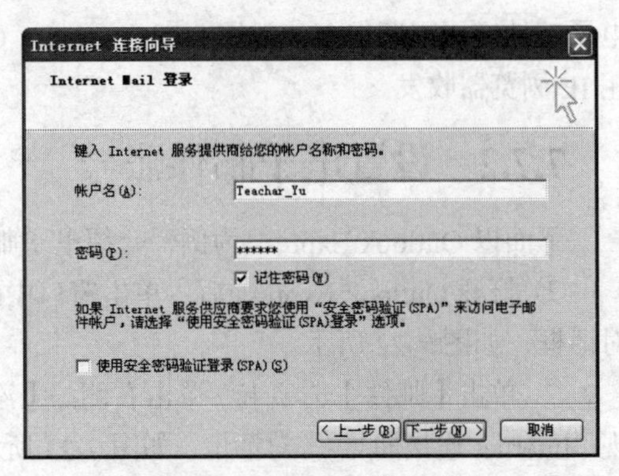

图 7-26 Internet 连接向导的“Internet Mail 登录”对话框

⑦ 弹出“Internet 账户”对话框，在“邮件”标签中，双击刚才添加的账号，弹出此账号的属性框，单击【服务器】标签，如图 7-27 所示。然后在“发送邮件服务器”处，选中【我的服务器要求身份验证】选项，并单击右边【设置】标签，选中【使用与接收邮件服务器相同的设置】。

⑧ 单击【确定】，然后关闭账户框，完成账号设置。

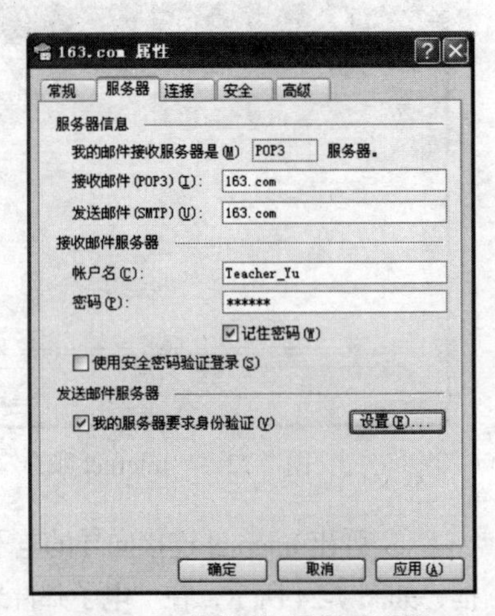

图 7-27 “账号”属性对话框

7.7.3 接收与阅读邮件

1. 接收邮件

设置好邮件账户后，就可以进行邮件的发送与接收了，接收邮件可以通过单击“常用”工具栏的【发送和接收】按钮，这时会弹出对话框显示邮件的发送和接收的情况。还可以单击菜单【工具】→【发送与接收】，如图 7-28 所示，在弹出的子菜单里，选择相应的账号。Outlook Express 在接收到新的信件以后，都会默认存放在收件箱中，同时在“邮件列表”中列出所收到的邮件。

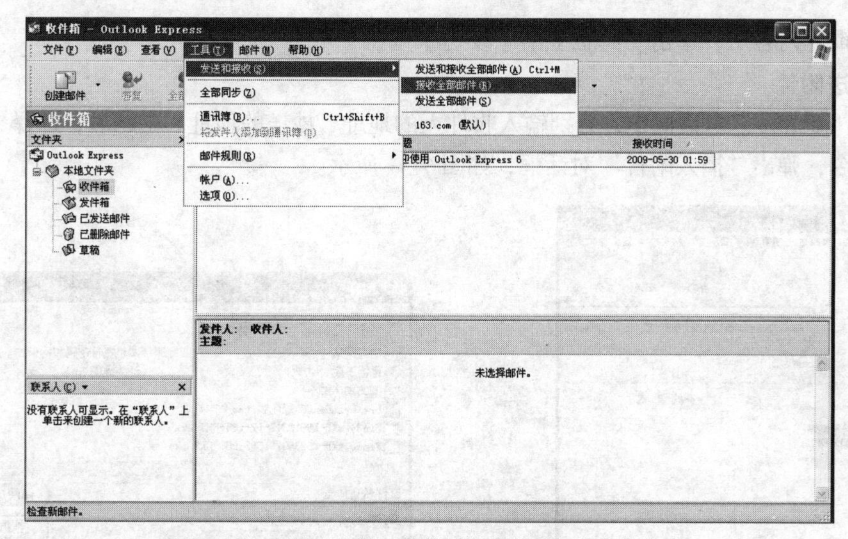

图 7-28　选择“工具”菜单下的【发送和接收】命令

2. 阅读邮件

有时我们并不会立即看这些信件，而是先把所有的邮件接收到本地，再进行阅读。这些信件就放在“收件箱”的文件夹里面。单击【收件箱】图标，就可以看到我们接收的所有邮件了，未阅读的新邮件前会显示信封图标✉。已阅读的邮件前会显示图标按钮，如图 7-29 所示。要阅读这些邮件，只要双击该信件，就可以看到全文。如果收到的邮件包含附件，也可以双击附件图标，采用相应的阅读工具来阅读。

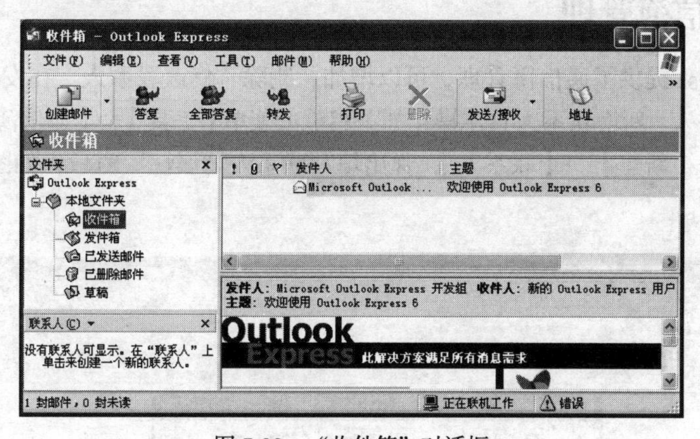

图 7-29　“收件箱”对话框

7.7.4 编写与发送邮件

1. 编辑和发送邮件

① 单击“常用”工具栏的【创建邮件】按钮，这时会弹出“新邮件”对话框，如图 7-30 所示。

② 在这个对话框里，在“收件人”框里输入收件人的邮箱地址，在“抄送”框里输入要抄送的其他收件人的地址（“抄送”框可以不输入），在“主题”框里输入要发送邮件的主题（这里也可以不输入），这时就可以在下面的编辑窗口编辑邮件内容了。

③ 编辑完内容后，单击工具栏上的【发送】按钮即可。

2. 发送附件

① 在“新邮件”对话框中，分别输入收件人的地址、抄送的地址、主题后，选择【插入】→【附件】命令，弹出“插入附件”对话框，如图7-31所示。

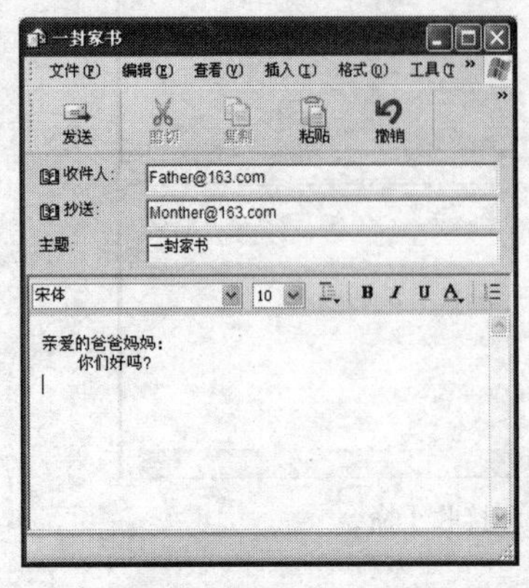

图7-30 “新邮件”对话框

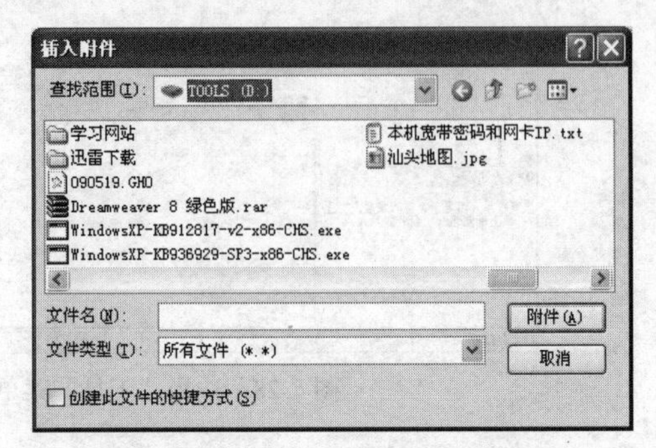

图7-31 “插入附件”对话框

② 选择作为附件的文件，然后单击【附件】按钮，或直接双击作为附件的文件，回到“新邮件”窗口，这时附件框内出现了插入的附件的名称，然后单击【发送】按钮。附件如果太大，可以进行压缩后再发送。如果有多个文件要发送，可以分多次操作，也可以先把要发送的多个文件压缩成一个文件，再进行发送。

7.7.5 通信簿管理

Outlook Express提供了通信簿管理，可以增加、删除、修改联系人。在发送邮件时，可以在通信簿中选择收件人。新增联系人具体操作如下：单击菜单【工具】→【通信簿】，弹出“通信簿”管理对话框，单击【新建】→【联系人】，弹出填写联系人“属性”窗口，如图7-32所示。在此进行编辑管理即可。

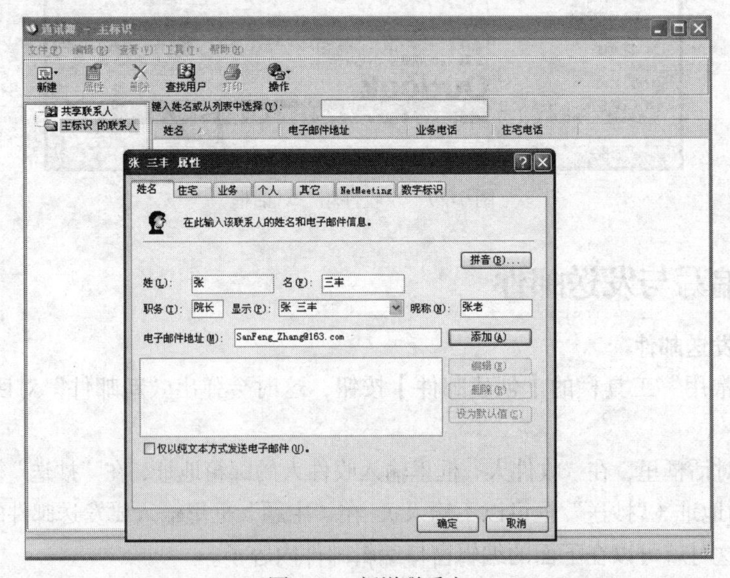

图7-32 新增联系人

小结

计算机网络是现代计算机技术和通信技术相结合的产物，已被人们广泛应用，因此必须了解和掌握。本章主要介绍了 Internet 的基础知识和应用、IE 浏览器的使用以及在网页中搜索、网页的保存和文件的上传/下载，电子邮件的收发等内容。

本章的重点是局域网的相关知识、Internet 的应用和电子邮件的收发等。

习题

一、选择题

1. 电子邮件地址格式为:username@hostname，其中 hostname 为（　　）。
   A. 用户地址名　　B. ISP 某台主机的域名
   C. 某公司名　　D. 某国家名
2. “URL”的意思是（　　）。
   A. 统一资源管理器　　B. Internet 协议
   C. 简单邮件传输协议　　D. 传输控制协议
3. 下列说法错误的是（　　）。
   A. 电子邮件是 Internet 提供的一项最基本的服务
   B. 电子邮件具有快速、高效、方便、价廉等特点
   C. 通过电子邮件，可向世界上任何一个角落的网上用户发送信息
   D. 可发送的只有文字和图像
4. WWW 的中文名称为（　　）。
   A. 国际互连网　　B. 综合信息网　　C. 环球信息网　　D. 数据交换网
5. TCP/IP 是（　　）。
   A. 网络名　　B. 网络协议　　C. 网络应用　　D. 网络系统
6. 收到一封邮件，再把它寄给别人，一般可以用（　　）。
   A. 回复　　B. 转寄　　C. 编辑　　D. 发送
7. “HTTP”的中文意思是（　　）。
   A. 布尔逻辑搜索　　B. 电子公告牌
   C. 文件传输协议　　D. 超文本传输协议
8. Internet 采用的协议类型为（　　）。
   A. TCP/IP　　B. IEEE 802.2　　C. X.25　　D. IPX/SPX
9. 在电子邮件中，“邮局”一般放在（　　）。
   A. 发送方的个人计算机中　　B. ISP 主机中
   C. 接收方的个人计算机中　　D. 都不正确
10. “FTP”的意思是（　　）。
    A. 文件下载　　B. 文件上传　　C. 文件复制　　D. 都不是

11. 万维网的网址以http为前导，表示遵从（　　）协议。

A. 超文本传输　　B. 纯文本　　C. TCP/IP　　D. POP

12. Internet上使用的最重要的两个协议是（　　）。

A. TCP和Telnet　　B. TCP和IP　　C. TCP和STMP　　D. IP和Telnet

13. 在电子邮件中所包含的信息（　　）。

A. 只能是文字

B. 可以是文字与图形图像信息

C. 可以是文字与声音信息

D. 可以是文字、声音和图形图像信息

14. 以下IP地址正确的是（　　）。

A. 123.456.78.9　　B.1.0.255.255　　C. 22.33.44　　D. 0.0.0.0.1

15. 要想快速查找以前未浏览过的信息，最好的方法是（　　）。

A. 利用脱机浏览　　B. 利用搜索引擎

C. 利用收藏夹　　D. 单击【刷新】按钮

16. IP地址是由一组长度为（　　）的二进制数字组成。

A. 8位　　B. 16位　　C. 32位　　D. 20位

17. 域名与IP地址的关系是（　　）。

A. 一个域名对应多个IP地址　　B. 一个IP地址对应多个域名

C. 域名与IP地址没有任何关系　　D. 一一对应

18. 使用浏览器访问Internet上的Web站点时，看到的第一个页面叫（　　）。

A. 主页　　B. Web页　　C. 文件　　D. 图像

19. 接收电子邮件的服务器使用（　　）协议。

A. DNS　　B. POP3　　C. SMTP　　D. UDP

20. 在Internet的基本服务功能中，远程登录所使用的命令是（　　）。

A. Ftp　　B. Telnet　　C. Mail　　D. Open

二、简答题

1. 什么是IP地址，它是如何分类的？IPv4和IPv6目前理论上最多有多少个IP地址？
2. Internet的连接方式主要有哪几种？简要说明其各自特点。
3. 简述网页、站点、HTTP、WWW、主页、URL及FTP的概念。

参考文献

[1] 教育部高等学校计算机科学与技术教学指导委员会. 高等学校计算机基础教学发展战略研究报告暨计算机基础课程教学基本要求（2009 版）. 北京：高等教育出版社，2009.10

[2] 教育部高等学校文科计算机基础教学指导委员会. 大学计算机教学基本要求（2008 年版）. 北京：高等教育出版社，2009.5

[3] 华南师范大学教育信息技术中心. 华南师范大学计算机公共课程教学改革论文与资料汇编. 2012.9

[4] 陈建孝 等. 大学计算机基础. 北京：人民邮电出版社，2009.9

[5] 甘勇 等. 大学计算机基础(第 2 版). 北京：人民邮电出版社，2012.9

[6] 夏耘，黄小瑜. 计算思维基础. 北京：电子工业出版社，2012.8

[7] 林登奎. Windows 7 从入门到精通. 北京：中国铁道出版社，2011.8

[8] 刘文平. 大学计算机基础（Windows 7+Office 2010）. 北京：中国铁道出版社，2011.9

[9] 徐小青，王淳灏. Word 2010 中文版入门与实例教程. 北京：电子工业出版社，2011.6

[10] 徐宇. Windows 7 宝典. 北京：电子工业出版社，2010.5

[11] 叶婷鹃，李秋石，邵爱民. Word/Excel 2010 中文版办公专家从入门到精通. 北京：中国青年出版社，2010.8

[12] 吴宁. 大学计算机基础. 北京：电子工业出版社，2011.8

[13] 林旺. 大学计算机基础. 北京：人民邮电出版社，2012.9

[14] 兰顺碧 等. 大学计算机基础（第 3 版）. 北京：人民邮电出版社，2012.10

[15] 武兆辉. 大学计算机基础. 北京：人民邮电出版社，2012.10

[16] 龚沛曾，杨志强. 大学计算机基础. 北京：高等教育出版社，2009

[17] Comer D. Internet Working with TCP/IP，Vol.1，4th Ed. Prentice-Hall，2000

[18] 太平洋电脑网. http://www.pconline.com.cn

[19] 计世网——计算机与 IT 行业网群. http://www.ccw.com.cn/

[20] 韩山师范学院计算机基础教学网. http://pc.hstc.cn/